JN111544

小説みたいに楽しく読める

生命科学講義

著 石浦章一

羊土社

はじめに

皆さん、こんにちは。分子認知科学者と自称している石浦です。はじめまして。羊土社から生命科学講義本「遺伝子が処方する脳と身体のビタミン」を最後に出版していただいてから、十年以上経過しました。前著を読んでいただいた皆さんからすると、まだ相変わらず同じことをやっているのかと、お思いになっているかもしれません。出版に至った経緯を述べたいと思います。

ご存知のように、二〇二〇年は新型コロナウイルス蔓延の年と記憶されることになりました。東京大学を定年退官した私は、京都の同志社大学でこの厄介な一年を過ごしました。授業はほとんどリモートになり、たまたまやる人がいなかった一、二年生文理学生向けの生命科学の講義をやってくれと頼まれ、すべて収録してオンデマンドで視聴する形式で半年の講義を行うことになりました。

私は高校生物教科書の著者でもあるので、生物履修生と非履修生の間には知識の開きがあることを知っており、DNAやタンパク質を説明する際にもなるべく専門用語を用いないように、しかも最新の生命科学の核心を伝えたいと考えていたので、口語調のやさしい講義を行うことにしました。それを書籍化したのが本書です。実際に行ったのは一四回ですが、本書には羊土社の希望でそのいくつかを改変して収録しました。羊土社からは「小説みたいに楽しく読める生命科学講義」という題をご提案いただき、私の意図とも合致したので、そうさせていただきました。同志社の先生は、1．遺伝子、2．タンパク質、3．細胞、4．代謝…という講義を期待していたのかもしれませんが、残念ながらそうはいきませんでした。

だいたい教員は歳とともに頭が固くなっており、新しいことにチャレンジできなくなって、同じような講義を行うことがわかっています。私は、京都に単身赴任していて研究室までの通勤一時間は座って本が読める状態だったので、理系の新書や文庫に親しむことができました。皆さんも、ぜひ、このような「時間だけはあり余っている生活」を有意義に過ごされるといいと思います。私の経験だと、大学生の時期と定年直後ではないかと思います。私の場合、その時期に何が起こったかというと、生命科学と歴史の話にはまってしまったのです。本書の天皇家（本当に興味があるのは血族結婚と遺伝）の話などは、読めば読むほど興味深いものがあります。その私が感じた興奮を少しでも伝えることができれば嬉しく思いますし、生命科学に興味をもってもらう新しい方法かとも思い、講義に取り入れた次第です。

本書では、詳しい生命科学の言葉の説明は少し省いてあります。もちろん詳細は成書（特に羊土社の教科書）にあたっていただきたいのですが、生命科学を学ぶ本質は自分の健康や地球上の生命に思いをはせることであり、社会の情勢や倫理概念とは無関係でないこと、決して細かい専門用語や公式を覚えることではないということを生命科学になじみのない方にわかってほしいというのが著者の考えです。お読みになっていただいて、私の狙いが成功したかどうかご判断いただければ幸いです。

目　次

第6章　ゲノム編集の最新事情　275

おわりに　302

第0章

生命科学のおはなし

生命科学って何？

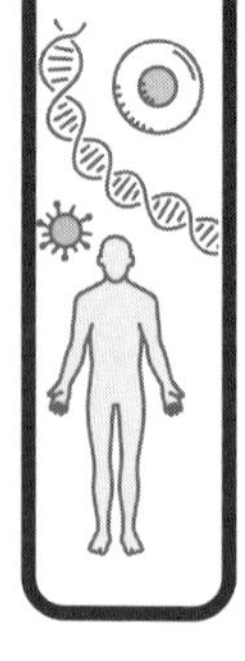

それでは、生命科学のお話をはじめたいと思います。普通の生物学のお話とはちがって、**私たちにとってもっと身近な人間の体のこと、環境のことを問題にします**。そこで、生きていくうえで知っておきたい生命科学の考え方を少し学んでいただきたいと思います。生命科学と進化からはじまって、遺伝の話、ＤＮＡ鑑定、科学データの見方、再生医療、環境、ゲノム編集食品まで、いろんなお話をします。そのイントロダクションとして、生物学と生命科学がどうちがうか、お話ししましょう。

生物学は、動物とか植物、微生物を対象とした学問です。その生物がどういう構造をしているか、どういう機能をもっているか、さらに生物だけではなくて、それをつくっている細胞がどうなっているかというお話がメインです。加えて、生物の進化とか私たちの身のまわりの環境の話、生態学が話題になっています。ところが、大学の生命科学は生物学とは少しちがって、**人間中心で医療のお話がメイン**になってきます。なぜかというと、私たちは人間だから、やっぱり人間の体が一番大事なわけで、それについて知る必要があるからです。今回のお話しのキモ、最新の科学であるＤＮＡを使った科学をぜひ皆さんに知っていただきたいと思います。ＤＮＡ技術によって、細かいメカニズム、例えば病気のメカニズムとか、生物がなぜ生き残っているのか、そういうメカニズムがだんだんわかってきました。難しそうと思うかもしれませんが、決して難しくありません。この部分をしっかり頭に入れておいて欲しいので、遺伝子、ＤＮＡ技術をメインにしていろんなお話に入っていきたいと思います。

そして、私たちの生活には生命倫理が重要になってきています。生命倫理も生命科学の一部です。今話題になっている新型コロナウイルスや臓器移植など、**いろんなところで生命倫理が問題になっていますよね**。だから、生命科学を勉強することは非常に大事です。

そこで新型コロナウイルスを題材に、皆さんこんなこと知ってるかな？っていう知識のお話、そして生命科学の考え方についてお話ししていきたいと思います。

ウイルスや細菌がいるところ

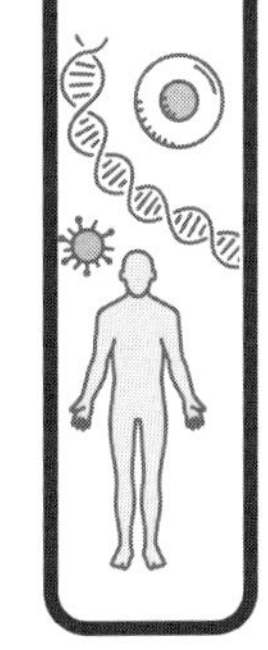

早速ですが、一つ問題を出してみましょう。

公共の場で一番汚染されている場所はどこでしょう？

はい、すぐ答えられますか？　一番きたないところです。これどうやって調べるかというと、スメアといって、なにかで机の上を拭くわけです。拭いたものにどれくらい細菌がついているか調べます。そうすると、机の上がどれだけきたないかわかるわけです。これは十年くらい前にいろいろと調べられていて、そのデータから普段私たちがペタペタ触っているところでも結構きれいなところときたないところがあることがわかってきたんです。

はい、答えです（**図1**）。一般のかぜウイルスをライノウイルスというんですけれども、そのウイルスがどこにいるかを調べています。小児科の待合室、特に子どもが使うおもちゃに非常に多いことがわかりました。今、病院が危ないと言われているのは正しいことがわかりますね。次に、フィットネスセンター。これも新型コロナウイルスで話題になりました。フィットネスセンターでは、いろんな機械をいろんな人が使いますが、使った後あまり洗ったりしないわけですね。それで細菌がたくさんつきます。例えば、バーベルやダンベル、フィットネスバイクは、どれも手でつかんで使うわけで、その手でつかむようなところに細菌がたくさんいることがわかっています。次に、エレベーターのボタン。後で出てくるSARS（サーズ）という病気がはやったときに、ある場所の九階にいる人がわっと感染しました。これは、エレベーターの「9」のボタンにウイルスがついていたことが後でわかりました。あ

小児科の待合室のおもちゃ

フィットネスセンター
（バーベル、ダンベル、フィットネスバイクやステアクライマーのハンドル）

紙幣

電話機

エレベーターのボタン

コンピューターのマウス

図1　かぜウイルスのいるところ

ライノウイルス	30〜40%
パラインフルエンザウイルス	15〜20%
インフルエンザウイルス	5〜15%
コロナウイルス	10%
RSウイルス	5〜10%
アデノウイルス	3〜5%
その他（肺炎球菌、マイコプラズマなど）	10%以下

表1　かぜを引き起こす病原体

「インフルエンザパンデミック 新型ウイルスの謎に迫る」（河岡義裕、堀研子／著）、講談社、2009をもとに作成。

と、皆さんが使っているお金、紙幣とか、コンピューターのマウス、電話機など、いろんなところに細菌がいるわけです。他には？というと、皆さんご存知のように電車のつり革とか、**不特定多数の人が共有するところに多いですね**。皆さん、気をつけるところはわかりましたか？　知っているだけで防げることもあるわけです。

かぜをひくのはどうして？

かぜってなかなか治らないですよね。かぜがどんな病原体から起こるか知っていますか？　ライノウイルスが全体の三〇〜四〇%くらいを占めています（**表1**）。インフルエンザウイルスが五〜一五%くらいで、それに非常によく似たパラインフルエンザウイルスっていうのも一五〜二〇％くらいいることがわかっています。その他には、四番目に書いてある今話題のコロナウイルスがあります。コロナウイルスは、インフルエンザと同じようにかぜを引き起こす病原体の一つで、全体の一割を占めることが前々からわかっています。その他にもいろんな病原体があることがわかりますね。

コロナの名前の由来

なぜコロナウイルスという名前かご存知でしょうか？　ウイルス表面の突起が王冠（ギリシャ語でコロナ）や太陽の周りのコロナのように見えるから、コロナウイルスと名前がついたんです。

体調が悪くなるのはなぜ？

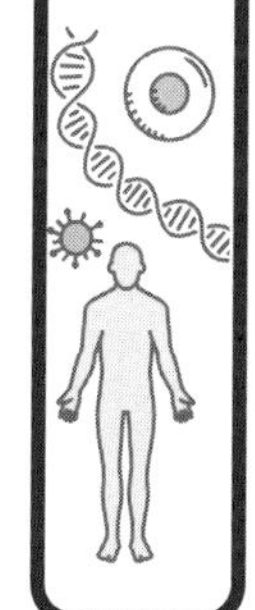

コロナウイルスでは、せきが出て肺炎になることは皆さんご存知だと思いますが、

なぜ、せきやくしゃみ、発熱などが起こるんでしょう？

ここに四つの可能性をあげてみます。どれが正しいかわかりますか？

①ウイルスの遺伝子から毒素がつくられる（ウイルス自体に毒性がある）
②ウイルスが人体に毒素をつくらせる（ウイルスに病原性がある）
③ウイルスを防御するために人体がウイルス増殖抑制物質をつくる
④ウイルスが人体に入った途端に強毒性ウイルスに変わる

一見、①とか②のウイルス自身が原因のように感じます。でも、正解は③です。え？と思うかもしれませんね。**ウイルスを防御するために人体がウイルスが増殖しないような物質をつくります。それが原因で熱が出たりするんです。**

免疫力はもともと上がっている

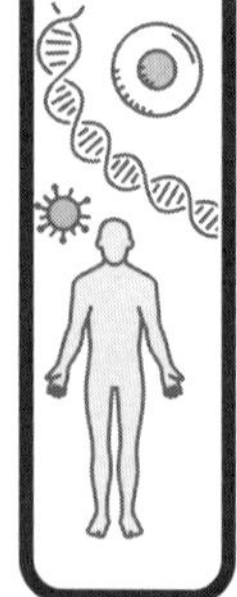

これについて、もう少し説明しますと、ウイルスに感染すると、人体がサイトカインという物質を放出します。サイトカインは、発熱や悪寒、筋肉痛などの副作用を起こします。つまり、体を防御するために人間が出すこの物質の防御が非常に強くなってしまって、その副作用として炎症を起こしたりするわけです。かぜの症状が出ているときは必要以上に免疫力が上がってるんですね。だから、実は**免疫力を抑えることが大事**なんです。

よく免疫力が上がる食事術とか超免疫力ってみかけますけれども、かぜをひいているときは過剰に免疫力上げちゃいけないんですね。免疫力はもともと上がってるんです。だからこれ書き方が悪くて、本当は、免疫力ではなくて**抵抗力を上げる**と書かなきゃいけないですね。抵抗力と書けば、外敵に立ち向かう力と正しい意味になります。だから免疫力を上げるっていうとちょっとちがうんです。そういうことも知っていてくださいね。

何回手を洗ったらいいの？

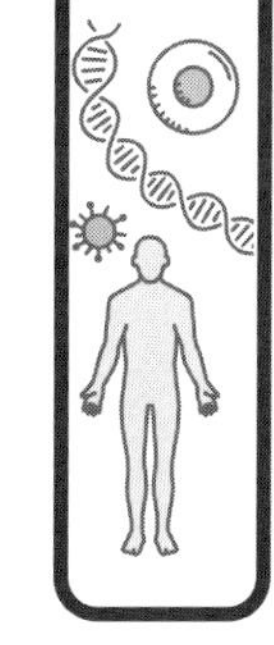

そこで、いろんなきたないものが身のまわりいっぱいあるとわかりました。消毒しなさいってよく言われます。これ大事なことですね。石けんの手洗いでもＯＫです。そうすると、

石けんで手を洗うと、どれくらいバイキンが落ちるかというデータが欲しいと思いませんか？

トイレで一番きたないところ

トイレのことちょっとお話しましょうね。細菌が多いところ、どこだと思いますか？ パッと見には、ドアノブとかトイレのまわりに多そうな気がしますね。よく聞くと、便座の裏あたり、ここあまり掃除しないのできたないんじゃないかと皆さん言われるんですけども、あまり皆さんが気がつかないところにきたないところがあるんです。それは水を流すところ、取っ手なんです。なぜですか？ これは皆さん、トイレが終わって紙で体を拭くんですけれども、拭いてすぐに手を洗いますか？ 洗えませんよね。まず水を流すでしょう？ だからきたない手でそのまま触る場所である取っ手には、細菌がたくさんいるというのがわかるかと思います。

それを調べたデータがあります。トイレの後どれくらい手に細菌がいるか、こういうことを研究している人がいるんですね。トイレをすると、ウイルスとか細菌が約百万個手につくと考えてください。そうすると、手を洗うとどれくらい減るかというと、流水で一五秒洗うと百分の一で一万個くらいになります。その後、ハンドソープで手を洗ってもう一回流水で流すと、これもまた数百個となってかなり減ります。もう一回ハンドソープで洗って手をきれいにすると、数個になります。このデータを見たら、手を洗わないといけないなというこ とがわかると思うんですけれども、一回洗えばいいのか、複数回洗った方がいいのか、ハンドソープは使った方がいいのか、気になりますよね。

大事なことはここからなんですよ。元気な人なら細菌の個数はあまり関係なくて、その人の体力が大事なんです。ウイルスって怖そうに見えますけれども、体力があり抵抗力があれば細菌がいくら入ってきても大丈夫なんですね。例えば、海水一ミリリットル中にウイルスは一千万個ぐらいいるんです。つまり、ウイルスなんてどこにでもいるんですね。そういうことを知っていると、やっぱりハンドソープで一回手を洗うくらいでいいのかなということがわかります。細菌を数個にする必要はないわけです。

マスクは効果的？

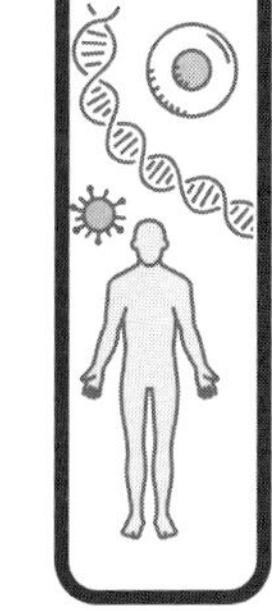

最近よくテレビでもご覧になると思うんですけれども、新型コロナウイルスは飛沫感染します。飛沫がどれくらい飛ぶかっていうと、二メートル近く飛ぶんじゃないかと言われてい

るんですね。だからやっぱりマスクをするのは、それだけ人にうつさない利点があるわけです。

だからマスクを装着してる人、いいですね？　マスクするのはいいんだけど、マスクの表面に触っちゃだめですよ。表面にウイルスがついているわけですから。これはぜひ守っていただきたいと思います。

感染しやすいところ

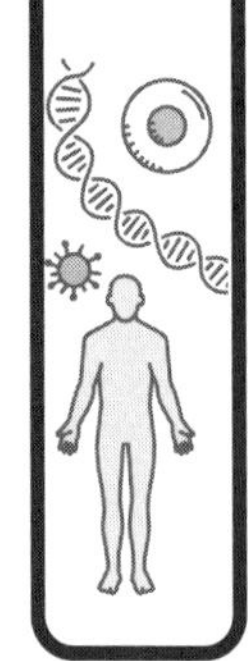

昔から言われているんですけれども、感染しやすいところはどこかというと、やっぱり電車とか飛行機の中です。空気の入れ替えがないから危ないんです。昔、MERS（マーズ）っていう肺炎がはやったんですけれども、イスラム教の教会に人がたくさん集まる、また、競技場に何万人も集まるというようなことがありました。そういうところで感染したと言われています。その他に、お祭りとか病院とか不特定多数の人が集まる場所は、確かに感染のリスクがあります。なるべく近づかないようにしなさいと言われているのは正しいことです。

	死亡率	患者１人から感染する人数	発生・流行期	症状
新型コロナウイルス	約2%	1.4〜2.5人	2019年12月〜	発熱、せき、肺炎など
SARS	9.6%	2〜4人	2002年11月〜03年7月	発熱、せき、肺炎など
MERS	34.5%	1人未満	2012年9月〜	発熱、せき、肺炎など
インフルエンザ	0.02%	2人程度	主に冬（国内）	発熱、頭痛、関節痛など

※ＷＨＯや国立感染研究所などの資料より

表２　新型コロナウイルスとSARS、MERS、インフルエンザのちがい

毎日新聞デジタル2020年1月30日より引用。

新型コロナウイルス

昔はやった同じコロナウイルス感染症のＳＡＲＳやＭＥＲＳはもっと死亡率が高くて怖いんですけれども、これと今の新型コロナウイルスがどれくらいちがうかというのは、だいたいのデータが**表２**に書いてありますす。これを見ておわかりのように、普通の季節性インフルエンザだったら死亡率低いですよね。ところが新型コロナウイルスは約二％という死亡率になっています。二〇〇二年にはやったＳＡＲＳは、一〇％ぐらいの死亡率です。二〇一二年にはやったＭＥＲＳは怖くて、三四・五％も死亡率があります。これに比べて二％は低いです。だけど、季節性インフルエンザよりも圧倒的に怖いということがわかります。

忽那賢志医師によると、二〇二〇年一二月末の八〇歳以上の死亡率は一二・〇%、七〇代では四・八%、六〇代は一・四%と、お年寄りの死亡率が高いことがわかります。そういう意味では、お年寄りに感染させるのは非常に危ないということになります。今回の結果を見ると、感染力強そうですね。なるべく人と会って話をしないというのが正解になります。

グラフからわかること

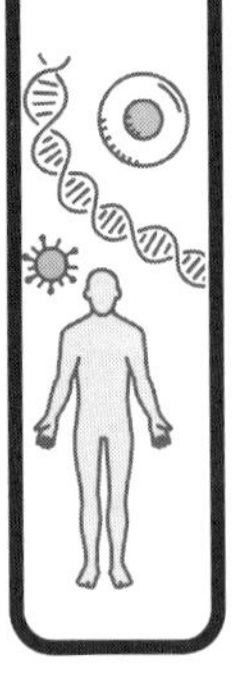

図2はあるものの人口十万人当たりの死亡数をあらわしたグラフです。これは何の死亡率かというのを皆さんに考えて欲しいと思います。こういうデータを見て、これなんでかな？と考えることが大事なんですね。生命科学では、**リアルタイムで今何が起こっているかをデータから読みとる**ことが非常に重要になります。

図2のグラフは何かの病気の死亡率を日米で比較したものです。これからわかることは何でしょう？

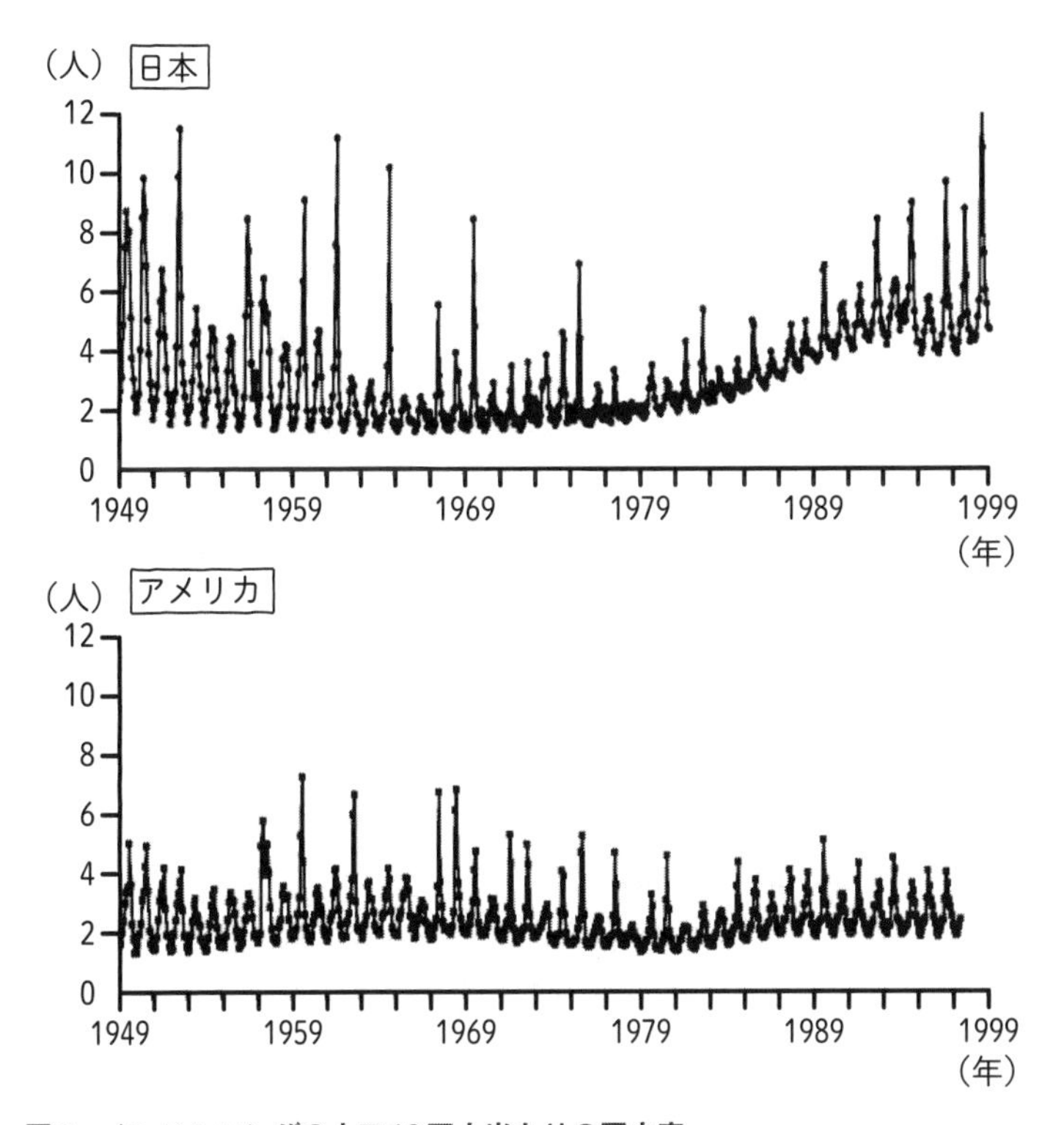

図2　インフルエンザの人口10万人当たりの死亡率

Reichert et al., New Eng J Med, 344, 899-896, 2001 をもとに作成。

普通、日本とアメリカを比べると日本の方が衛生上きれいなので死亡率が低いはずなのに、日本の方が高いって変だと思いませんか？　これがなぜかということをちょっと考えるだけでおもしろいことがわかってきます。

①このグラフを見てわかることを列挙しましょう

ギザギザであることがわかります。死亡率が一年で上がったり下がったりしているわけです。もう一つは、日本の死亡率は右肩上がりになっていてアメリカは一定です。この二つがわかりました。

②じゃあなぜギザギザになったんでしょうか？

データを読んで何がこういうことを起こしたんだろうかって考えることが非常に大事です。ギザギザになる原因は何ですか？　わかりますね、これ季節性のものなんです。夏と冬で死亡率がちがっているからギザギザなんです。冬の方が高くて、二～五年間隔でピークがあるということは、インフルエンザかな？ということがなんとなくわかりますよね。

でも、それにしても日本の方がだんだん死亡率が上がってくるのは、変じゃないですか？

アメリカは一定です。

③日本で死亡率が高くなったのはなぜなんでしょう？

ここがおもしろいところです。もう一度グラフをよく見てくださいね。死亡率が高いのが冬で低いのが夏ですね。だけど日本は夏の死亡率も上がっているわけです。インフルエンザだったら冬かかりますよね。それなのに夏でも死亡率が上がっています。なぜでしょうね？日本で一九七三〜九三年にかけて、死亡率が上がってくるのはなぜですか？という質問です。原因わかりますか？

はい、日米を比較しましょう。一九九〇年代のインフルエンザによる死亡率は圧倒的に日本の方が高く、夏のベースラインも高くなっています。その理由として考えられるのは、一九七〇〜九〇年代にかけて、日本の人口が増えたんじゃないかということです。死亡率が上がったということは、人口が増えてお年寄りの数が多くなったかもしれないわけですね。こういう仮説があると、やっぱり仮説を証明しなきゃいけないので調べてみます。そうしますと、一九七〇〜九〇年の総人口は、日本は約二〇％増加していました。アメリカも同じくらいです。六十五歳以上のお年寄りはどれくらいになったかというと、日本は七百万→千五百万で八百万人、アメリカは二千万人→三千百万人で千百万人増えました。割合はだいたい同

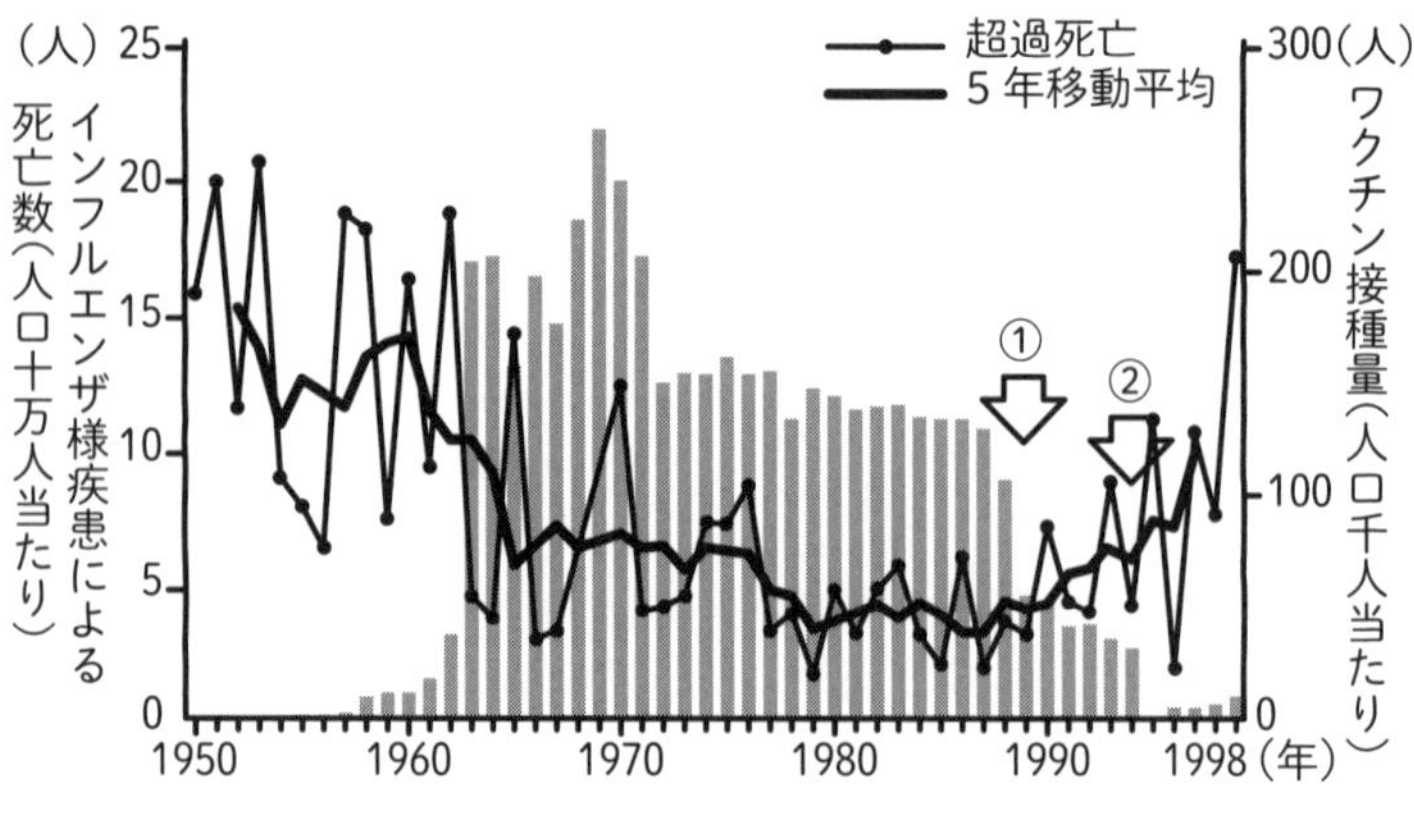

図3　インフルエンザ様疾患による死亡率とワクチン接種量
Reichert et al., New Eng J Med, 344, 889-896, 2001をもとに作成。

じです。そういうことを考えると、これ人口のせいじゃないなということがわかります。
　じゃあ何が原因なんでしょうね？　**図3**の折れ線グラフは、日本のインフルエンザの死亡率で、棒グラフがワクチンの定期接種量です。小学生のワクチンの定期接種がずっと起こっていたんですけれども、①で下がっているわけです。何が起こったかというと、ワクチンは自分次第ですよ、打つのも打たないのもあなたが選んでくださいねっていうふうになったんです。今までは必ず打たなきゃいけなかったのに、①からは個人の自発的意思になりました。だから減ってきたんですね。さらに②になると、予防接種の対象からインフルエンザワクチンが除外されます。そうすると見てわかるように、ほとんどゼロになって誰もワクチンを打たなくなってきたわけです。そうしてインフルエンザによる死

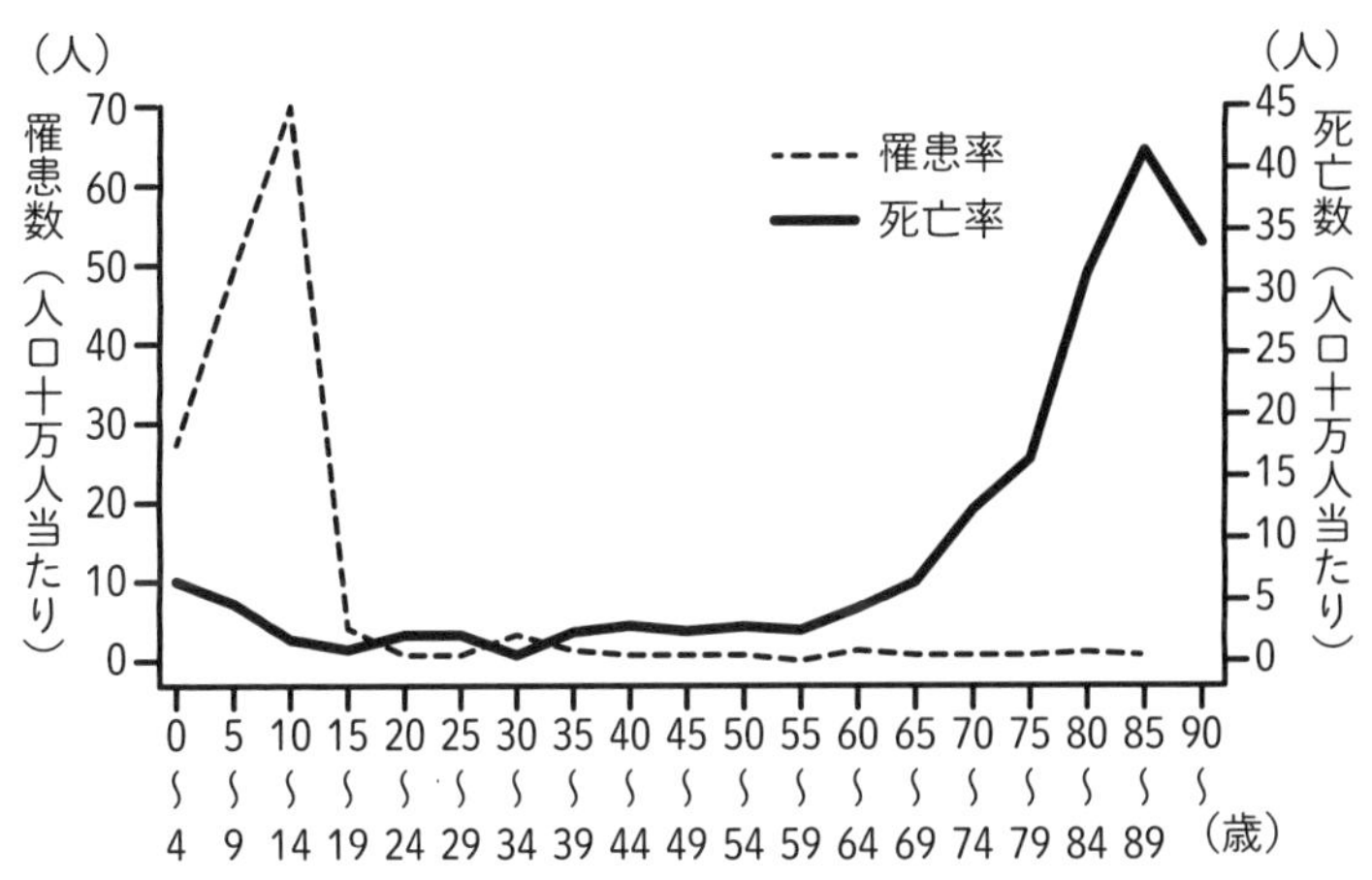

図4　インフルエンザの罹患率と死亡率

「インフルエンザパンデミック新型インフルエンザの謎に迫る」（河岡義裕、堀本研子／著）、講談社、2009をもとに作成。

亡率が上がってきたんじゃないかということがわかります。つまり、**ワクチン接種が強制ではなくなったために、インフルエンザの死亡率が上がりはじめたんじゃないかということです。**やっぱりワクチンを打つことが非常に大事なんじゃないかって予測されるわけです。

今の新型コロナウイルスとちがうんですけれども、このインフルエンザのときに何がわかったかというと、病気にかかる人の数、すなわち罹患率です（**図4**）。罹患率は年齢が左から右に行くほど大きくなってますから、圧倒的に子どもの方が多いです。大人になるとあまり変わらないですね。つまりインフルエンザは子どもがよくかかるんです。ところが死亡率は？というと、子どもの死亡率は低いけど、お年寄りの死亡率が高いことがわかります。つまり、インフルエンザにかかるのは子どもなんですけれども、亡くなるのはおじいさん、おばあさんです。だから、学童期のワクチン接種がやっぱり大事なんじゃないか、**ワクチン接種が社会全体のウイルス総量を減らすのに役に立つんじゃないか**ということが、インフルエンザの経験からわかってきました。ワクチンについては第4章でもお話しします。

ここまでがイントロダクションになります。こういうふうにデータを考えて私たちも生活をしていかなきゃいけない、その例として、新型コロナウイルスやインフルエンザワクチンの話をしました。このように、生命科学は私たちの健康に非常によくかかわっています。やっぱりある程度の知識は、皆さんもっていないといけないわけです。

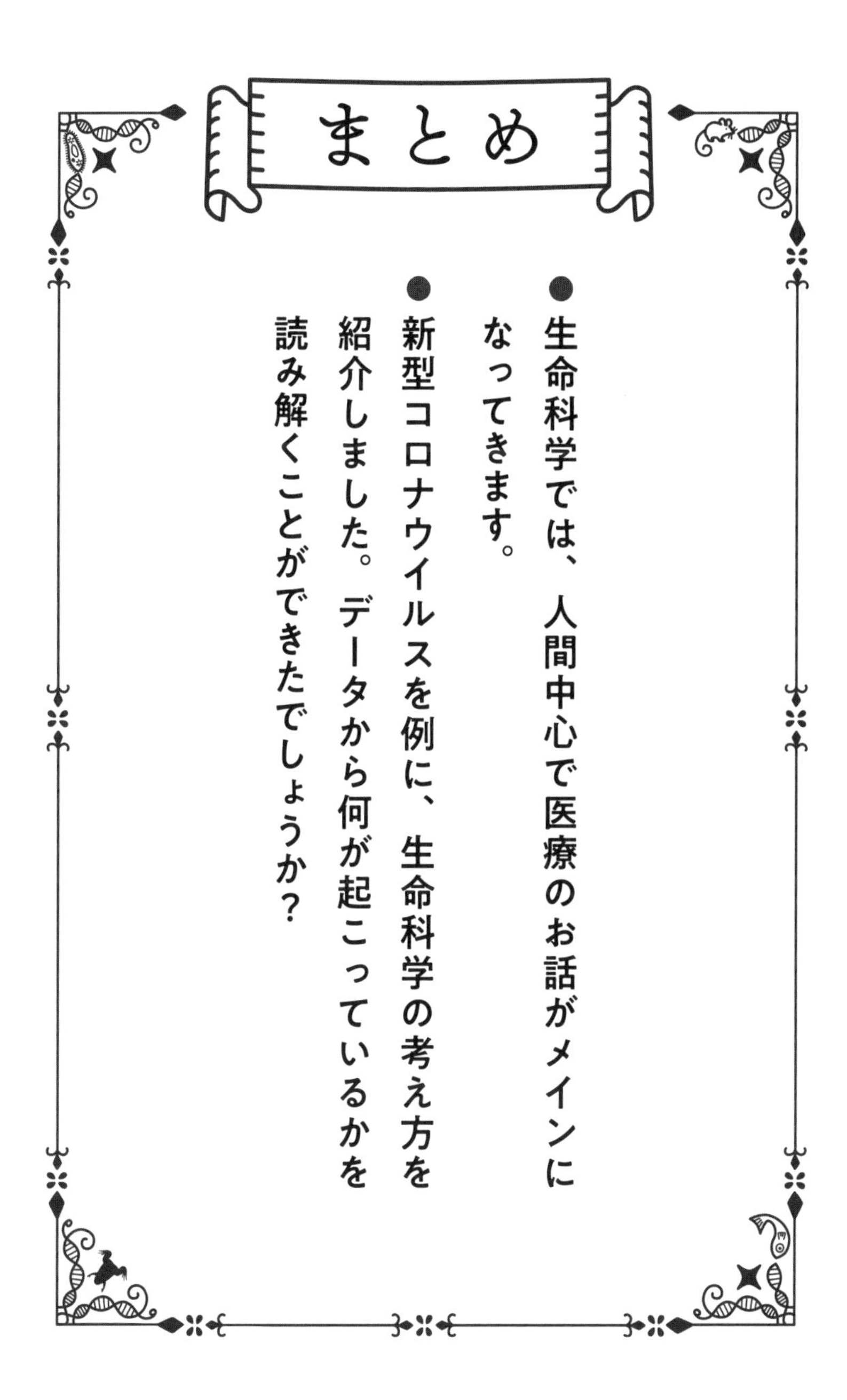

まとめ

●生命科学では、人間中心で医療のお話がメインになってきます。

●新型コロナウイルスを例に、生命科学の考え方を紹介しました。データから何が起こっているかを読み解くことができたでしょうか？

第1章

進化のおはなし

ヒトとチンパンジーのちがい

今回は、生命科学の進化のお話をしたいと思います。進化で実際何が起こっているのか、おもしろいお話がたくさんあります。それでは、ちょっとやってみましょうか。最初の問題です。

①チンパンジーとヒトは交雑できるでしょうか？
②共通祖先からヒトにどうやって進化してきたんでしょうか？

チンパンジーとヒトは交雑できますか？　子どもをつくることができますか？って聞かれたら、普通はできないという答えになるはずですよね。できないんだったら、どうやって共通祖先からヒトに進化してきたんですか？　ヒトとチンパンジーの中間雑種ができないのにどうやってヒトができたんですか？という質問です。わかりますか？

染色体については後でお話ししますけれども、**ヒトの染色体は四六本でチンパンジーは四八本**なんですね。数がちがいますから普通は生殖できないんです。じゃあ、どうやって共通祖先からヒトとチンパンジーができたんでしょう？　こういうことを考えながら説明していきます。

ヒトたらしめるもの

チンパンジーとヒトの遺伝子のちがいはたった一・二三％で九九％近くが同じなんです。すごいですよね。とすると、ヒトのこの高い知能ってどこから出てきたのか、疑問に思いませんか？　ヒトとチンパンジーがいつ分かれたかというと、今から約六百万年くらい前じゃないかと考えられています。もちろんヒトとチンパンジーは交雑できません。やってみようと思ってもだめですよ。交雑できません。

今から二十数年前にヨハネ・パウロ二世っていうキリスト教の総本山の人が、「ヒトと祖先サル（共通祖先）との間には、超えがたい不連続点がある」と言いました。ヒトとチンパンジーは遺伝子がよく似ているわけですね。何がちがうかというと、「ヒトには、神が〝精神〟を注ぎ込んだのだ」というわけです。おもしろいですね。精神って何か、知りたいでしょう？

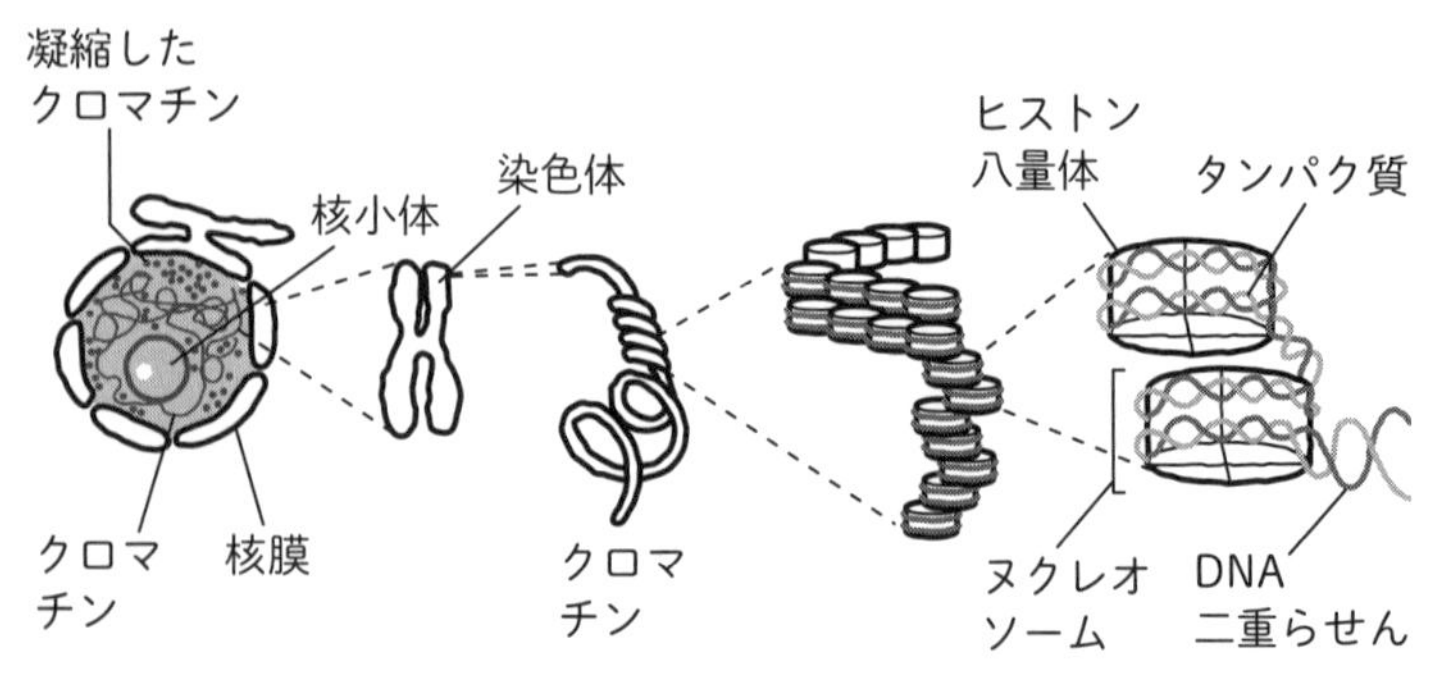

図　染色体とDNA

「現代生命科学 第3版」（東京大学生命科学教科書編集委員会/編）、羊土社、2020をもとに作成。

染色体、DNA、遺伝子、ゲノム、何がちがう？

そこでここでは少し言葉についてお話をしたいと思います。これからいろんな言葉が出てきますが、もともと私たちがもっている遺伝子は、だいたいみんな同じものなんですけれども、染色体、DNA、遺伝子、ゲノムって呼び方によってちょっとずつちがうんです。何がちがうか覚えておいてくださいね。

よく染色体って**図**みたいに描かれると思います。この本数を数えると、全部で四六本あるんです。四六本あるんだけど二三組なのはなぜかというと、同じようなものが二個ずつあるわけですね。この二個は片方がお父さんから、片方はお母さんから来ているので、お父さんの精子には二三本、お母さんの卵には二三本あって、それが一緒になって四六本になります。この染色体をビューって引きのばすと、二重らせんのＤＮＡになるんです（**図**）。ＤＮＡの一部が読まれて、ｍＲＮＡを介してタンパク質が作られますが、その部分を遺伝子とよびます（↓第３章参照）。つまり、染色体とＤＮＡは同じものなんですね。同じものなんだけど、ＤＮＡが巻きついている丸いものがあるでしょう？　これタンパク質なんですよ。ＤＮＡとタンパク質が一緒になってヌクレオソームまたはクロマチンになると覚えておいてください。これが太くなったのが染色体です。じゃあ**ゲノム**って何かというと、その生物がもつすべてのＤＮＡ配列のことをいいます。

染色体と生殖細胞

私たちの体から遺伝子をとると、実はどこからとっても同じものがとれます。ヒトのすべての体細胞に同じ染色体があるからです。染色体は長いものから一番、二番、三番…と、二二番の染色体まで二本ずつあります（**図**）。全部で四四本あるわけです。さっき四六本ありますって言ったのに何がちがうかというと、残り二つがちょっとちがうんですね。残り二つは、女性はＸＸ、男性はＸＹをもっています。ここがちがうんです。男性だけがもっているのがＹ染色体になります。Ｘ染色体は女性が二本で男性は一本しかないんです。このちがいを覚えておきましょうね。

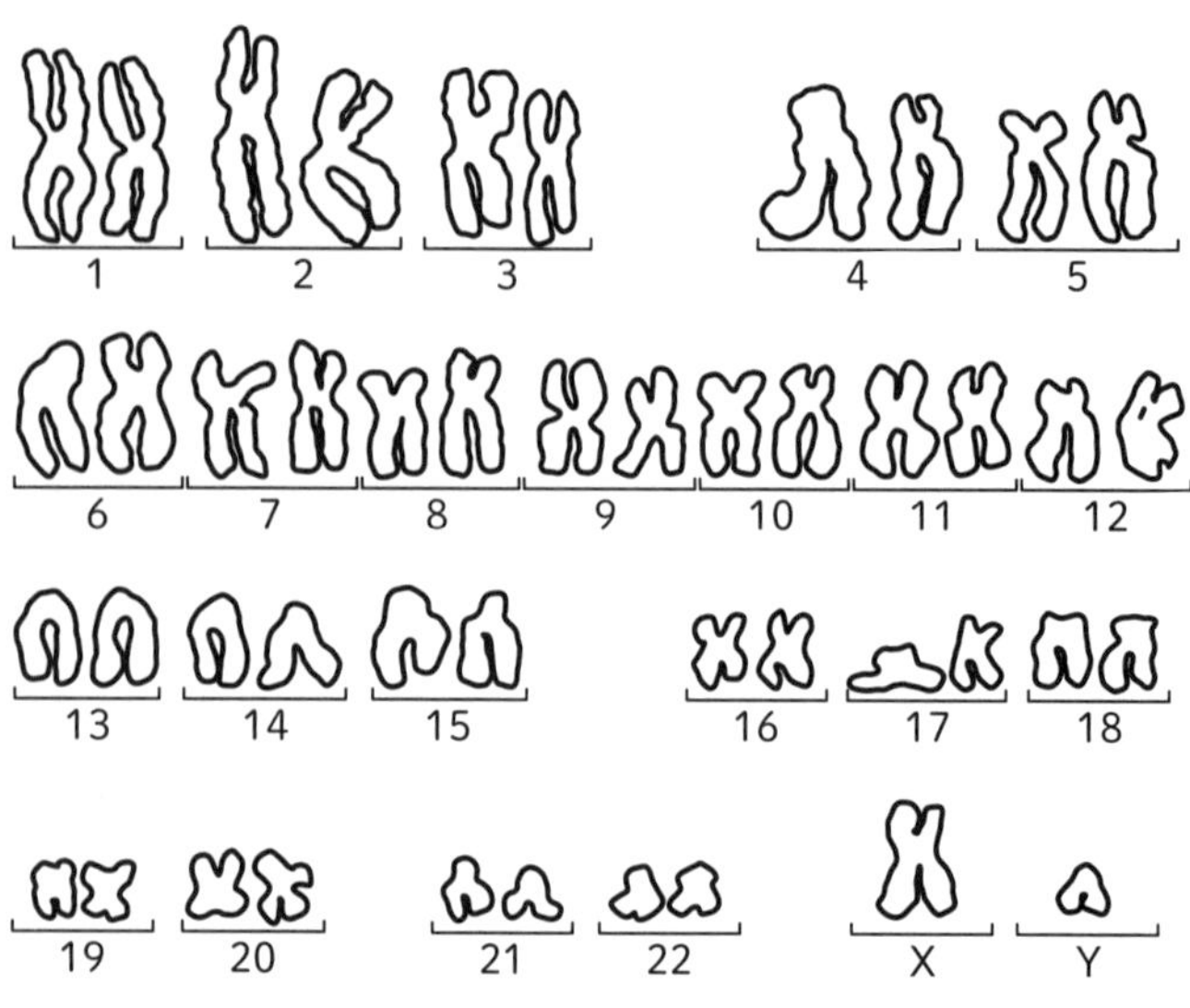

図　ヒト染色体の一覧

図が皆さんの細胞の染色体の一覧です。二つずつでセットになっていますね。精子や卵になるとき、どっちか半分が精子の中、卵の中に入っていきます。だから精子の中とか卵の中へは、二つのうち一個、次の二つのうち一個、次の二つのうち一個…と入っていって、それが全部で二三組あります。それぞれ二分の一の確率で入ってくるわけですから、精子と卵の分かれ方は二の二三乗通りあることはわかりますね。そうすると、同じ人からとれた精子でも遺伝子の組合わせはこれだけあるわけですから、兄弟姉妹でまったく同じ遺伝子をもっている人がいないことが理解できたと思います。

そこで問①に戻りますと、チンパンジーの染色体は四八本ですから精子や卵になると、この半分で二四本ですよね。ヒトは四六本ですから半分の二三本です。二四本と二三本ですから絶対一緒になりません。だから子どもができないということになるわけです。

ヒトはどうやって生まれた？

このように、ヒトとチンパンジーでは子どもができないんですけれども、遺伝子はたった一・二三％しかちがいません。じゃあ何がちがうんでしょうか？

染色体が切れてくっついた

よく遺伝子を調べると、ヒトの第二染色体（長い方から二番目の染色体）とチンパンジーの染色体は非常によく似ていることがわかってきました（**図１Ａ**）。白い部分はヒトと同じ

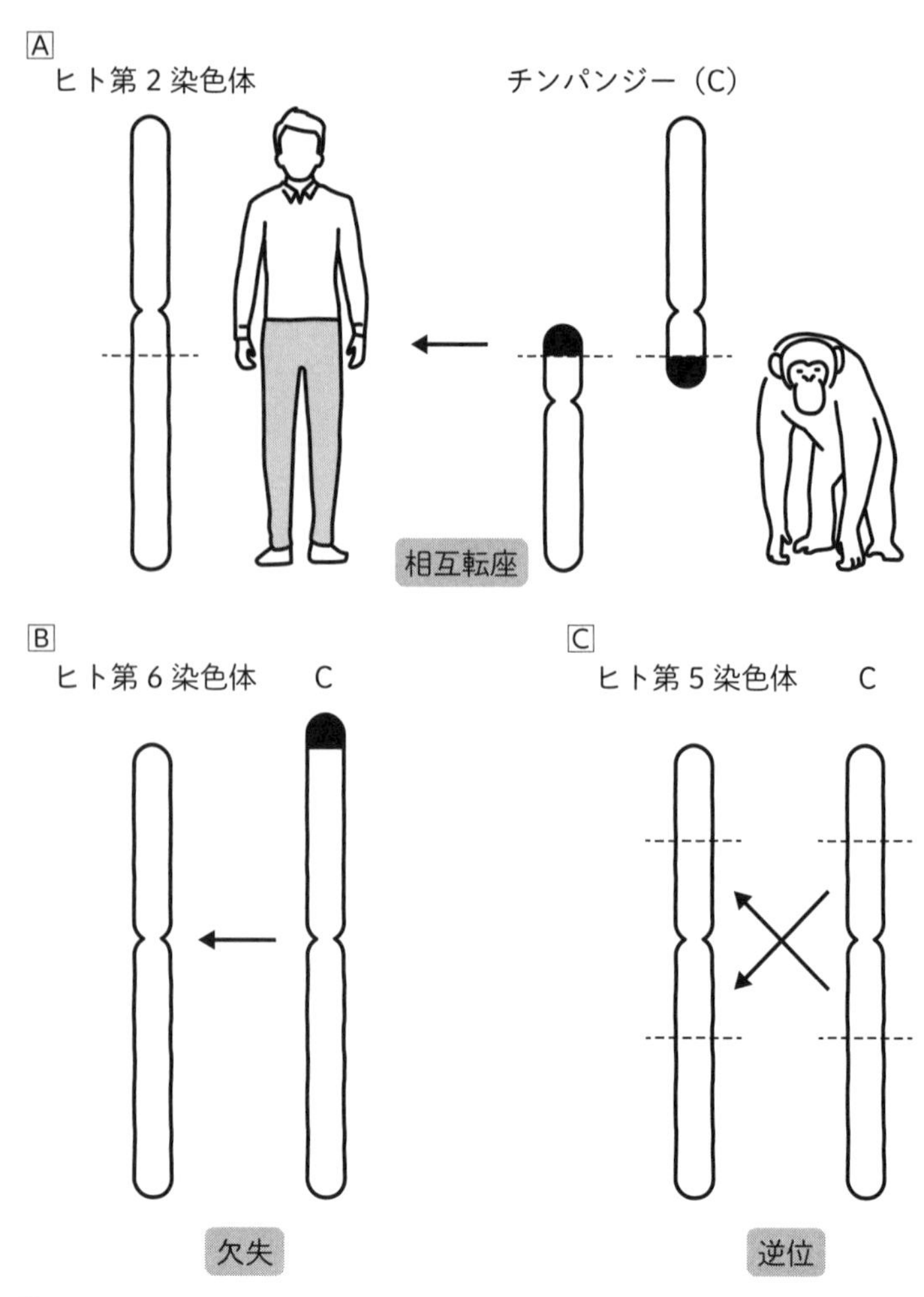

図1　ヒトとチンパンジーの染色体のちがい

です。つまり、チンパンジーではヒトの第二染色体が切れて二つに分かれて染色体の数が増えたことがわかります。これはどういうことか考えると、共通祖先の染色体は四八本だったんです。それが点線のところで切れて、上の白い部分と下の白い部分が一緒になってヒトになったと考えられます。このように、**二つの染色体が切れて相互にくっつきあうことを相互転座といいます。相互転座によってヒトができたんです。**

そうすると、ヒトだけがもっている部分ってどこですか？　つなぎ目のところですよね。だから、第二染色体のつなぎ目のところに精神の遺伝子があるんじゃないかと考えた人がいるわけです。それで一生懸命探したんですけども、とうとう見つかりませんでした。残念ながらその説はだめだったということになります。

遺伝子がなくなった

他の染色体も見てみましょうね（**図１B**）。ヒトの第六染色体とチンパンジーのある染色体もほとんど同じです。チンパンジーの方がちょっと多いんですね。黒い部分がなくなって（**欠失**といいます）ヒトの第六染色体になりました。チンパンジーとヒトを比べると、ヒトの方が複雑で、たくさん遺伝子をもってるんじゃないかと思うかもしれません。しかし、染色体を見るとチンパンジーの方が多くて、そこからいらないものが切れてヒトになったように見

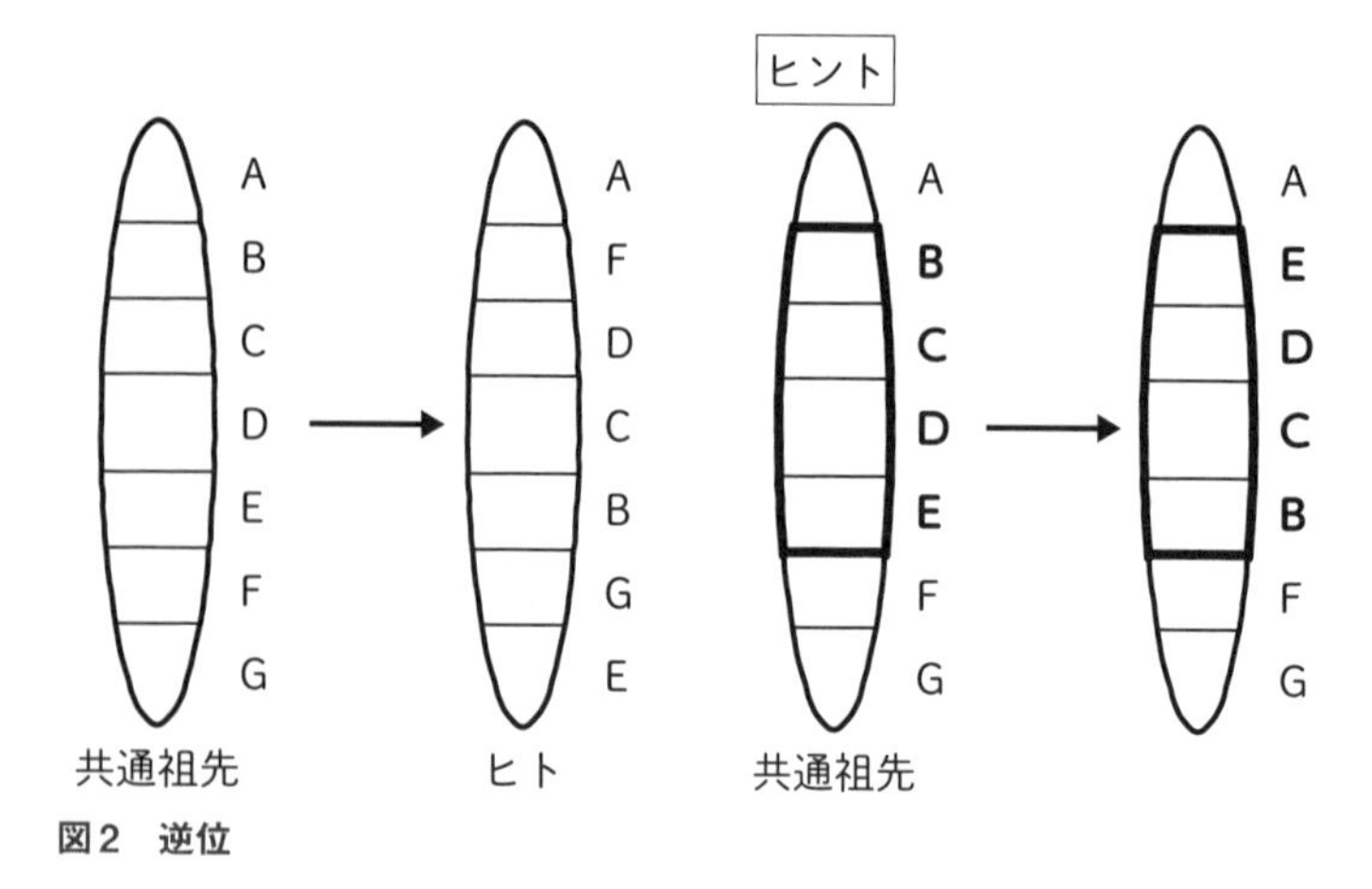

図2　逆位

えます。つまり、高次機能をもっている**ヒトは、チンパンジーの遺伝子の一部分がなくなってできたんじゃないかと言えるわけです**。おもしろい考え方ですね。

遺伝子がひっくり返った

もう一つ、第五染色体を見てみると、チンパンジーの染色体は、間の部分がひっくり返ってるんです（**図1C**）。上と下が逆になっているんですね。全体にあるものは同じなんですけれども、逆になっているので**逆位**といいます。

今こういうところがいっぱい見つかってきていて、共通祖先からヒトに変わったときに、このような大きな遺伝子の変わり方が存在したと考えられています。

また皆さんに問題を出してみましょうか。**図2**のように、左から右に逆位が起こりました。共通祖先の並び方がＡＢＣＤＥＦＧ、ヒトはＡＦＤＣＢＧＥです。

ということは、どこかに逆位が生じてひっくり返ってヒトの配列になったということです。

では、最低何回ひっくり返ったらヒトの配列になるでしょう？

ヒントに一つだけ例を挙げると、例えばBとEの間で逆位が起こったとします。そうすると、BCDEだったところが上下逆になりますから、上からAEDCBFGとなりますね。じゃあ今度はまたどっかとどっかが入れ替わって…というふうに入れ替わっていって、何回入れ替わるとヒトの配列になるでしょうか？　答えは章末（↓74ページ）でご確認ください。

言語能力に関与する遺伝子

他におもしろい研究がいっぱいあるんですよ。**図**の系統樹から、マウス、アカゲザル、オランウータン、ゴリラ、チンパンジー、ヒトが順番に分かれてきたと考えられています。それでは、ヒトだけがもっている能力って何ですか？

二足歩行と言語を話すということですよね。そのうち言語を話すのに関係する遺伝子が見つかったんです。この遺伝子がヒトで変異すると、ちゃんとした言葉がしゃべれない病気になります。難読症という病気です。こんな言語能力に関係する遺伝子が一つ見つかりました。これはヒトだけがもっているのでしょうか？　チン

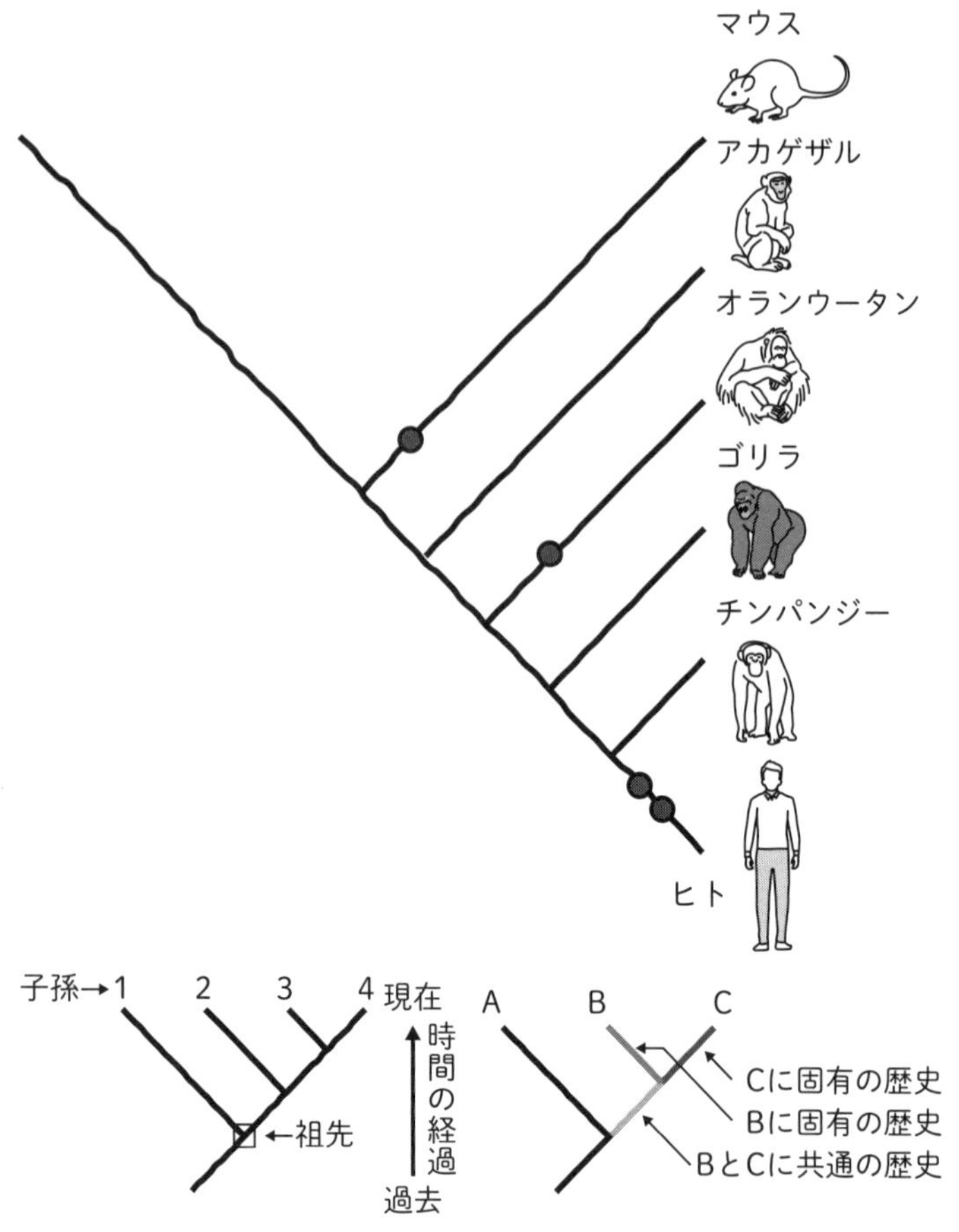

図　言語能力に関与する遺伝子

パンジーもゴリラももっているのでしょうか？　みんな配列が同じだったら、この遺伝子は言語に関係していないということになります。で、調べてみたんです。そうすると、おもしろいことがわかりました。黒丸のところで遺伝子に変異があったんです。つまり、ヒトとそれ以外では、二個の遺伝子変異が起こってるんです。ひょっとしたら、この遺伝子変異が起こると、ヒトのように話せるようになるのかもしれません。

はい、どうやって確かめたらいいですか？　一つはこのヒト型の変異をもったチンパンジーをつくればいいですよね。チンパンジーがしゃべるようになったら話すのに関係する遺伝子だとわかります。ところが、残念ながらチンパンジーの遺伝子を入れ替えるのは、なかなか現在のところ倫理的に難しいのでできないんですけれども、やろうと思えばできるわけですね。こういうふうに研究は、非常におもしろいところがいっぱいあります。ヒトだけがもっている能力はどこからきているのか？ということを研究している人がいることも知っておいてください。

社会性も進化している

先ほど言ったように、二足歩行と言語というのは共通祖先からヒトに進化するときにはじまったんですけれども、それ以外に社会性も進化していることがわかってきました。オランウータンとゴリラは、チンパンジーとヒトと何がちがうでしょうか？　ここで何かが変わったんです。何が変わったかというと、オスが共同で狩猟するようになりました。オランウータンとゴリラって自分一人でえさをとってくるんですけれども、チンパンジーはそうじゃないんです。みんなと一緒に相手をやっつけます。こんなふうに社会性が変化してきたことがわかってきました（**図**）。じゃあ、この社会性を規定しているものは何でしょうか？　やっぱりこれ、興味の焦点になるわけです。

チンパンジーはもっていないけどヒトだけがもっている能力もあります。オスが子育てに参加したり、おばあさんが子育てに参加したりする能力です。そうすると、チンパンジーとヒトの遺伝子を調べたら、そのちがうところに子育てに家族が参加する能力の原因が見つかるかもしれませんね。進化の研究と遺伝子の研究は、このように、つながりがあることがわかります。

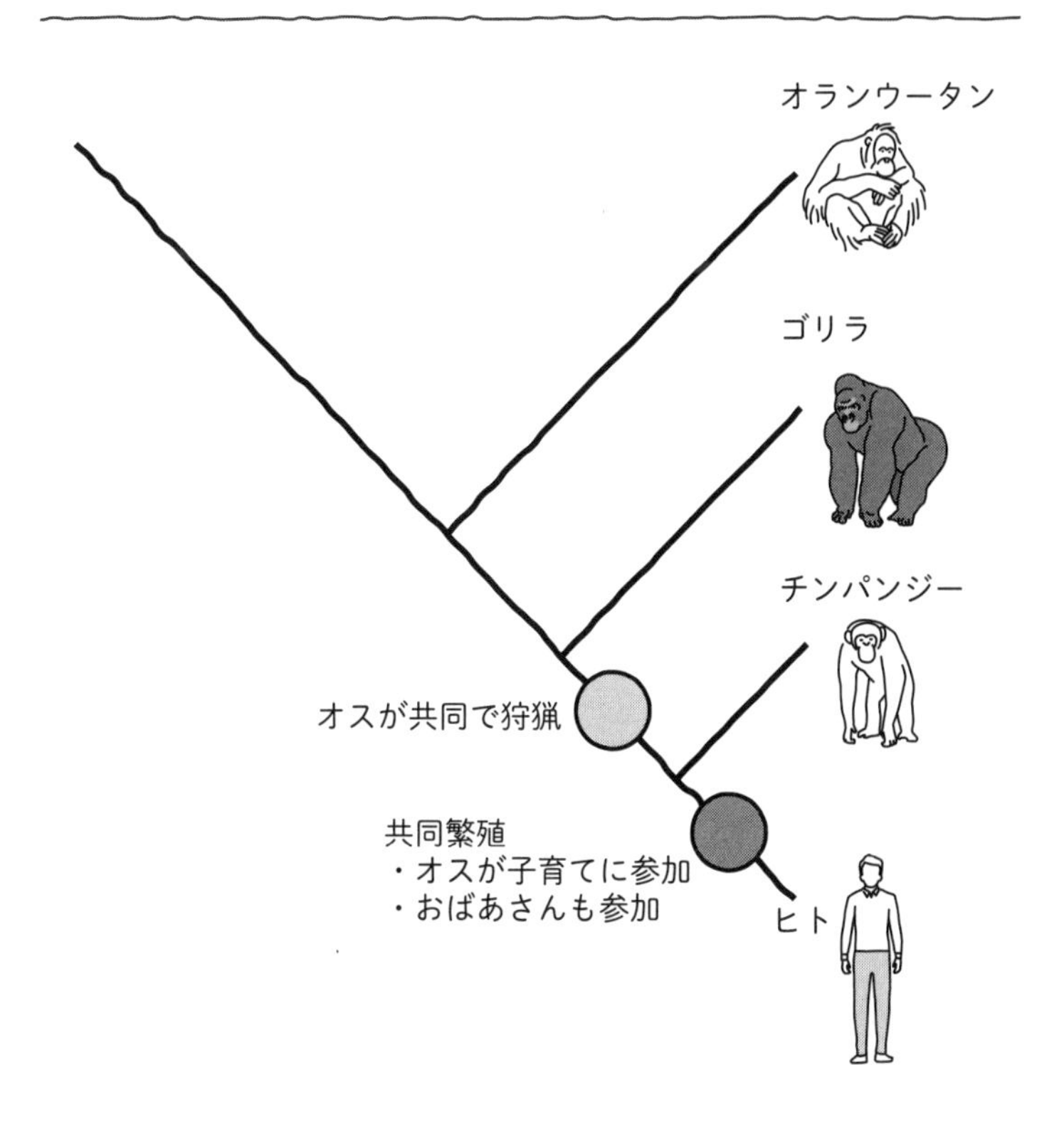

図　社会性の進化

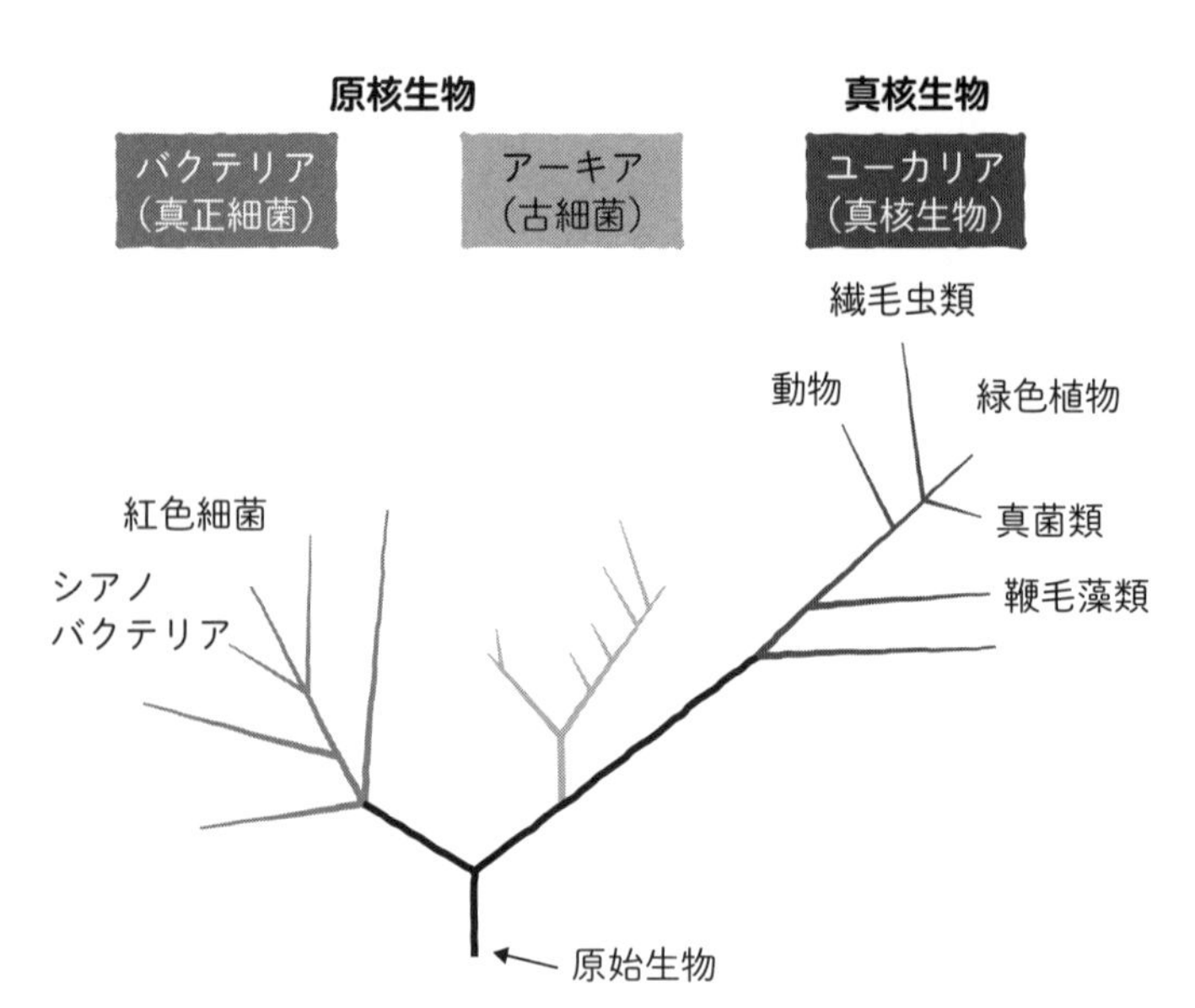

図3　生物の系統樹

生物のなかのヒト

生物全体からみたヒトの位置をみてみましょう（**図3**）。矢印のところが最初の原始生物ですね。原始生物から左側のバクテリア（真正細菌）が分かれてきます。ヒトは右側の真核生物で動物に入ります。真核生物へ行く枝のところに一つ大きなグループがありますね。このグループをアーキア（古細菌）といいます。古細菌というのは、昔はもっと古い細菌じゃないかって言われていたからです。海の奥底の火山みたいなところや濃い塩分の中でも生きられるような細菌です。つまり、古い地球で生きていたんじゃないかと思われる細菌類がアーキアです。ところがアーキアは、遺伝子を見るとバクテリアよりヒトとか植物に近い生物だということがわかってきました。

哺乳類の進化

では、哺乳類を体の形から見る形態進化を先に見てみましょう（**図４**）。一番右側がヒトになります。ゴリラ、ウサギ、マウスなどがいて、一番原始的なものはカモノハシとかハリモグラになります。カモノハシご存知ですか？　一見カモみたいな口をしています。水の中に住んでいますが哺乳類です。哺乳類はお乳で子どもを育てます。ほとんどが胎生で、母体内である程度成長してから生まれます。ところが、カモノハシは卵を産むんですね。いいですか？　卵を産む哺乳類なんてほとんどいないんです。非常に原始的な哺乳類になります。ハリモグラも卵生で原始的な哺乳類です。

次に分かれてきたのが有袋動物で、袋をもつカンガルーたちの仲間です。その後、胎盤をもつ動物が分かれています。胎盤をもつ哺乳類のなかで最初に分かれたのはネズミの仲間です。ラットとマウスは、ごく最近分かれました。この途中の枝から分かれたのがウサギです。

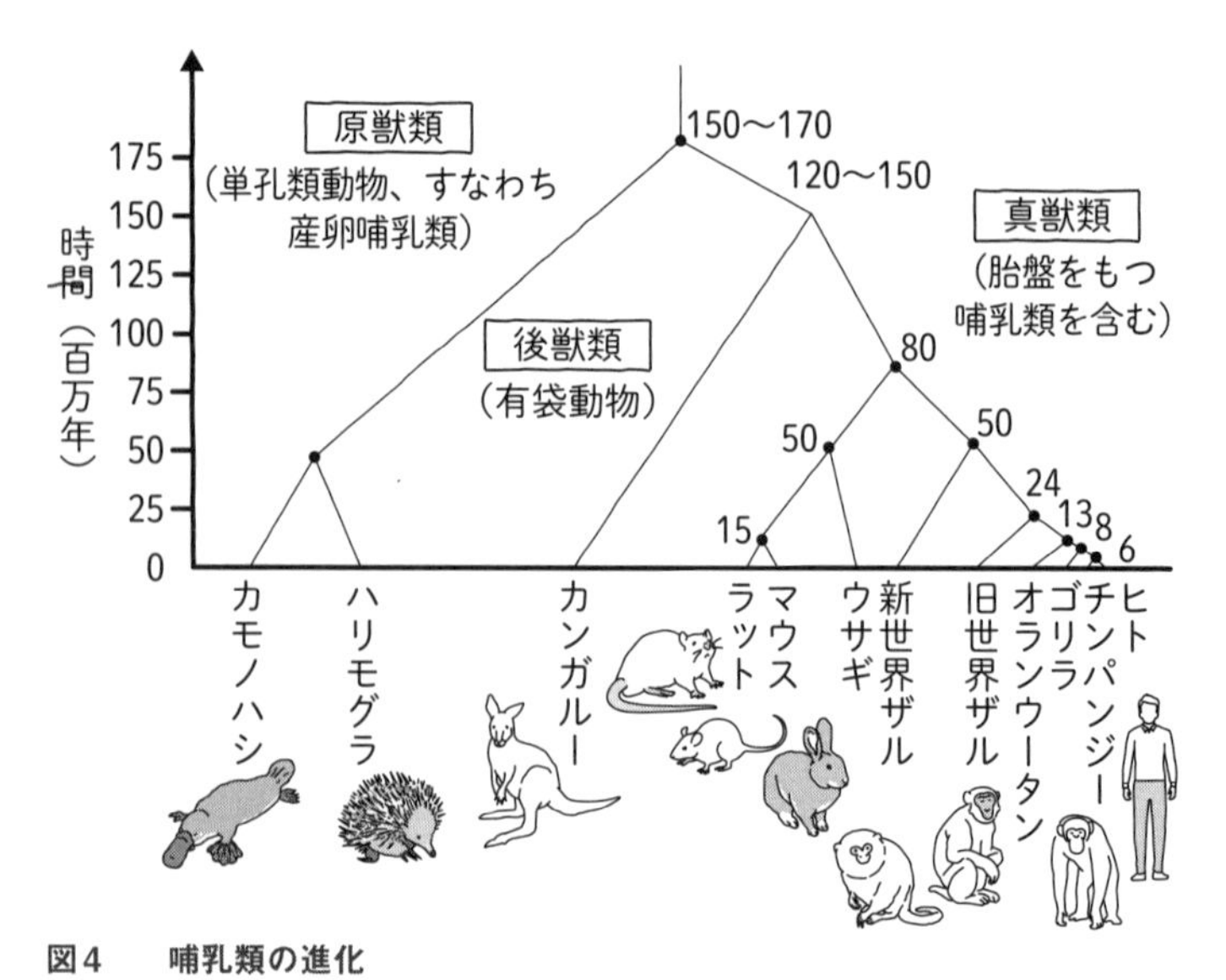

図4　哺乳類の進化

Kumar S & Hedges SB：Nature, 392：917-920, 1998と「ヒトの分子遺伝学 第4版」（村松正實、木南 凌／監修、村松正實、木南 凌、笹月健彦、辻 省次／監訳）、メディカルサイエンスインターナショナル、2011をもとに作成。

ウサギの歯って前に二本ありますよね。ネズミに似ています。つまり、ウサギとネズミは同じ仲間になります。こういうふうにして進化が説明できるわけです。

ラットとマウス

どちらもネズミの一種なんですが、ちがいがわかりますか？　実験しているとわかるんですけど、マウスの方がくさいです。大きさを比べると、ドブネズミみたいな大きいのがラットです。それに対して、手のひらにのる小さいのをマウスといいます。ミッキーマウスのマウスですね。

遺伝子配列からわかる進化

　ところが、これではあまりにもいい加減で、ちゃんと進化の度合いがわからないわけです。そこで、遺伝子を調べるとわかるというのが**分子進化**の考え方になります。ちょっと難しいので、あまり詳しく説明しませんけれども、例えばヘモグロビンという血液中の酸素を運ぶタンパク質は、魚類から哺乳類に至るまでみんなもっているんですね。そのヘモグロビンのアミノ酸配列をよく調べてみると（**図5**）、ヒトとネズミは同じだから哺乳類は同じなんですけれども、トリ（鳥類）になるとちがう箇所がいくつかありますね。一番ちがってるのはやっぱりヒトとサメ（魚類）です。ということは、魚類が最初に分かれたんじゃないかとわかります。脊椎動物は魚類、その次に両生類（カエル）、次に爬虫類（カメ）が分かれて、爬虫類の途中から鳥類ができました。その後、哺乳類が分かれたことがわかります。

ヘモグロビンのアミノ酸配列

ヒト	A Q V K G H G K K V A
ネズミ	A Q V K G H G K K V A
トリ	A Q I K G H G K K V V
カメ	A Q I R T H G K K V L
カエル	K Q I S A H G K K V A
サメ	P S I K A H G A K V V

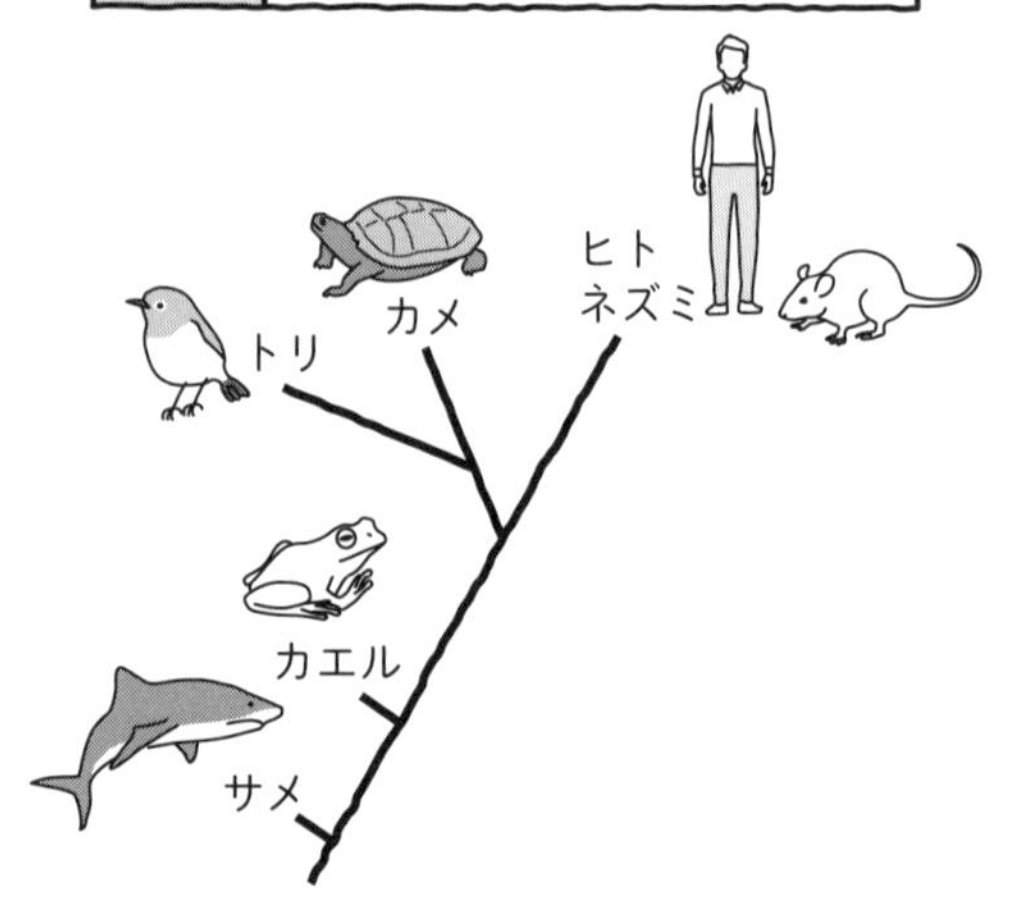

図5　哺乳類の進化とアミノ酸配列

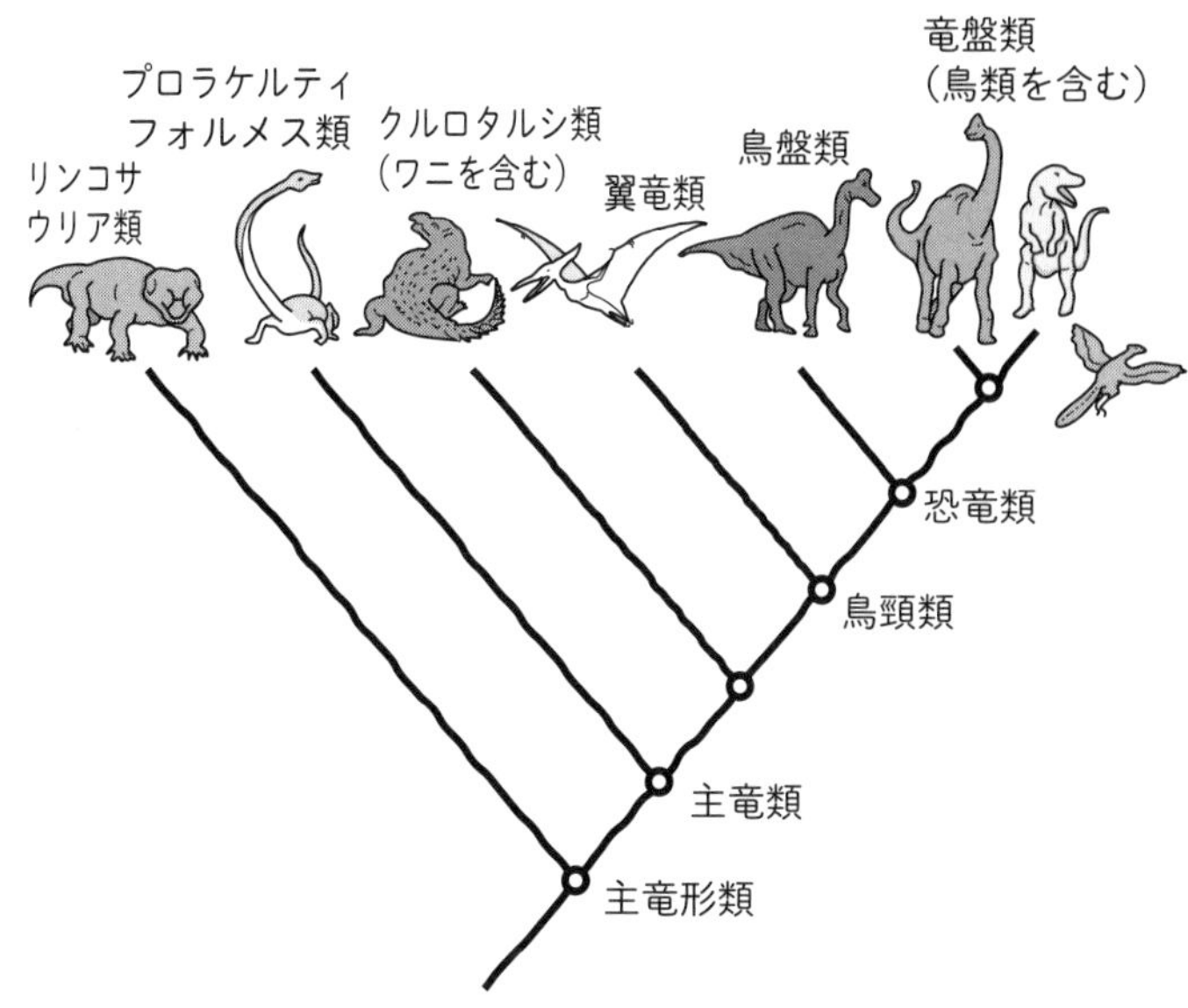

図　恐竜の系統樹

恐竜は何のなかま？

恐竜は、実はトリの先祖になります。私たちの身のまわりの鳥類は、恐竜の子孫なんですね。**図**は恐竜の系統樹です。よく見たことのある恐竜がいっぱいいると思います。こういうふうに少しずつ分かれてきて、最後に鳥類ができたんですね。

進化は一定方向？

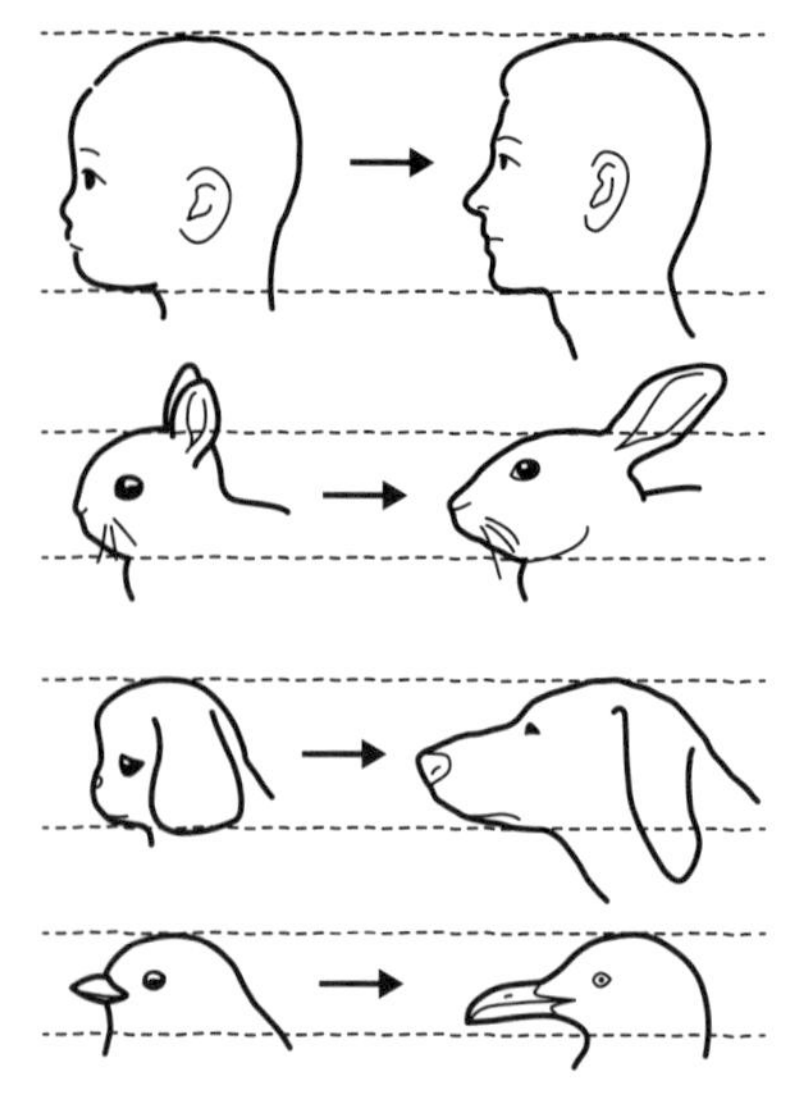

図6　顔の個体発生

「Studies in animal and human behaviour」（Konrad L & Robert M), Methuen, 1971をもとに作成。

進化を見ていると、いろいろおもしろいことが起こっていることがわかってきました。皆さんこんなの知っていますか？　例えば馬の化石を見てみます。そうすると、時代を追って古くなればなるほどだんだん個体サイズが小さくなっているんですね。最初は非常に小さかったのが今は大きくなっています。つまり、骨がだんだん大きくなって、ある一定方向に進化してるわけです。これを**定向進化**といいます。化石を調べることによって、進化がずっと一方向に行ってることがわかったんです。

同じ動物でも、赤ちゃんの顔が大人になると**図6**の右側みたいになります。ヒトもそうですね。そうすると、顔の個体発生の度合いがわかります。ウサギも大人と子どもは全然ちがうし、イヌもそうだしトリもそうですね。これ見て何か気がつきますか？　ある一定方向に顔の形とか骨が動いていて定向進化（正しくは「進化」ではありませんが、決まった方向への変化ということで使っています。念のため）とわかります。一般的に顔がまるいほど可愛らしいんですね。顔が長くなるほどにくたらしくなると言われます。赤ちゃんほど顔が丸いのは可愛い、だから世話してあげたいと思うんです。

ミッキーマウスの進化

これ冗談なんですけど、ミッキーマウスだって進化しているんですよ。最初のミッキーマウスから顔の大きさを測った人がいるんですね。そうすると、**図6**と同じように一定方向に進化していることがわかります。おもしろいでしょう？

化石だけではわからない？

DNAが調べられるようになるまでは、進化は化石でしか調べることができませんでした。定向進化も化石からわかってきたわけです。ところが、

生物の進化を化石だけで議論するのは危険です。なぜでしょう？

ちょっと考えてみてください。化石に残らないものもあるでしょう？　それどうするんですかというわけです。化石で何がわかるかというと、骨格の変化ですね。形態はわかるけれども、骨格にあらわれない変化は見逃されてる可能性が十分あるわけです。体の中の化学反応だって変わっているはずなんですよ。だけど、そういうものは化石には残っていないんです。進化を骨格だけで調べるのは、やっぱり問題があるわけです。

そういうことが最近わかってきて、昔は同じ種に分類されていたんですけれども、DNAを調べるとまったくちがう種だったことがわかったものもあります。他にもいろんなことが明らかになってきました。

たった一個の遺伝子変異がもたらすもの

私たちがもっている三〇億個のＤＮＡ塩基のたった一個が変わっても、形態が大きく変化する場合があることがわかっています。いくつか例をご紹介しましょう。

苦みの感受性

ＰＴＣ感受性という苦みに関するおもしろい研究があります。ある試薬をなめても、苦いと感じる人とまったく感じない人がいるんです。何がちがうかというと、遺伝子がたった一個ちがうだけなんですよ。遺伝子が一個ちがっただけで苦味の感じ方がちがうんです。でも、それは死んで骨になったらまったくわからないわけです。

毛のないネズミ

ヘアレスって有名なネズミがいます。毛に関係する遺伝子のたった一個がちがうだけで、毛がいっぱいあったネズミの毛がなくなります。ヘアがなくなるからヘアレスです。

足の骨の異常

軟骨形成不全症という病気があります。これもFGF受容体の遺伝子に一個の変異があるだけです。そうすると、小人症といって足の骨が異常に短くなることがわかっています。

このように、遺伝子変異の数と形態全体の変化は、あまり比例しないことがわかります。

意外とゆっくり？ 人類の移動

それでは、ここからは今までの話をふまえて、人類が生まれてからどのように広がっていったか、それがどう解析されたかというお話をしたいと思います。

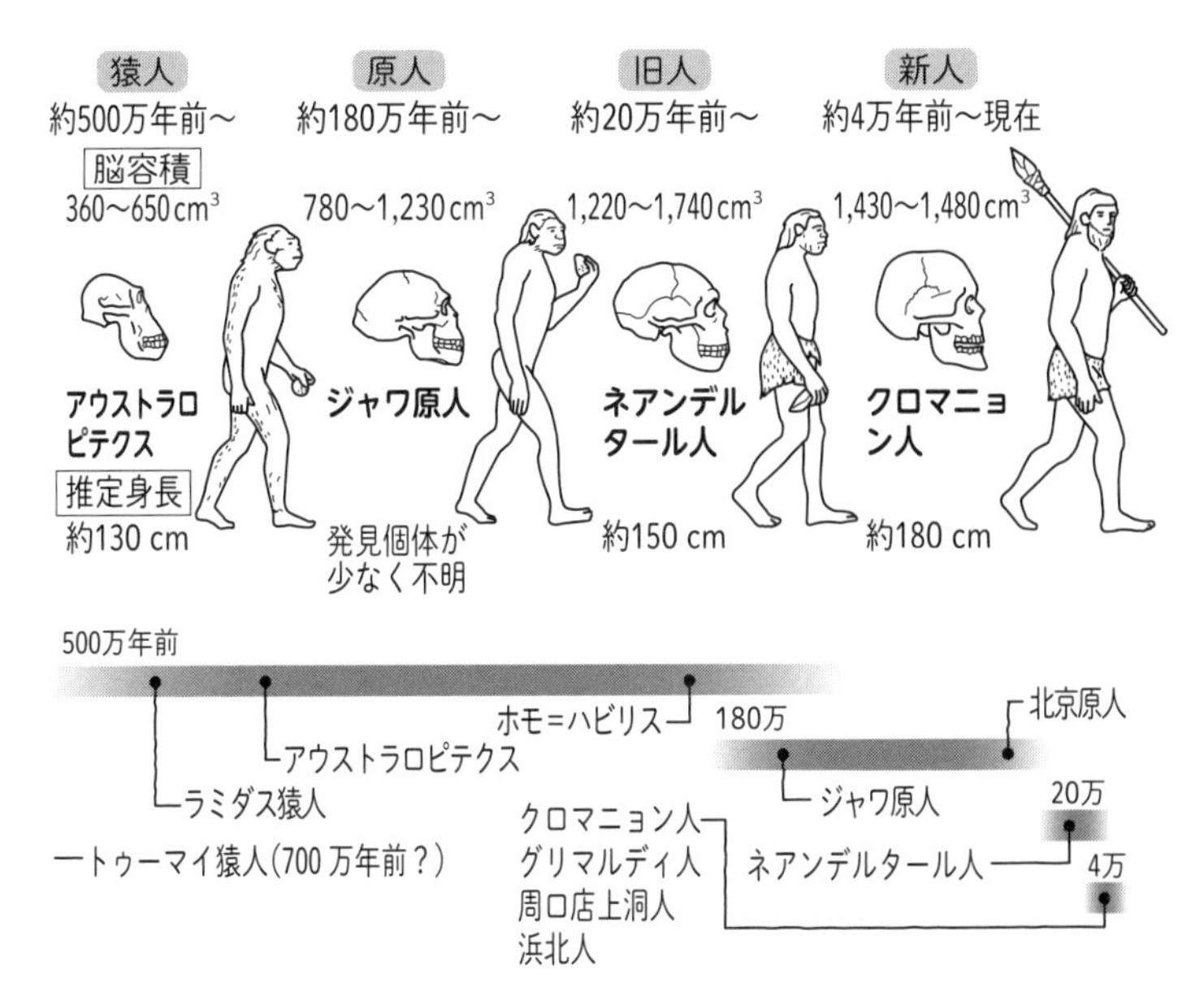

図７　人類の軌跡

人類の祖先

ネアンデルタール人は現生人類の前に地球上に住んでいた、三万年近く前に絶滅したと思われる人種です。このネアンデルタール人の骨が見つかりました。その骨からとった遺伝子を解析すると、赤茶けた髪の毛だったんじゃないかと予測がつきました。遺伝子が残っていれば、どういう人だったかわかります。すごいですよね。顔の形まで遺伝子から推測できるんじゃないかという人もいます。

図７は今わかっている人類の軌跡です。アウストラロピテクス（猿人）という、おさるさんに近い、でも二足歩行をしている、こういう人類がいたことがわかっています。そこから、ジャワ原人（原

図8　人類の移動

人）→ネアンデルタール人（旧人）→クロマニョン人（新人）ときて、クロマニョン人が現生人類の祖先になります。こういうふうに進化してきて、頭の形や大きさもだんだん変わってきたと言われています。

でも問題があって、ＤＮＡがとれるのは三、四万年前までくらいなんですね。ジャワ原人や北京原人も骨が見つかっているんですけど、その骨からはＤＮＡがとれないんです。もっと古い人はもっととれないわけです。だからどういう人だったかわからないんですね。ネアンデルタール人だけがようやく、どんな人だったかわかってきました。でも、現生人類の祖先じゃなかったんです。ネアンデルタール人は絶滅しちゃったんですね。そういうことがどうやってわかってきたのかをお話ししたいと思います。

アフリカから世界へ

皆さんご存知の通り、人類はアフリカで生まれました。

アフリカで生まれて出アフリカといって、エジプトのあたりから出てきて世界中に広まりました（**図8**）。最初はヨーロッパに行ったりアジアに広まっていきました。アジアからオーストラリア大陸には五万年くらい前にたどり着いたんじゃないかと言われています。舟をこいで行きました。本当ですか？　実は、何万年か前は陸続きだったと考えられています。これと同じことがアメリカ大陸にもいえて、ユーラシア大陸と北アメリカ大陸の間のベーリング海峡がつながっていました。この境界を超えて、だんだんアメリカ大陸に広がっていきました。最南端のホーン岬には今から一万三千年くらい前にたどり着いたんじゃないかと考えられています。

じゃあ、アラスカからパタゴニアまで歩くとどれくらいかかるでしょう？

歩く速さはどれくらいかというと、時速四・八キロメートルくらいです。北極から南極まで地球全体が四万キロメートルですから、半分の二万キロメートルとして計算してみましょう。二万キロメートルを時速四・八キロメートルで割り算すればいいわけで、歩くとだいたい半年なんです。昼夜かまわず歩いて半年ですが、意外と近いなと思いませんか？　カタツムリはだいたい一秒間に一・六ミリメートルぐらいのスピードです。カタツムリでも北極から南極まで四百年で行くんです。ところが**図8**を見てわかるように、実際はアラスカからパタゴニアまで七千年くらいかかって行ってるんですね。人類がたどり着くまでたいへんな苦労をしたんだなということがこの数字でわかりませんか？　こういう数字をすぐに計算して、だいたいの見積もりを立てることがものごとを考えるときは非常に大事です。

進化は偶然のたまもの？

こんなふうに人類が移動していった影響はいっぱいあって、集団の血液型を調べると、日本人はA型、O型、B型、AB型が四対三対二対一の割合になっています。ところが、イギリス人はほとんどがA型とO型なんです。それに比べてインド人はB型が多いんですね。こんなふうに血液型って結構ちがうんです。特にアメリカ大陸にはベーリング海峡を越えて人が渡って行ったわけだけど、今アメリカ大陸の先住民の血液型を調べてみると、なかなかおもしろいことがわかってきたんです。

アメリカ大陸の先住民はだいたい九割がO型で、O型の人が異常に多いんです。そうすると、なぜかな？ってことが気になりますね。予測がつきますか？　これ実はボトルネック効果というので説明ができるんです。血液型は、最初の集団は四つの血液型があったんですけれども、アラスカからアメリカ大陸に入った人たちは、非常に少人数で、たまたまO型が多かったんじゃないかということです。そして、その人たちがアメリカ大陸に広まっていったので、O型がかなり多いことがわかってきました。これを**ボトルネック効果**（びんくび効果）といいます。つまり、進化は**偶然の影響を受ける**ことがわかっています（進化については第5章でもお話しします）。

遺伝子のちがいが大きいアフリカ

実は、アフリカの人たちは種族によって遺伝子のちがいが結構大きいことがわかってきました。私たちは一見、欧米人とアジア人は全然ちがうんじゃないかと思いますよね。でも、その差よりもアフリカの二つの種族の差の方が大きいことがわかってきたんです。つまり、人類が生まれたアフリカでは最初にいろんな人が生まれて、いろんな遺伝子がアフリカのいろんな土地に移っていきました。そのうちの一部の人たちがエジプトを出て世界中に広まったんですね。だから、ヨーロッパの人たちもアジアの人たちも、よく似た遺伝子をもっていることがわかってきました。

絶滅したネアンデルタール人

父系社会だった

そこでネアンデルタール人の話に戻りましょう。見つかった骨から遺伝子をとって調べてみると、父系社会だったんじゃないかということまでわかりました。不思議でしょう？　なぜこんなことがわかったかっていうと、男性は同系統で女性は遺伝的に別だったんです。どういうことかというと、あるところにお墓があって、そこに埋まっている骨の遺伝子を調べたんですね。そこに住んでいる人たちは亡くなるとそこで埋葬されるわけです。だから、そこに埋葬された骨を見ると、どんな人たちが住んでいたかがわかります。そうしてわかったことは、男性の骨は遺伝的に非常に似てたんです。ところが女性の骨は、男性の骨とはまったくちがう遺伝子組成をもっていたんです。どういうことかというと、お嫁さんを遠くから連れてきて自分の家族にして、自分の男の兄弟は近くに住んでいたことがわかってきました。つまり、男性が同系統の父系社会だったんじゃないかということが明らかになりました。

遺伝子以外からわかったこと

ネアンデルタール人は右利きだったんじゃないかということもわかりました。これはもうわかりますね。例えば、石を削って包丁みたいなのをつくると、右手で使う包丁と左手で使う包丁は尖り具合がちがうわけです。そういうことから右利きが多かったんじゃないかと考えられています。利き手は遺伝ではないので、遺伝子を調べてもわかりません。

遺伝子に残るネアンデルタール人

ネアンデルタールっていうのは、ドイツのネアンデルバレーっていう谷のことです。谷はドイツ語でタールっていうんですね。ネアンデル渓谷（**図9**）で見つかった骨だから、ネアンデルタール人とよばれています。ネアンデル渓谷の骨はだいたい四万年前のものです。エルシドロンっていうスペインの洞窟で見つかった骨は四万九千年前、ビンディアっていうクロアチアの洞窟では、三万八千年前の骨が見つかりました（**図9**）。

これらの骨のＤＮＡ解析をしたらとんでもないことがわかってきました。ネアンデルタール人は私たち現生人類とは明らかにちがう人種であって、祖先人類から途中で分かれて絶滅しました。ところがおもしろいことに、遺伝子組成を見ると現生人類の祖先と最低二カ所で

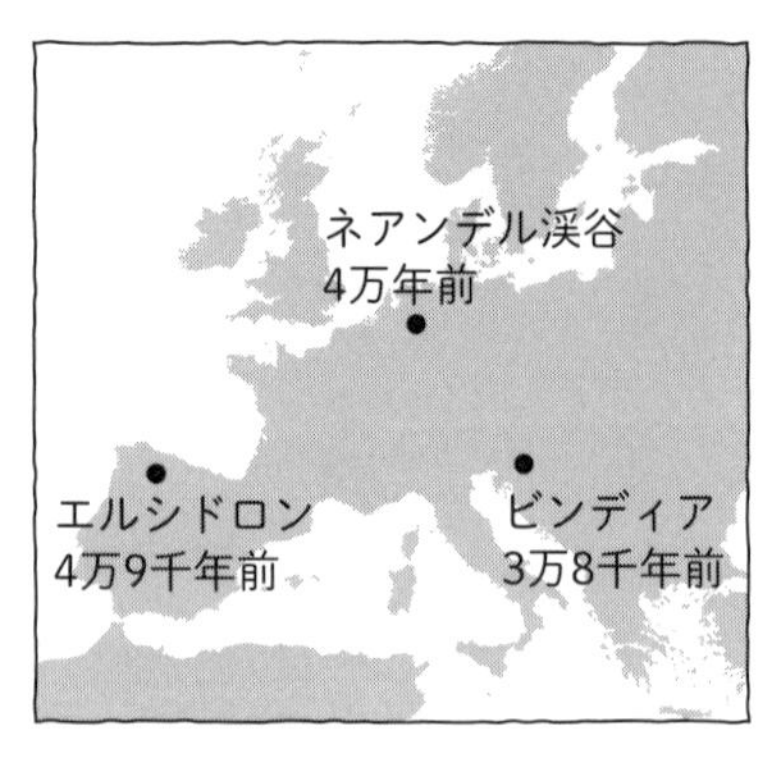

図9　ネアンデルタール人の遺骨発見地

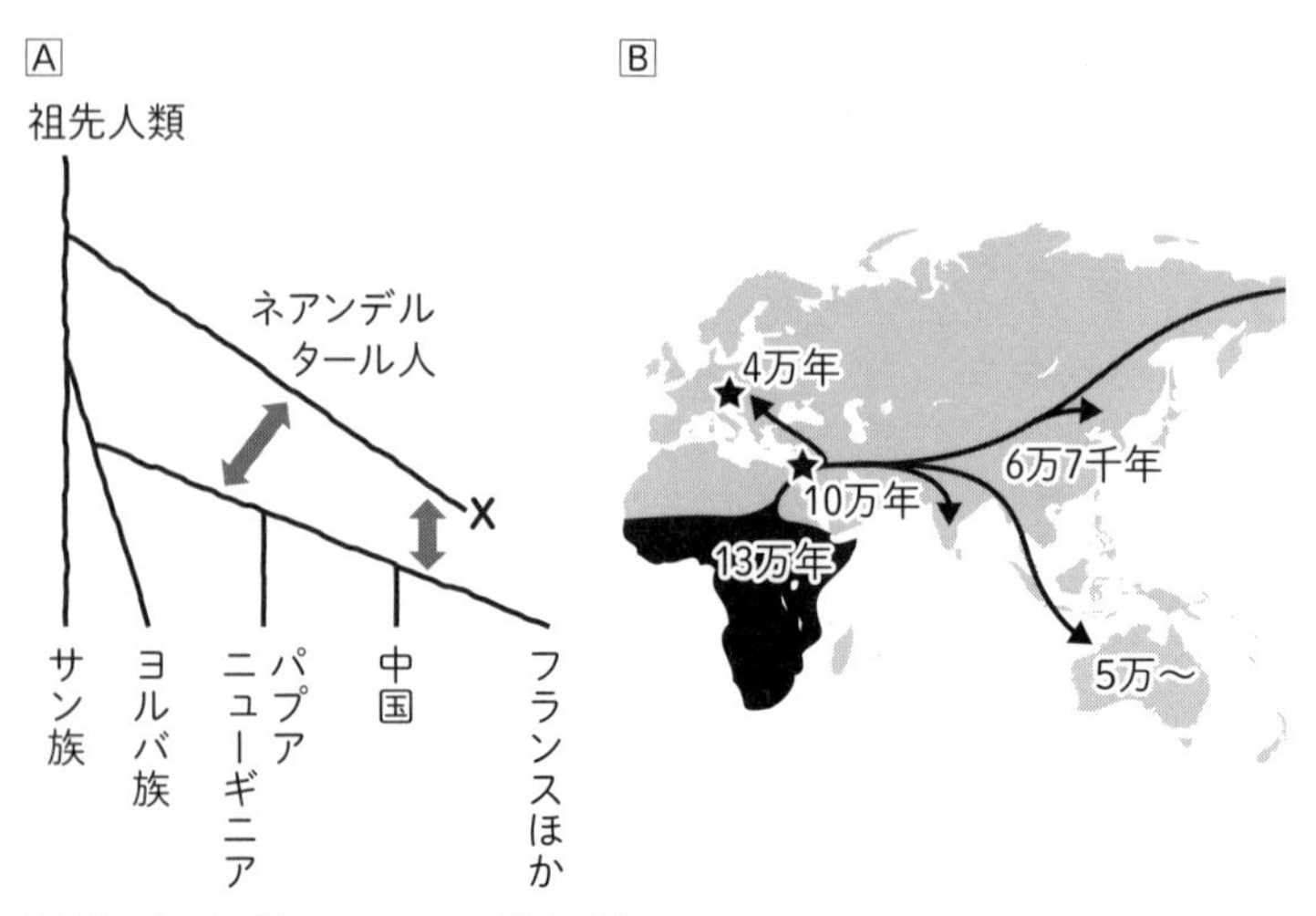

図10　ネアンデルタール人と現生人類

Green RE, et al：Science, 328：710-722, 2010 をもとに作成。★：ネアンデルタール人と現生人類の祖先の交雑。

交雑が起こったことがわかりました（図10A）。サン族は南アフリカ、ヨルバ族は西アフリカの人たちです。

エジプトを通ってユーラシア大陸に出てきた人たちは、アジアやオセアニア、ヨーロッパへと分かれていきました（図10B）。交雑はこの移動のどこで起こったかというと、最初は現生人類の祖先がアフリカから出てすぐということがわかりました。つまり、イスラエルとかあの辺りで交雑が起こったんです。もう一回の交雑は、ヨーロッパ人がアジア人と分かれた後、すなわちヨーロッパで交雑が起こったらしいということがわかってきました。どういうことかというと、サン族やヨルバ族にはネアンデルタール人の遺伝子はなくて、私たちの遺伝子のなかにはネアンデルタール人の遺伝子が入っているということです。つまり、ネアンデルタール人は絶滅したけれども、現生人類の祖先と交雑して私たちの体の中にも遺伝子が残っているということになります。

デニソワ人の遺伝子の謎

ロシアで骨が見つかった

それはおもしろいねということでだいたい話は終わってきたんですけれども、もう一個不思議なことが見つかったんです。それはロシアのデニソワ洞窟っていうところから見つかった骨についてです。骨といっても、ほんのちょっとひとかけらの骨が見つかったんですね。デニソワ洞窟で見つかったのでデニソワ人と名前がつきました。これはまったく新しい人種で、おおざっぱにいうとネアンデルタール人の途中から分かれた人種らしいということがわかってきました。ところがこのデニソワ洞窟で見つかった骨を解析すると、現在デニソワ洞窟のあたりに住んでる人たちとはほとんど共通性がないんです。チベットの人たちとほんのちょっと共通性があるのと、なぜかパプアニューギニアやオーストラリアに今住んでる人たちのなかに、デニソワ人の遺伝子が残っていることがわかってきました。不思議ですね。この謎を解いていきましょう。

デニソワ人は頭蓋骨が見つかっていないから、どんな人だったかまったくわからないわけ

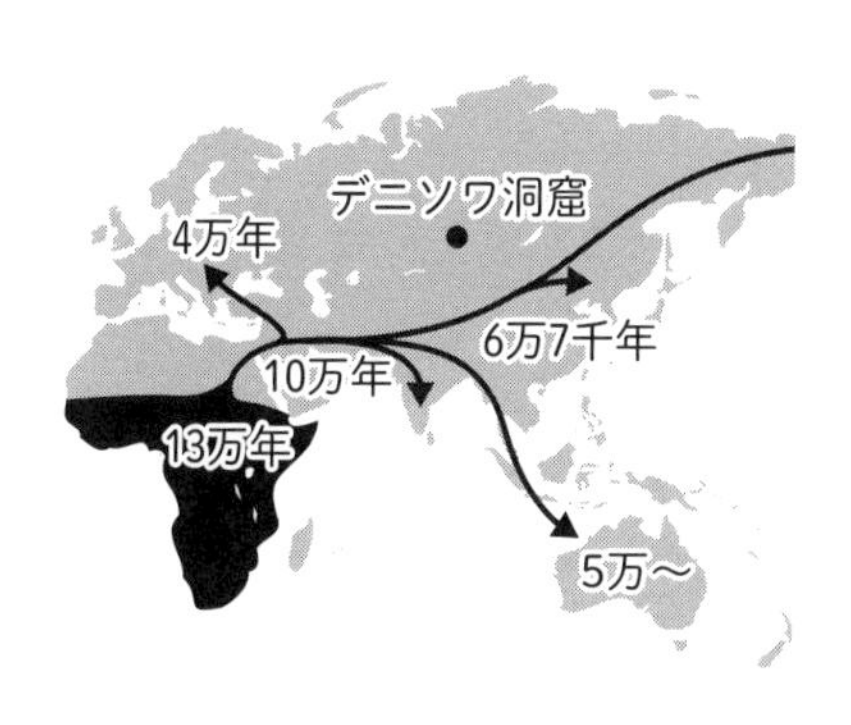

図11　人類の移動とデニソワ人

です。DNA解析できたのはほんとに小さな骨なんですよ。この骨から微量のDNAをとって調べるという、とんでもない仕事が成功したんですね。

はい、もういっぺん、復習しますよ（**図11**）。人類はアフリカを出て、そこからユーラシア大陸に広まっていきました。これはわかりますね。デニソワ洞窟がどこにあったかっていうと、ロシアのちょうど真ん中あたりです。ところがデニソワ人が生きていたと思われるちょうどその頃、人類はオーストラリアまでたどりついているわけです。デニソワ人がどう移動して、現生人類の祖先と出会ったかわからないんですけれども、その後、現生人類は世界中に広まったことがわかっているわけです。じゃあ、今住んでる私たちのなかでネアンデルタール人の遺伝子をもっている人ってどれくらいいるだろう？　デニソワ人の遺伝子をもってる人たちってどれくらいいいるだろう？ということを調べたんです。

遺伝子はオーストラリアに

先ほど述べた通り、ＤＮＡの遺産といわれるネアンデルタール人の遺伝子は、アフリカ人を除くすべての現生人類がもっています。ヨーロッパとアジアとアメリカ大陸に住む人たちのＤＮＡの平均して二・五％はネアンデルタール人の遺伝子です。つまり、アメリカ人もロシア人もイギリス人も日本人もみんなネアンデルタール人の遺伝子を平均二・五％もっているんです。なんとなく理解できますね。なぜかというと、アフリカから出てすぐに交雑して広まっていったんですからそんなもんかなと思います。

ところがデニソワ人の遺伝子はどこにあったかというと、なんとオーストラリア先住民であるアボリジニの人たちに結構多いことがわかりました。その他にパプアニューギニアの人たちにもたくさん残っていることがわかっています。もっと不思議なのは、フィリピンにネグリト族っていう人たちがいるんですけど、そこにもデニソワ人の遺伝子が残っているんです。だけどロシア人には残っていないんです。中国人にも残っていません。デニソワ人ってどうなったんでしょうね？　骨が見つかったロシアに住んでいたことは明らかです。だけど、その周辺から遺伝子は見つかってないんです。不思議でしょう？　こういうことから研究がだんだん進んでいくわけです。

なぜデニソワ人の遺伝子が東南アジアに残ってないんでしょうか？

不思議でしょう？　パプアニューギニアとかオーストラリアにあるということは、必ず途中の東南アジアを通ってきて、現生人類と出会ったはずなんです。なのに東南アジアに残ってないんですよ。残ってないのになんで東南アジアの先に残ってるんですか？という話です。飛行機がなかった時代ですから、飛んでいったなんて考えられないわけです。そうすると、どうやってデニソワ人の遺伝子が広まっていったかということが問題になるわけです。ちょっと考えてみてください。あれ？と思うことが大事なんですね。

なぜ、東南アジアに残っていない？

正解はこうです（**図12**）。デニソワ人はインド洋沿岸を少数で移動したんです。現生人類の祖先はその後、中央アジアから南下して今の東南アジアに定着したと考えられています。デニソワ人がそこに残ってないということは、非常に少数で東南アジアを通り過ぎたということになります。その途中で現生人類の祖先と交雑し、その遺伝子をもった人類はパプアニューギニアやオーストラリアに移住して、今の人たちになったと考えられます。

図13が全体の流れなんですけれども、まず現生人類の祖先とネアンデルタール人が交雑し

図12　デニソワ人と現生人類

★：デニソワ人と現生人類の祖先の交雑。

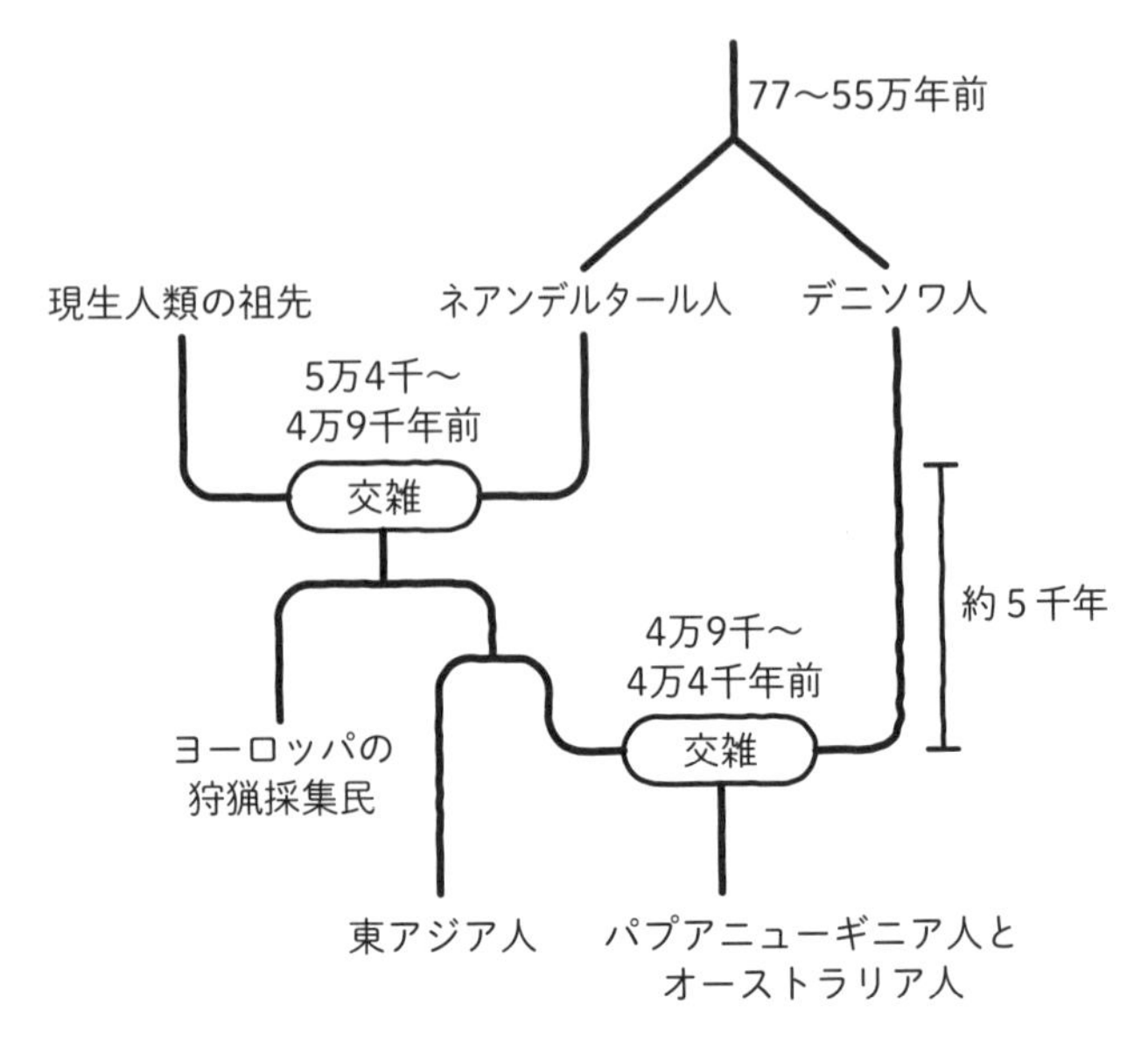

図13　人類の変遷

「交雑する人類―古代DNAが解き明かす新サピエンス史」（デイヴィッド・ライク／著、日向やよい／翻訳）NHK出版、2018をもとに作成。

ました。これいいですね。こういう人たちがアジアに広まって行きました。デニソワ人も同じです。ところがデニソワ人は先に東南アジアを通り過ぎて行ったんですけれども、パプアニューギニアとかそのあたりで現生人類の祖先と交雑して、現在のオーストラリア人なったんじゃないかと考えられるわけです。ネアンデルタール人とデニソワ人は遺伝子が似ていて、今から七〇万年近く前に分かれたんじゃないかと考えられています。

こういう人たちがいたことはわかるし、現生人類に大きな貢献をしたこともわかります。でも、デニソワ人の大きな骨はまだ見つかってないんですね。こういう例がいっぱいあります。こういう人たちが見つかれば、人類の研究はもっと進むんじゃないかと考えられています。

マンモスはなぜ絶滅したか？

最後に、絶滅した動物についての研究をお話しして終わりにしましょう。例えば、マンモスは今から一万年くらい前に絶滅したんですけれども、骨からＤＮＡが簡単にとれます。そうすると、そのＤＮＡをゾウのＤＮＡに入れれば、マンモスがつくれるんじゃないかと考えている人がいます。**合成生物学**という分野ですね。そういう生物を再現させていいのか悪い

のかという問題は置いておいて、そういうこともやろうと思えばできるわけです。

図14Aはゾウの系統樹で、アフリカゾウは一番大きなゾウです。これが最初に分かれてその後アジアでアジアゾウとマンモスに分かれました。マンモスは寒いところに適応したゾウになります。だから毛がいっぱいあるわけです。

マンモスがなぜ絶滅したかというと、**図14B**を見てください。マンモスの個体数が一万年前にゼロになっています。一万年前に何が起こったかというと、北極の気温が急に上がったんですね。つまり、温度が上がって絶滅したんです。温度が上がったといっても、アフリカみたいになったわけじゃないですよ。北極の気温はマイナス五〇度くらいだったんですけど、マイナス三〇度くらいに上がったと考えられています。マイナス五〇度で適応してたマンモスがちょっと気温が上がっただけで死んだんじゃないかと予測されているわけです。

なんでそれが予測できたかというと、マンモスの遺伝子を調べたんですね。そうすると、*TRPV3*って遺伝子が見つかりました。この遺伝子は寒さ暑さに関係する遺伝子です。この遺伝子に今生きているゾウとちがって特殊な遺伝子変異があって、さらに寒冷地を好むような動物だったんじゃないかと考えられています。マイナス五〇度のなかでも過ごせるような動物だったんじゃないかと予測されているんですね。このように、ＤＮＡの解析から動物がなぜ絶滅したかということまでわかります。

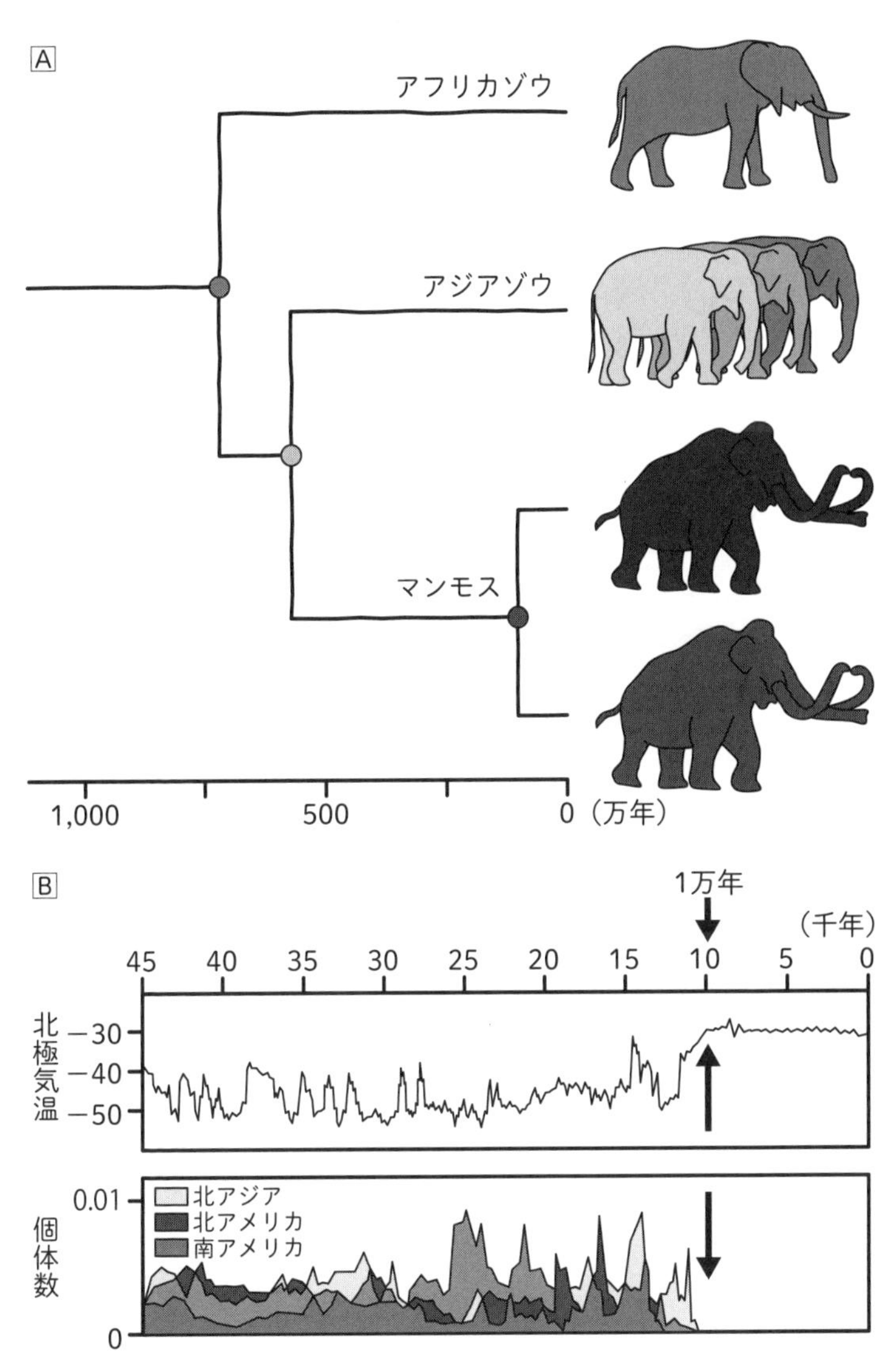

図14　ゾウの系統樹とマンモスの個体数

Lynch VJ, et al：Cell reports, 12：217-228, 2015 をもとに作成。

【41ページの問の解答】

B−F、D−G、E−Dの三回。

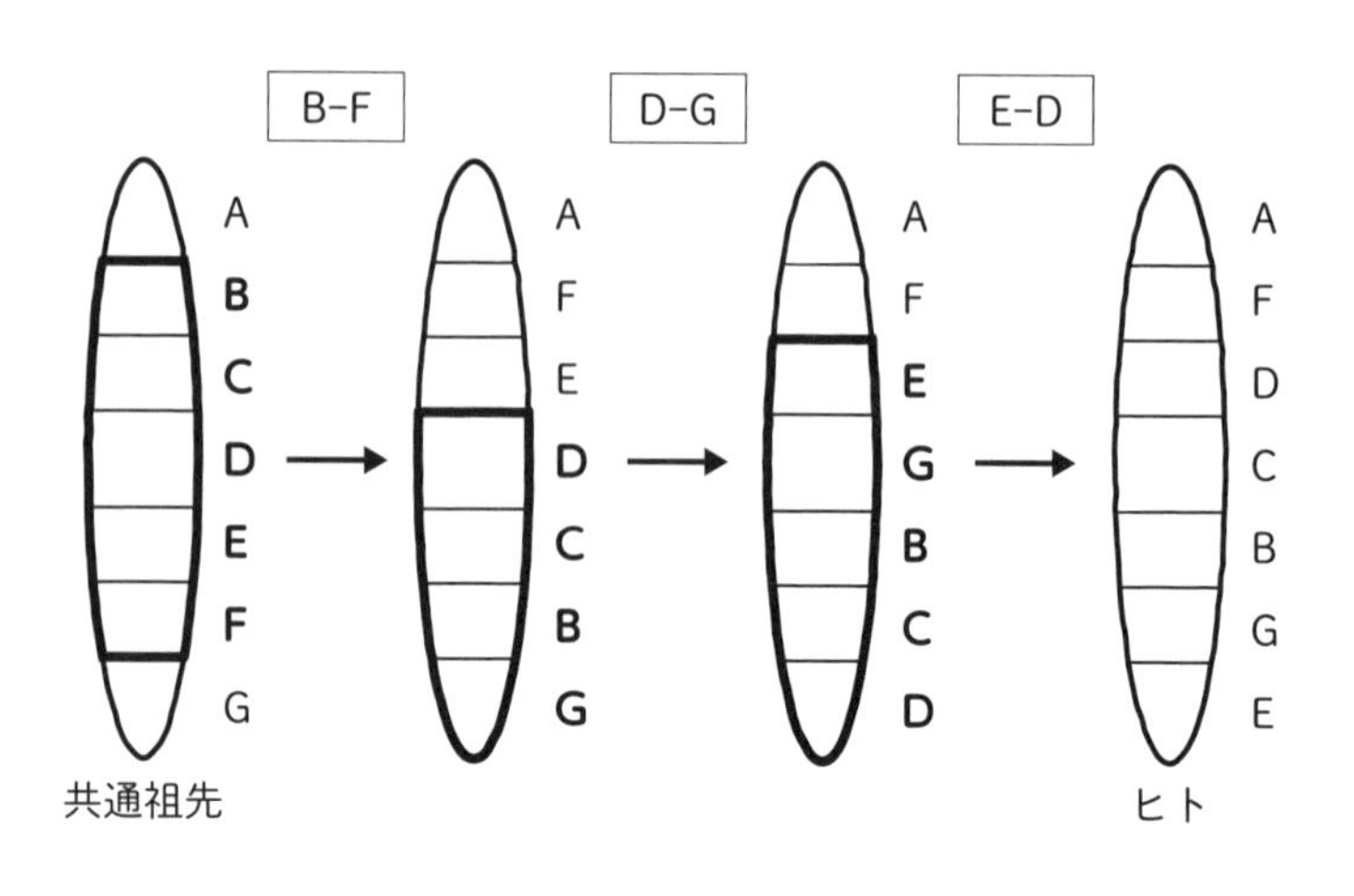

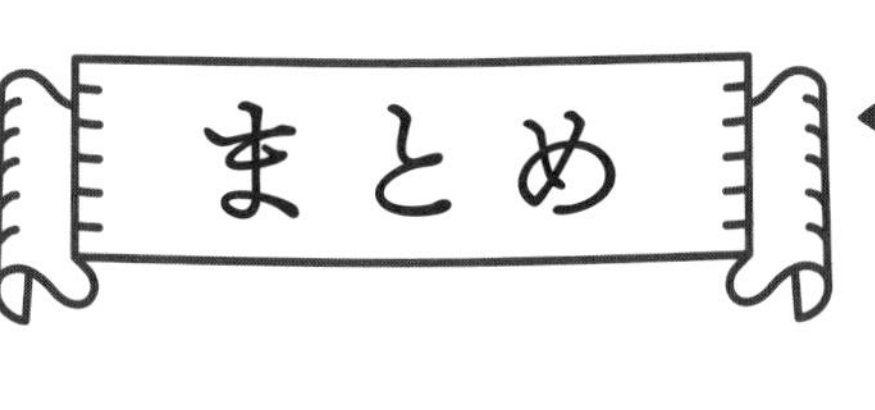

まとめ

- 染色体の本数が異なる共通祖先からヒトが生まれた理由は、相互転座によって説明できます。
- 遺伝子配列を調べることで、化石に残らない進化も明らかになってきました。
- 遺伝子を調べると、人類がどうやって移動し、広がっていったのかがわかります。
- 倫理的な話はおいておくと、絶滅種を生き返らせることも技術的には可能になっています。

第2章
遺伝のおはなし

遺伝するってどういうこと？

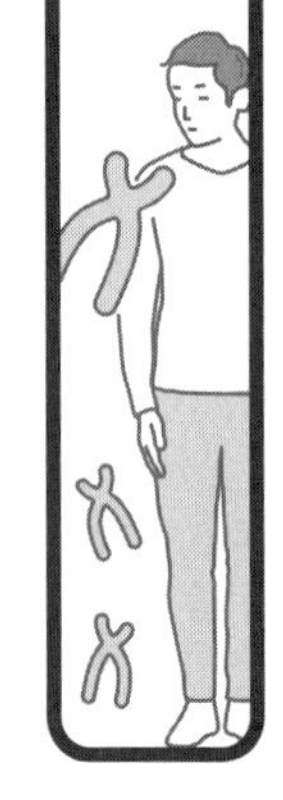

今回は、遺伝するとはどういうことかについてお話をしたいと思います。**遺伝は簡単にいうと、親の形質が子どもに伝わる**ことです。形質というのは生物のもつ性質や特徴のことで、一般に外から見えるものを指します。

例えば、おばあさんとお母さんは小指の長さが結構長いんだけれども、おじいさんは短い、お父さんも短い、子どもも短い。こういうふうになりますと、これは遺伝じゃないかということになるわけです。外見の形質が遺伝するかどうかは、見てわかるものが結構多いんですね。

小指は短くなった？

小指って何のためにあるか知っていますか？　長い方がいいのか、短い方がいいのか？　小指は、実は木をつかむためにあって、ヒトとサルの指を見ると、サルの小指の方が長いんです。小指が長いと木を上手に使えます。ヒトは地面に降りて歩くようになって、小指が短くなっていったと考えられています。だから、小指が短い方が進化した人類だと言ってもいいわけです。私のようにね。

メンデルの発見──優性の法則

中間にはならない

遺伝について一生懸命調べたメンデル（一八二二～一八八四）は、丸いエンドウマメとしわのエンドウマメをかけあわせると、できた子どもは丸くなることを見つけました。つまり、**親の中間の形質にはならなくて、どちらかの形質を受け継ぐ**ということです。親から子どもに受け継がれた方の形質を優性と名前をつけました。つまり、二つの形質があったときに、かけあわせて出る方を**優性**と決めたわけです。優性というと優れたというふうに思うかもしれませんが、そうではありません。最近は**顕性**という言い方もあります。

なぜこういうことが起こるかというと、遺伝子で決まっていることがわかります。遺伝子は、お父さんとお母さんから一個ずつ来ています。丸いエンドウマメは「A」という形質をもっていてAAという遺伝子をもっています。しわのエンドウマメは「a」という形質でaaという遺伝子をもっています。そうすると、そこから遺伝子を一個ずつとってきた子どもをヘテロ接合体とよびAaという遺伝子になりますね。Aaが丸になります（もちろん両親

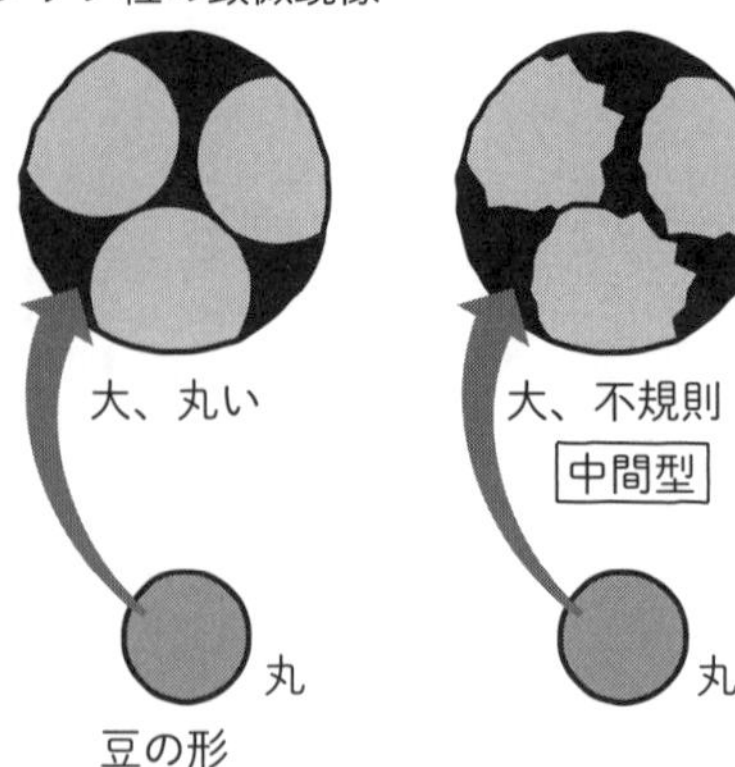

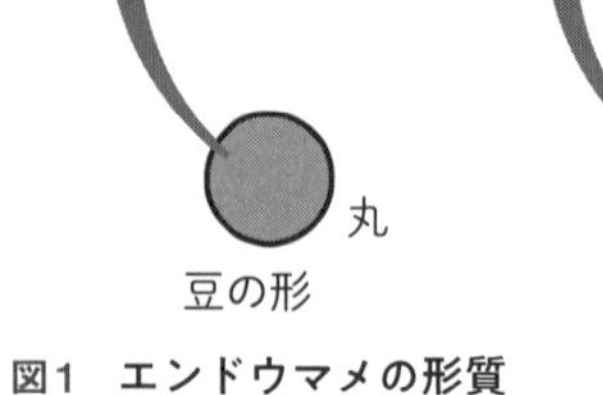

図1　エンドウマメの形質

から同じ遺伝子が与えられた子どもはホモ接合体とよばれ、両親と同じ形質になります）。つまり、丸になる方を優性、［A］を優性というふうに決めます。こうすると、すべてのかけあわせの結果が説明できるとメンデルは言ったわけです。

実際はちがう？

現在、このメンデルの法則のエンドウマメのしわは、ある酵素（アミロペクチンを合成するのに必要なデンプン分岐酵素）の有無によって説明がつくようになっています。丸かしわかというのは、デンプンの粒が大きいかどうかで決まってくるわけですね。エンドウマメ全体から見ると、丸はしわに対して優性というのがわかります。

だけど、顕微鏡でじっくり観察すると、ちょっとちがうんですよ。実は、デンプン粒は三つのちがうもの

（大きくて丸いもの、大きくて不規則なもの、小さくて不規則なもの）があることがわかってきました（**図1**）。丸いマメはデンプンの粒が大きくて全体としても丸くなっています。ところが、デンプン粒が大きくて丸いのと小さくて不規則なのをかけあわせると、中間型（大きくて不規則）になるわけです。実際には、この**中間型が存在するんじゃないか**ということです。このように中間型が存在するものを不完全優性といいます。だけど、外側の形だけ見ると丸としわになっています。ということで、ちょっとメンデルが言ったことと実際とはちがうかもしれないということがだんだんわかってきたんですね。

遺伝する？　しない？

このように遺伝は、遺伝子がどう発現するかでちゃんと説明がつくんじゃないかということがわかってきました。皆さんご存知のように、親と子どもは顔やいろんなところが似ていることが多いですね。これがちゃんと説明がつくかを調べてみましょう。

次の項目のうち遺伝するものとしないものに分けてみましょう

- 顔のつくり（髪、まぶた、まゆげ、頬骨、えくぼ、そばかす、体毛）
- 身体全体の骨格
- 長寿
- がん体質
- ヒステリー
- 創造性
- 音楽の才能
- 数学の才能

こういうのもちゃんと遺伝で説明できるんでしょうか？　皆さんも遺伝しそうな形質をあげてみてくださいね。背が高いのは遺伝するんだろうか？とかね。昔からよく言われているんですけれども、両手をどう組むか（右手の親指を上にするか、左手の親指を上にするか）が遺伝するんじゃないかと言われているんですね。おもしろい遺伝って、いっぱいあるので調べてみてくださいね。

簡単に分けると、顔のつくり、身体全体の骨格が遺伝しそうなものですね。他の例だと、血液型なんかもそうですね。ヒステリー、創造性、音楽や数学の才能はちがうことがわかっています。創造性ってね、よく勉強した人じゃないと出ないんですね。完璧に環境の要因です。音楽とか数学も練習でできるようになったりします。ところが、長寿とがん体質。この二つはまだちょっと怪しいなと思われているんですね。ひょっとしたら遺伝する形質かもしれないということで研究が進んでいます。

なぜ親に似る？——優性遺伝

そこで一番簡単な遺伝のお話をしましょうね。健常な男性と健常な女性が結婚して生まれた赤ちゃんは健常です（**図２A**）。これは当たり前のことなんですけれども、ある病気の男性と健常な女性が結婚して生まれたお子さんが男性と同じ病気をもっていました（**図２B**）。こういう場合は、この病気は遺伝するというわけです。逆もそうですね、女性が病気の場合も子どもが同じ症状になったら、これは遺伝するというわけです（**図２C**）。わかりますね？　こういう場合のことを**優性遺伝**といいます（劣性遺伝でも**B**、**C**のパターンになる場合がありますが、まれなので省略します）。優性遺伝は親と同じ形質の子どもが生まれる非

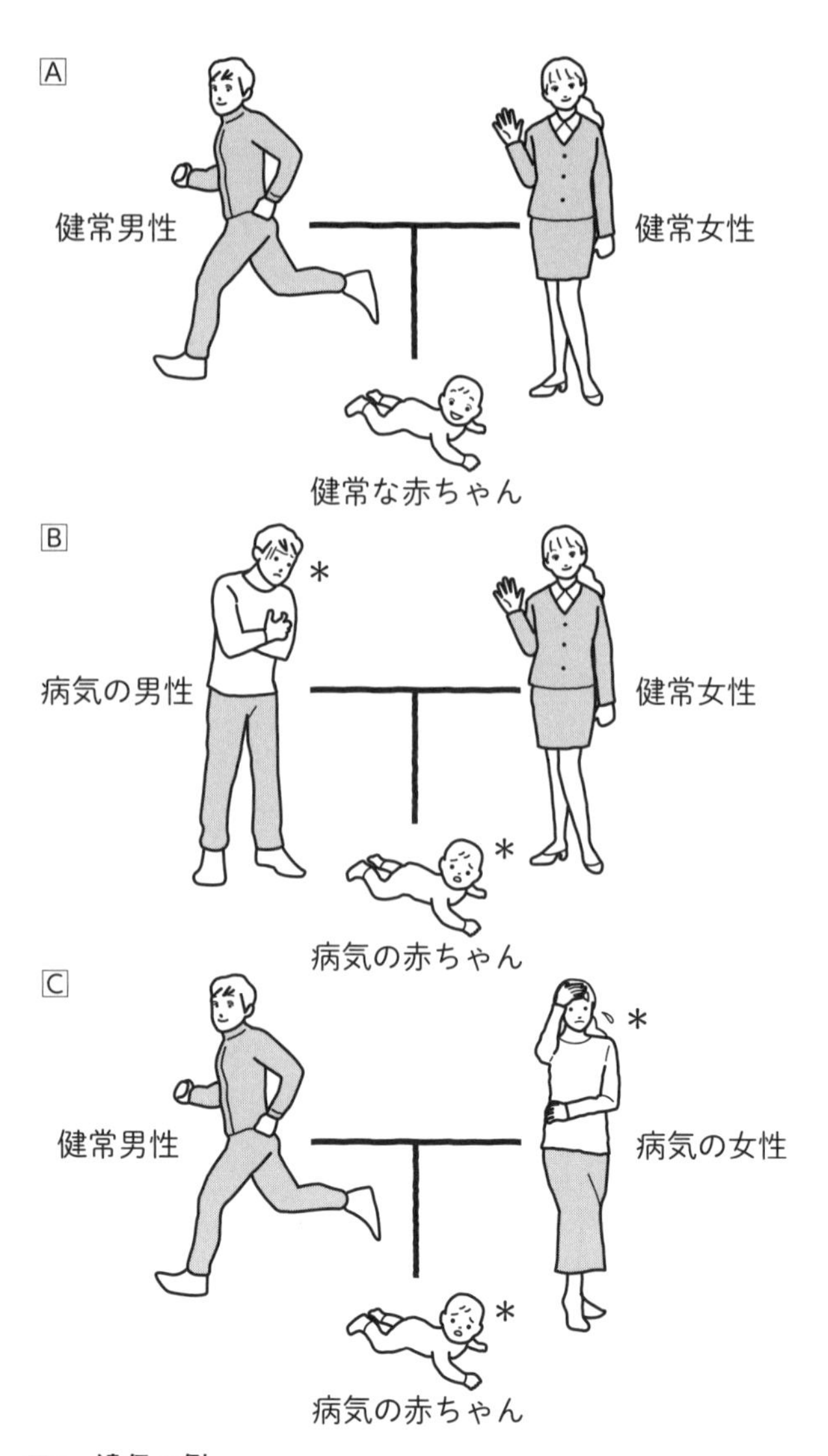
A
健常男性
健常女性
健常な赤ちゃん
B
病気の男性
*
健常女性
*
病気の赤ちゃん
C
健常男性
病気の女性
*
*
病気の赤ちゃん

図2　遺伝の例

優性（顕性）遺伝

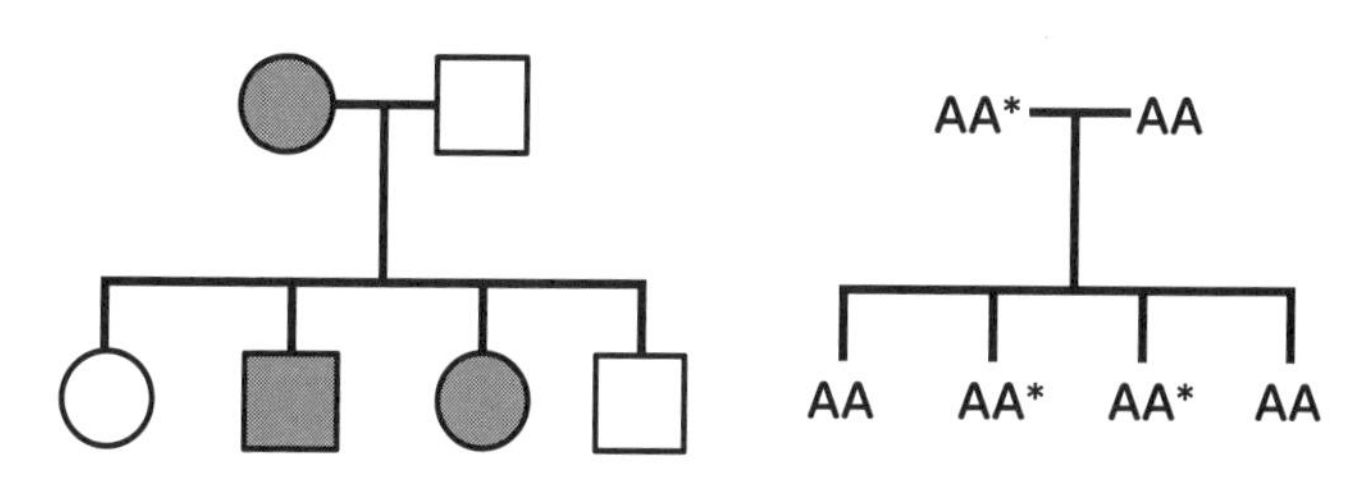

・家系の半分　・ヘテロは病気　・両親のどちらかが病気

図3　優性遺伝のメカニズム

*は異常な遺伝子。家系図は、○が女性で□が男性です。夫婦は横線で結び、縦線は子どもを表します。縦線から枝分かれしたのが兄弟姉妹です。

常にわかりやすい遺伝です。

　優性遺伝の病気を例に考えると、私たちはそれぞれ遺伝子を二個ずつもっているうち、**一つの遺伝子に異常があったら病気になるんです。**健常な人は正常な遺伝子を二つもっています。病気の人は一方の遺伝子に異常があります。

　図3を見てください。この二人が結婚すると子どもはどうなるかというと、遺伝子は必ず二個のうち一個が子どもに来るわけですから、健常な男性からはどちらが来ても問題ありません。ところが、病気の女性から異常な遺伝子が来た子どもは病気になるわけです。正常な遺伝子が来たら健常になります。つまり優性遺伝の家系は、親の片方が病気のとき子どもの半分が病気になります。また、**家系の半分に形質が出てきて、両親のどちらかがその形質をもっている家系です。**

病気の遺伝子が生き残るわけ

これはかわいそうな例ですが、ハンチントン病という病気があります。この病気は異常な遺伝子をもつと必ず病気になって死に至ります。そうすると、両親のどちらかがハンチントン病の家系では、子どもの半分に病気が出てくることがわかります。ところが、必ず死んじゃう病気って…よく考えてみてくださいね。必ずその遺伝子をもっていると亡くなるんだから、人類の遺伝子から除かれてしまうんじゃないか？　つまり、選択によって消滅してしまって病気の人はいなくなっちゃうんじゃないかと思いませんか？　でもなぜ生き残っているのか、病気の人がいるかというと、実はハンチントン病は結婚した後に症状が出てくるんですね。発症が非常に遅いために**自然選択の影響を受けないわけです**。つまり赤ちゃんで病気になって亡くなる病気だったら、子どもは生まれないはずなんです。だけど、結婚するときまったく症状が出なくて、四十、五十歳で病気が出てくる場合は、自然選択を受けないんです。だから、こういう病気は淘汰されないということになります。

こんなものも優性遺伝

他にも優性遺伝の例をご紹介しましょうね。病気じゃない例です。自分の頭の髪の毛の生え際を見てくださいね。V字型になってる人、これ富士山が逆さになった形ですから富士額といいます。富士額は優性遺伝でメンデルの法則に従ってきれいに遺伝する形質になります。富士額じゃない人はよいこともあって、髪を横に垂らすことができるんですけれども、富士額の人は横に垂らすことはできないんですね。

次は耳の形に注目しましょう。耳には耳たぶがぽちゃっとしている福耳と耳たぶのほとんどない、言い方悪いんですけれども貧乏耳っていうものがあります。福耳も優性遺伝できちっと遺伝することがわかっています。

これも教科書にも出ている例なんですけれども、短指症っていう指の短い人がいます。これも優性遺伝できれいに遺伝します。

親とちがうのはどうして？——劣性遺伝

問題はここからなんですね。遺伝は一般的には親と子どもが同じ形質になります。ところが、健常な男性と健常な女性が結婚して病気の子どもが生まれる場合があるんです。これは驚きます。親とちがう形質が出てくるわけです。

劣性（潜性）遺伝

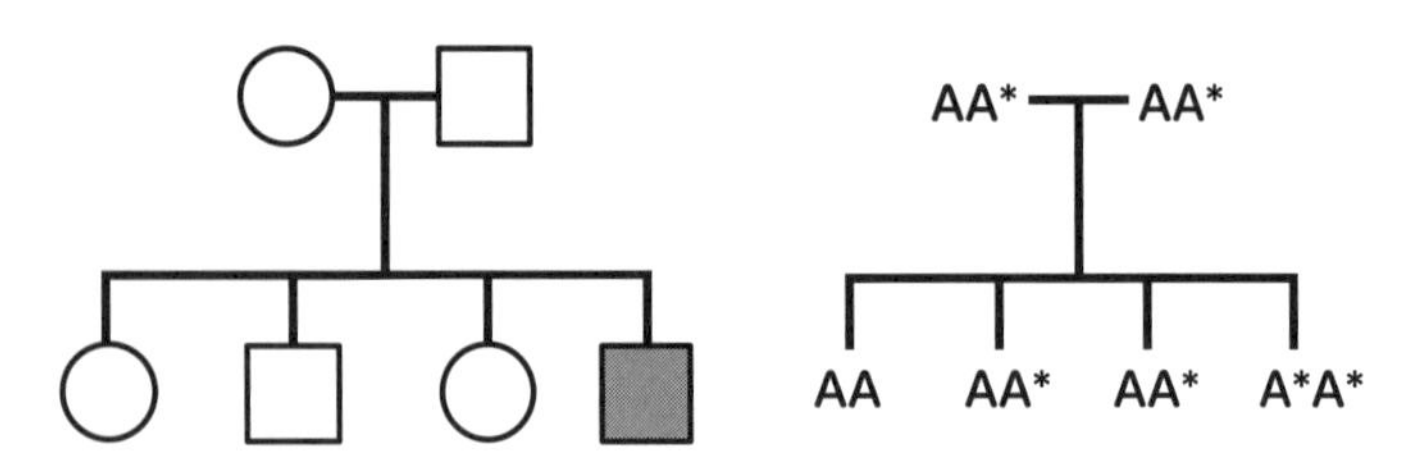

・家系にまれ　・ヘテロは健常　・両親は一見健常である

図4　劣性遺伝のメカニズム

こんなことあるかって？　たしかにあるんです。ほとんどの新生児難病がこの例になります。こういう場合を**劣性遺伝**といいます。優性と同様に、劣性と書くと劣っていると思うかもしれないので**潜性遺伝**という言い方もあります。どういうことかというと、健常の男性と健常の女性が結婚して子どもが生まれたら、そのうちの一部の子どもだけが病気になります。家系に半分じゃないですね、**家系にまれ**です。どうしてこういうことが起こるのかというと、遺伝子を見るとはっきりします（**図4**）。

劣性遺伝は両方の親が一つだけ異常な遺伝子をもってる場合に起こります。そして遺伝子が二つ重なった人だけが病気になるわけです。一つもっていても病気になりません。優性遺伝とちがいますね。優性遺伝は一つもっているだけで病気になるわけです。ところが劣性遺伝は一つもっていても病気になりません。**劣性遺伝ではヘテロは健常です**。だから両親は健常です。病気になる人は家系にまれです。こういう場合を劣性遺伝といい、**遺伝様式には二通りある**と覚えておいてください。劣性遺伝では両親は健常ですから、病気の子どもが生まれてくるなんて予想がつかないんです。

例えばテイサックス病という非常にかわいそうな病気があります。ひどい場合は二〜四歳で亡くなってしまう病気です。この病気は特にユダヤ人に多いことがわかっています。なぜかというと、ユダヤ人はユダヤ人同士で結婚することが多いからです。ユダヤ人ではテイサックス病が出生二千五百人に一人の割合で出てくることがわかっています。日本人ではもっと少ないんですよ。このテイサックス病がどうやって起こるかというと、これも**図4**と同じ劣性遺伝になります。ヘテロの健常の人とヘテロの健常の人が結婚して、子どもの四人に一人が病気になるわけです。それでは、

問　ヘテロの遺伝子をもつ人の割合を計算してみましょう

ユダヤ人のなかでヘテロの人の割合を$\frac{1}{x}$としますと、ヘテロの人とヘテロの人が結婚して子どもの四人に一人が病気になりますから、$\frac{1}{x}\times\frac{1}{x}\times\frac{1}{4}$が病気になります。これが二千五百人に一人です。xはいくらか?と計算すると、$x=25$になります。二五人に一人がヘテロになるわけです。つまり二千五百人に一人が病気になるような難病は、二五人に一人がその遺伝子をもっていることになります。**意外と私たちは劣性遺伝子をもっている**んですね。たまたまそういう人たち同士が結婚すると病気になります。皆さんは、自分たちには関係な

いと思っているかもしれません。実際、病気の遺伝子をもっている人同士が結婚しないかぎり、子どもは病気にならないんですけれども、実は結構起こるんです。

劣性遺伝子の割合

例えばこの劣性遺伝の典型的なものの一つに難聴があります。まったく耳が聞こえないんじゃなくて、年をとったらだんだん耳が遠くなる人たちが結構いるんですね。わが国ではだいたい百人に一人くらいいると言われています。そうすると、計算してみてください。ヘテロの割合どれくらいですか？ ヘテロの人同士が結婚して子どもの四人に一人が病気になりました。それが百分の一になります。さっきと同じようにやってみましょう。簡単な計算式が出てきますね。$\frac{1}{x} \times \frac{1}{x} \times \frac{1}{4} = \frac{1}{100}$です。なんと、$x = 5$になります。いいですか？ 皆さんの五人に一人が難聴の遺伝子をもっていることになります。**劣性遺伝の病気の遺伝子は意外と誰でももっているんですね**。こういうことは十分に起こり得るんだっていうことを覚えておいていただきたいと思います。

病気ばかりを例に出してきましたが劣性遺伝子をもっていても、決して悪いことばかりじゃないんですよ。これがもし天才の遺伝子だったらどうですか？ 両親が天才じゃなくても、劣性遺伝子をもった人同士が結婚して急に天才が生まれてくるなんてこともあり得るかもしれないですね。

ヘテロでは発症しないわけ

なぜ劣性遺伝はヘテロで病気にならないかというと、こういうふうに考えられています。遺伝子はみんな二つずつもっていて、正常な遺伝子からは正常な体のタンパク質ができます。ところが、異常な遺伝子からはタンパク質ができないと仮定します。そうするとどうなりますか？　ヘテロの場合、体の中で五〇％の活性をもちますね。普通は一〇〇％なんですけれども五〇％になるわけです。でも人間ってね、だいたい普通のものは一〇％くらいあれば大丈夫なんですよ。そういう意味では半分でも正常でしょう？　だから劣性遺伝はヘテロでも健常なんです。ところが両方とも異常だったらどうなるかっていうと、体の中にタンパク質が全然できませんよね。まったくできないから子どものときから病気になるんです。なぜかというと、**遺伝子が機能をもっていない**んです。だから劣性遺伝のことをloss of functionの病気といいます。つまり、機能を失うんです。機能を失うということは、半分だけでも残っていれば大丈夫だということになりますね。

ヘテロの人は病気になるかという点については、**優性遺伝の場合は病気になりました、だけど劣性遺伝の場合は健常だ**っていうふうに覚えておいてください。そういうふうに覚えていただいたところで次に進んでいきますよ。

隔世遺伝は劣性遺伝？

遺伝でもう一つ昔から話題になっていることがあります。それは隔世遺伝です。一世代おいて形質が出てくることですね。例えば**図5**の家系は、おじいさんとおばあさん、お父さんとお母さんがいます。おばあさんが一重まぶたです。他はみんな二重だったけど、子どもが一重になりました。そうすると一世代おいて一重が出てきていますから、おばあさんに似たんだっていうことで、これ隔世遺伝といいますね。隔世遺伝ってそんなに珍しいことじゃないんですよ。意外とどこでも起こってるんですね。こう説明できます。

隔世遺伝というのは実は劣性遺伝のことなんです。つまりおじいさんかおばあさんが、この場合おばあさんなんですけれども、おばあさんと子どもが同じ形質になりました。病気でもいいし、一重まぶたでもなんでもいいです。劣性遺伝で病気になるのは遺伝子の両方に異常があるときです。片方に異常があっても何も出てきません。それでは、病気の人が健常の人と結婚したと考えてくださいね。そうすると、異常が二つあってもホモの健常な人と結婚すると子どもはヘテロになります。でもヘテロは健常でしたね。劣性遺伝の場合は、ヘテロの人は健常です。その人がたまたま同じヘテロの人と結婚すると、両方異常な遺伝子になる

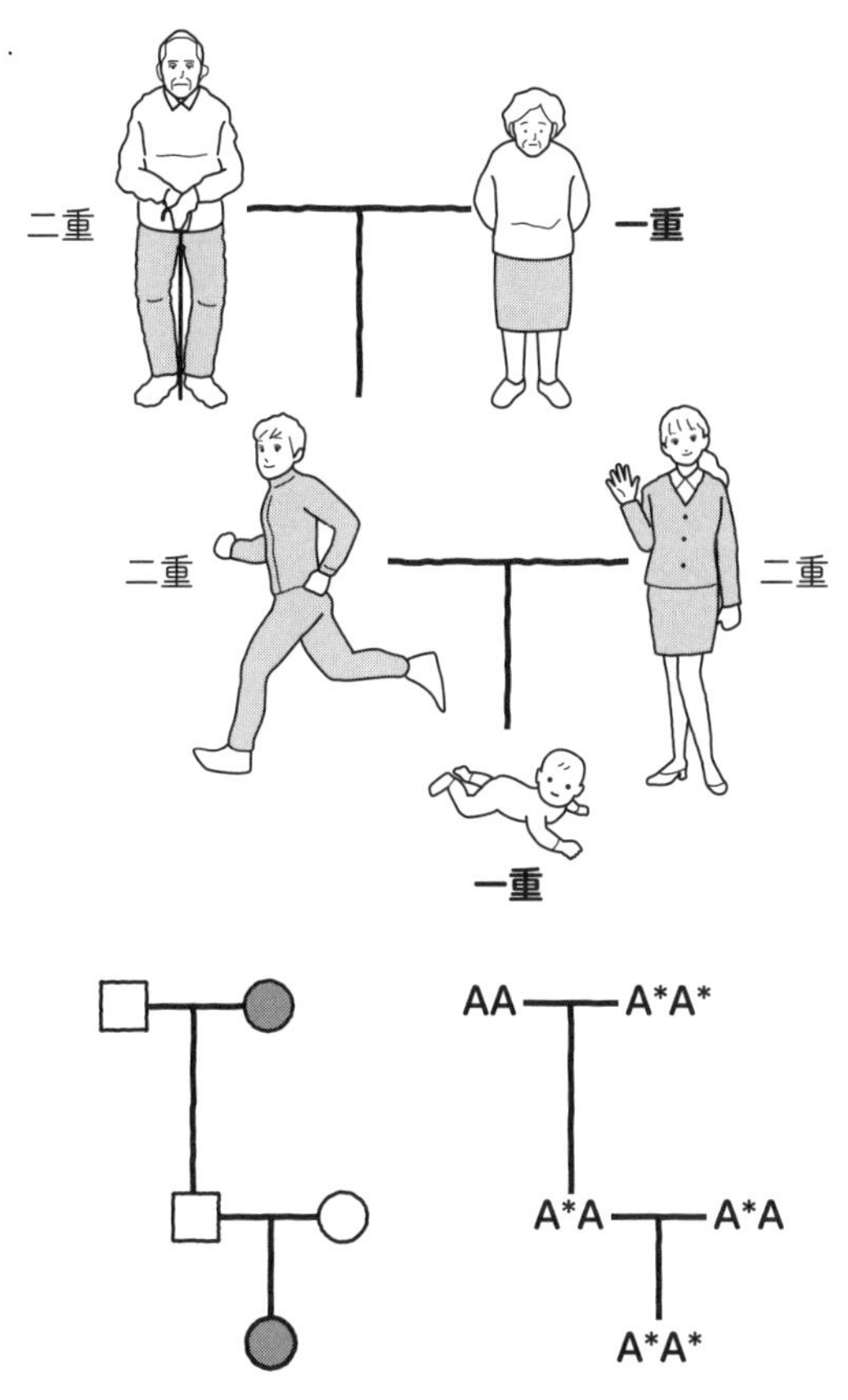

図5　隔世遺伝

場合があります。つまり、**一世代おいて出てくるということは劣性遺伝の証拠**になります。覚えておいてくださいね。このようにして、遺伝子が私たちの性質を決めることがよくわかります。

遺伝子はいつも働いているわけじゃない？

遺伝子のオン・オフ

遺伝子って、あれば働くかというとそうじゃないんです。遺伝子は働かない場合が多いんですね。これを遺伝子のオン・オフといいます。例えば私のように頭が禿げている人も、昔は髪の毛があったわけです。髪の毛をつくる遺伝子は子どものときはオンだったんです。ところが年をとるとそれがオフになってきて、髪の毛がだんだん減ってきたわけで、同じ遺伝子をもっていても、遺伝子のオン・オフがあることがわかってきました。いいですか？　ここ大事ですよ。**どの組織のＤＮＡもみんな同じです**。だからＤＮＡをとりなさいって言われたら、手からとっても足からとっても胸からとっても顔からとっても同じです。遺伝子が同じなんですけれども、顔とか手とか胸って全部ちがいますよね？　これは組織によってオンになっている遺伝子がちがうんですね。つまり発現している遺伝子がちがうわけです。だからどれが発現しているか調べるときは、働いている遺伝子を調べないといけません。

働いている遺伝子はどうやって調べるかというと、そこからできるＲＮＡというものを調べればいいわけです。ＲＮＡは、働いている遺伝子から作られる物質（転写される、といいます）です。ＲＮＡができていればＤＮＡが働いてるなということがわかります。いいですか？　例えば、赤血球の中とか水晶体、膵臓でいろんな遺伝子がオンになっているかオフになっているか調べると、ｒＲＮＡ遺伝子（リボソームＲＮＡ）は、どこでもオンになっています。ところがヘモグロビンの遺伝子は、ヘモグロビンって赤血球にしかありませんから、赤血球の中だけでオンになっていて、他では一般的にオフになっています。水晶体をつくっているクリスタリンって遺伝子は水晶体だけでオンになっていて、インスリンの遺伝子は膵臓だけでオンになっているわけですね。つまり、**組織によって遺伝子のオン・オフがちがって、働いている遺伝子がちがってくる**んだっていうことになります。

後天的に変わる？

アグーチっていう黄色い太ったネズミがいます。普通は太っていて黄色いんですけれども、環境によってしょぼくれたちっちゃい茶色いネズミになる場合があります。同じ遺伝子をもってるんですよ？　これ実は、えさによって変わってくることがわかってきました。普通のえさだと太っている黄色いアグーチになるんだけれど、例えば葉酸とかビタミンB_{12}というビタミンを添加すると、やせた子どもになるんです。なんでかというと、遺伝子の働きがえさによって変わってくるわけですね。後天的に変わってくるので、**エピジェネティクス**といいます。エピジェネティクスは、後天的に獲得された形質があたかも遺伝情報で決定されているかのように次世代に伝わる現象です。結論としては、ビタミンによってアグーチの遺伝子がオフになって、黄色い色が出てこなくなるわけです。

はい、そこで皆さんに問題です。体中のすべての遺伝子は同じで、一生の間、基本的に変わることはありません。また、どんなに努力しても遺伝子を変えることはできません。しかし、環境（食事、ライフスタイル）によって遺伝子の発現、すなわち遺伝子のオン・オフを変えることはできます。

問　どういう例があるか考えてみてください

勉強して頭がよくならないかっていうとそうじゃありません、よくなりますよね？　一生懸命勉強すると勉強に関係する記憶の遺伝子がオンになってくるわけで、そういう例がいっぱいあります。

すぐ浮かんだ人は賢いですよ。はい、その典型的な例がシャム猫の毛色になります。シャム猫は、体の全部の遺伝子は同じなんですけれども、あるところは白くてあるところは黒いでしょう？　場所によって遺伝子の発現がちがうわけです。冷たい環境が色素の発現を増加させます。黒くなっているのは外に面しているところだけで、体幹は白いですね。だから、生まれてからすぐにあったかい部屋でずっとシャム猫を育てると、体全体が白くなるし、どこかを冷たくするとそこだけ黒くなることがわかっています。

これは遺伝子の機能によって明らかです。チロシナーゼ遺伝子（メラニン色素に関係する遺伝子）は温度感受性の変異をもっていて、高温になるとその活性が低下して色素がつくれなくなります。低温だと色素をつくることができるんですね。だから外気に接している寒いところだけ黒くなるというのがシャム猫の毛色です。これは遺伝子発現の問題になるわけです。このようにして、遺伝子はオンとオフになります。だから、病気を治すためには、その病気の遺伝子をオフにすればいいわけです。そういう病気の治療法もあることを覚えておいていただきたいと思います。

三の倍数が鍵

これからご紹介しますけれども、遺伝子変異にはいろんなものがあります。例えば、欠失といってある部分だけなくなることがあります（↓第1章）。遺伝子がなくなれば機能がなくなりますから、病気が出てくるのは当然ですよね。ところが、おもしろいことに、欠失が大きい方が症状が重いとは限らないんです。大きくなくなった場合と小さくなくなった場合、普通小さくなくなった方が病気はひどくならないと思いますよね？　大きくなくなった方が危ないと思います。だけどちがうんですよ。遺伝子がなくなった部分のエキソン（タンパク質合成の情報をもつ部分）が三の倍数であれば、大丈夫なんです。三の倍数に±1の場合はだめだということがだんだんわかってきました。ｍＲＮＡが三つずつ読まれてタンパク質ができるからなんです（↓第3章参照）。

同じ症状でもちがう原因

例えば、アンジオテンシンⅡという物質が多いと血圧が高くなります。普通の人はあまり関係ないんですが特定の遺伝子に変異があると、アンジオテンシンⅡがたくさんつくられ血圧が高くなります。高血圧の原因ですね。これについて、おもしろいことがわかってきました。アンジオテンシンⅡは、大きなアンジオテンシノーゲンというタンパク質が切られて、アンジオテンシンⅠとなり、このアンジオテンシンⅠがＡＣＥ（エース）という酵素に切られてアンジオテンシンⅡになるのです。そこで、高血圧の人を調べてみると、アンジオテンシノーゲンの遺伝子に異常がある人やＡＣＥの遺伝子に異常がある人もいるんです。つまり、アンジオテンシンⅡがたくさんできる同じ高血圧でも、もともとの遺伝子に異常がある場合と、それをちょん切る方に遺伝子異常がある場合があり、どちらも同じ症状が出てくることがわかります。これを難しい言葉でいうと、**基質側に異常があっても酵素側に異常があっても同じような症状になる**ということです。今回詳しくはお話ししませんが、若年性アルツハイマー病も基質アミロイド前駆体（ＡＰＰ）または酵素γセクレターゼ（プレセニリン１、プレセニリン２）のどれかに異常があって発病することがわかっています。

別の遺伝子が補填する

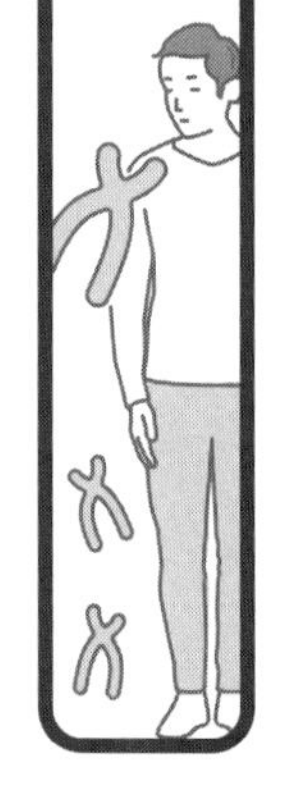

ヒトに深刻な病気を引き起こす遺伝子変異があって、サルやネズミも同じ遺伝子をもっていて同じ遺伝子変異をつくっても、同じ病気にならない場合もあるんです。つまり病気は、**一個の遺伝子だけではなくて別の遺伝子もかかわっている場合があります**。ある遺伝子がおかしくてもサルやネズミで病気が出ないということは、サルやネズミでは別の変異があって、それが補填している可能性があるわけです。だから、動物モデルを作るのは簡単ではないということを覚えておいてください。ただ、動物モデルが簡単にできればいいんですけれども、できない場合もあります。

機能を失う進化もある

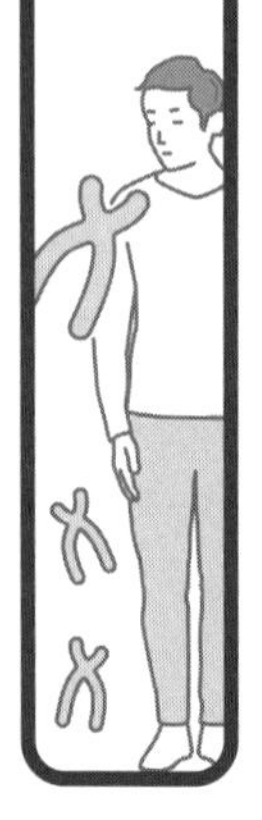

私たち人間が進化して行く途中に、昔もっていた機能がなくなる場合もあるんですね。機

能がなくなると困るんじゃないかと思うんですけど、機能を失った方が人間らしくなったって例があります。例えば顎筋っていう物を噛むときに働く筋肉があるんですけど、ここの筋肉で発現しているミオシンの遺伝子が人間になると機能がなくなっているんです。そうすると何が利点かというと、物を噛む機能がなくなったために顎筋が小さくなって、その代わりに頭が大きくなったんです。つまり、噛む力が小さくなったおかげで脳が大きくなったことがわかってきました。

また、カスパーゼ12という遺伝子の機能が喪失することによって、致死性の敗血症などの病気にかかりにくくなったことがわかってきました。進化にはいろんなものがあり、遺伝子変異にもいろんなものがあって、変異すれば悪いってもんでもないんですね。

いっぺんに三つの病気に

じゃあここで、ちょっと難しいかもしれないけど、問題を出しましょう。

次の三つの難病が併発している子どもがいました。原因は何でしょうか？
①先天性副腎低形成　②グリセロールキナーゼ欠損症　③慢性肉芽腫症

わかりますかね？　一つでも難病です。たいへんな難病の先天性副腎低形成は、生まれつきいろんなホルモン（アルドステロン、コルチゾール、ＤＨＥＡ）が低下している病気です。それだけじゃなくて、グリセロールキナーゼ欠損症で血液中にグリセロールが多く出ていて、脂質合成、糖新生に必要なグリセロール-三-リン酸が不足しています。それでもたいへんな病気なのに、二つの病気が一緒になっていて、さらに三番目の慢性肉芽腫症も併発していました。慢性肉芽腫症は免疫不全症で、侵入した病原体を殺菌できず感染をくり返します。外からやってきたバイキンを殺菌することができなくなるんです。つまり、白血球がバイキンをやっつけることができなくなる病気ですね。こういう病気が普通はちがう人で起こるんだけど、三つがいっぺんに起こった子どもが見つかったんです。もう何重苦という病気ですね。本当にかわいそうで、このお子さんは亡くなりました。だけど、遺伝子を調べて大発見があったんです。なんだったと思います？

最初、誰もなんでこんなことが起こるかわかんなかったんですね。三つの病気はまったくちがうところで起こる、ちがう臓器の病気で、そんなのが一緒に起こったんです。あり得ない話ですね。これは、**遺伝子がたまたま隣り合っていたん**です（**図6**）。先天性副腎低形成とグリセロールキナーゼ欠損症と慢性肉芽腫症の遺伝子が同じところに並んでいて、その間にデュシェンヌ型筋ジストロフィーの遺伝子があります。実はこの子どもは三つではなく四つの病気をもっていて、この四つの病気の遺伝子が並んでいる部分全体が欠損していたんです（**図6**）。つまり、遺伝子からその部分が欠けていたんですね。それでこの四つの病気がまとまって起こったことがわかりました。

こういうちがう病気がたまたま一緒になって起こることを、**遺伝子の並びで説明ができる場合がある**ということがはじめてわかった例になります。大きな欠失があったんですね。だけど、この亡くなったお子さんの残してくれた細胞を使って、デュシェンヌ型筋ジストロフィーの原因がわかりました。

遺伝子の配置は均等じゃない？

ギムザ液っていうのをつけて染色すると、染色体は**図6**ように筋になって見えます。黒く染まるところと白く染まるところがあって、黒いところをGバンド、白いところはRバンドといいます。Rバンドの方に遺伝子がたくさんあって、Gバンドの方は遺伝子が少ないんです。こういうふうに遺伝子って均等に存在しているんじゃなくて、たくさんあるところとないところが混在しているんです。それが筋（すじ）みたいに見えることを知っていてください。

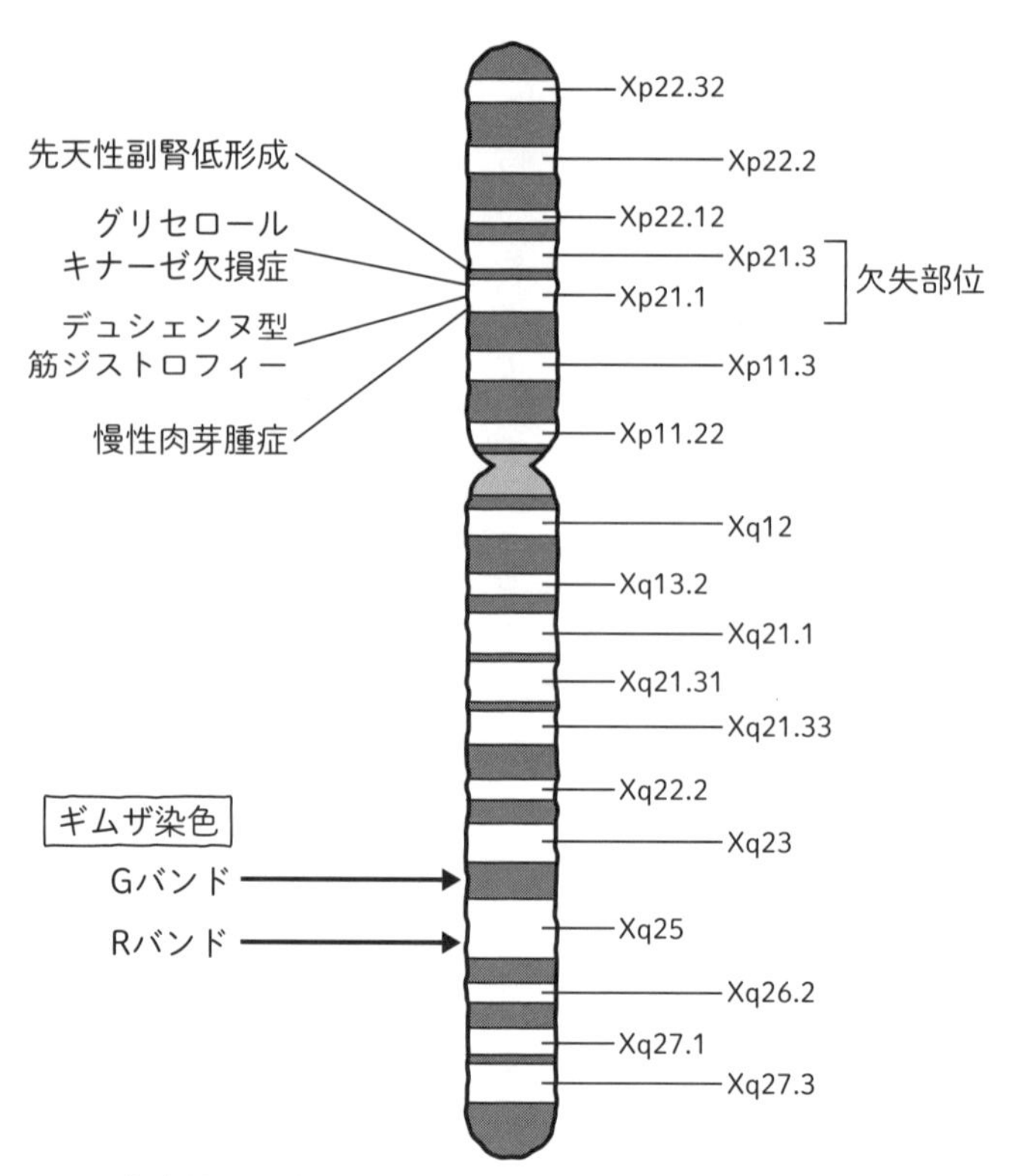
先天性副腎低形成
グリセロール
キナーゼ欠損症
デュシェンヌ型
筋ジストロフィー
慢性肉芽腫症
Xp22.32
Xp22.2
Xp22.12
Xp21.3
Xp21.1
欠失部位
Xp11.3
Xp11.22
Xq12
Xq13.2
Xq21.1
Xq21.31
Xq21.33
Xq22.2
Xq23
ギムザ染色
Gバンド
Rバンド
Xq25
Xq26.2
Xq27.1
Xq27.3

図6　X染色体の染色

突然変異がよく起こるわけ

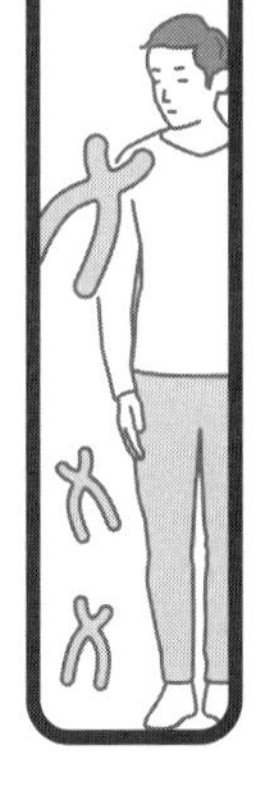

筋ジストロフィーはつらい病気です。ゆっくりと筋肉が萎縮して筋力が低下する遺伝性疾患で、飲み込む筋肉も動かなくなるし、心臓の筋肉もだめになりますから、最終的には歩けなくなったり、いろんな症状が出てきます。呼吸もできなくなったり、心臓にも異常が出てくる病気です。筋ジストロフィーの子どもは、不思議なことに三〜五歳で足の筋肉が普通の人よりもぷくっと膨れてきます。このデュシェンヌ型筋ジストロフィーは、両親が健常でも子どもに病気が出てきます。さっき勉強しましたね。これ劣性遺伝の病気です。ところがこの病気は**突然変異の確率がどの病気よりも大きい**んです。不思議ですね。突然変異というのは誰に起こるかわからない、生殖細胞に起こると子どもに伝わる変異です。ご両親が病気の遺伝子をもっていなくても子どもに病気が出てくる場合があります。でも、その確率が一番大きいんです。

問　なぜデュシェンヌ型筋ジストロフィーだけそんなに多いかわかりますか？

お母さんから来る遺伝子がちょっと多い

ちょっと頭を使ってみてください。突然変異がなぜ多いんでしょうか？　そこがホットスポットだから、突然変異が起こりやすいからってみんなよく言うんです。では、なぜ起こりやすいの？って聞くとなかなか答えられないですね。実はこれ、私が学生から研究者になった頃に話題になってから何十年も誰もわからなかったんです。驚くべきことでしょう？　ところがあることがわかったら、なんだ、当たり前じゃないかっていうことになったんです。何がわかったと思います？　デュシェンヌ型筋ジストロフィーの遺伝子は、実は**人間がもっている一番大きな遺伝子だった**んです。遺伝子が大きければ突然変異が起こる確率は一番大きいですよね。そうでしょう？　**突然変異ってランダムに起こります**からね。**大きな遺伝子ほど突然変異が起こりやすいんです**。こんな当たり前のことでも何十年もわかんなかったんですね。いったんわかると、突然変異が起こりやすい病気は遺伝子が大きいんじゃないかということが明らかになってきました。こういうふうにして遺伝子の研究がだんだん進んできたわけです。

ミトコンドリア遺伝子はみんなお母さん由来

ここではお父さんとお母さんから来る遺伝子のお話をします。男性と女性のお話です。結婚して子どもが生まれると、子どもは親の遺伝子を半分ずつ受け継ぐことは説明しました。ところがそれだけじゃないんです。遺伝子は私たちの細胞の核の中にあるんですけれども、核だけではなくて全体の〇・五％くらいは、**ミトコンドリアの中にも存在している**ことがわかっています。ところがミトコンドリアの遺伝子は両親から来るんではなくてお母さんだけから来ているんです。

それをここでちょっと説明しましょうね。精子と卵が受精すると、精子の核と卵の核が一緒になって受精卵の核ができます（**図７**）。だから核はお父さんとお母さんから来たものが半々です。それに対してミトコンドリアはというと、卵の中には数百～数千個あって、精子の中には中片というところにちょっとあります。受精すると核が中に入ってきて、中片も入ってくるんだけど、中片はすぐに分解されてなくなってしまいます。だから受精卵のミトコンドリアはお母さんのミトコンドリアだけになります。**ミトコンドリアはお母さん由来**であるということをぜひ覚えてくださいね。

つまり、遺伝子はお父さんとお母さんから半分ずつ来るんではなくて、お母さんから少し多目に来るということです。お母さんのミトコンドリアに異常があると子どもは病気になり

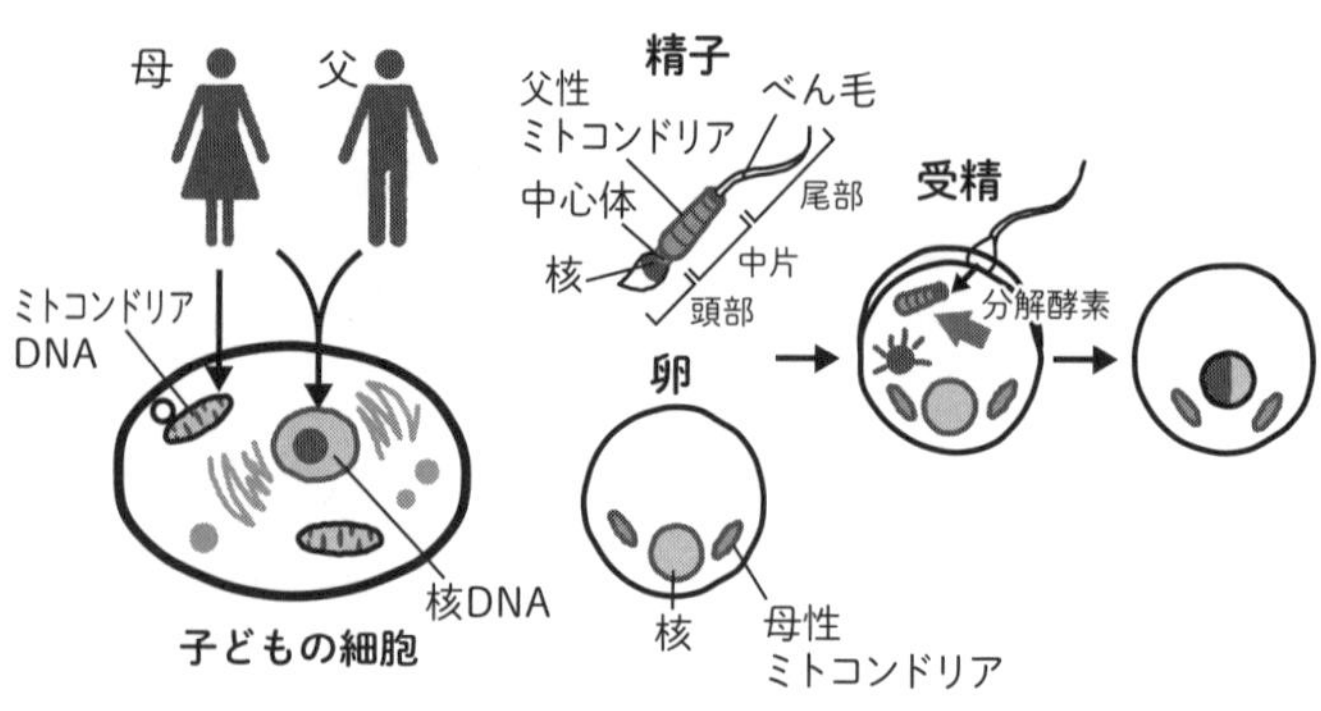

図7　ミトコンドリアはお母さん由来

ます。**お母さんのミトコンドリアと子どものミトコンドリアは同じもの**ですから当然ですね。お母さんから子ども全員に同じミトコンドリアDNAが伝わります。

Y染色体はお父さんから息子へ

ところがもう一つおもしろいことに、お父さんだけから伝わるものがあります。それは**Y染色体**です。Y染色体があれば男性になりますからね、息子だけにこのY染色体が伝わっていきます。

お父さんから息子にはY染色体が伝わります。娘にはY染色体は来ないんですよ。ところが、ミトコンドリアはお母さんから子ども全員に伝わります。

征服したか、移り住んだか

ヴァイキングの襲来

ここまでの話を頭に入れて歴史の勉強をしましょう。遺伝子でわかる歴史もあるんです。まずはヴァイキングのお話です。ヴァイキングがノルウェーから七九三年にイギリスに来て修道院を襲撃しました。なぜ移動してきたかというと、北欧の人口増加で土地が足りなくなって、長男が相続したから次男以降は行くところがなくなってきたんです。多くの若者がノルウェーから移動しました。アイスランドにも八七〇年頃に来たと言われています。そこで今、アイスランドに住んでいる人のＤＮＡを調べたんですね。

アイスランドの人たちのミトコンドリアＤＮＡは、六〇％が地元の人たち由来でノルウェー由来は四〇％でした。ところがＹ染色体のＤＮＡを調べると、七〇％がノルウェー由来で三〇％が地元の人たち由来でした。

さあ、ここから何がわかりますか？　Ｙ染色体はお父さんから息子だけに伝わってくるんでしたね。ちょっとＹ染色体に注目しましょう。Ｙ染色体はアイスランドの人たちの七〇％がノルウェー由来で、ミトコンドリアＤＮＡより割合が高いんです。どういうことかというと、ノルウェーから来たヴァイキングの人たちに征服されて、その男性たちが地元の女性に子どもを産ませたということになります。

例えば、ある島にヴァイキングの家族が移住してきたらどうなるでしょうか？　夫婦と子

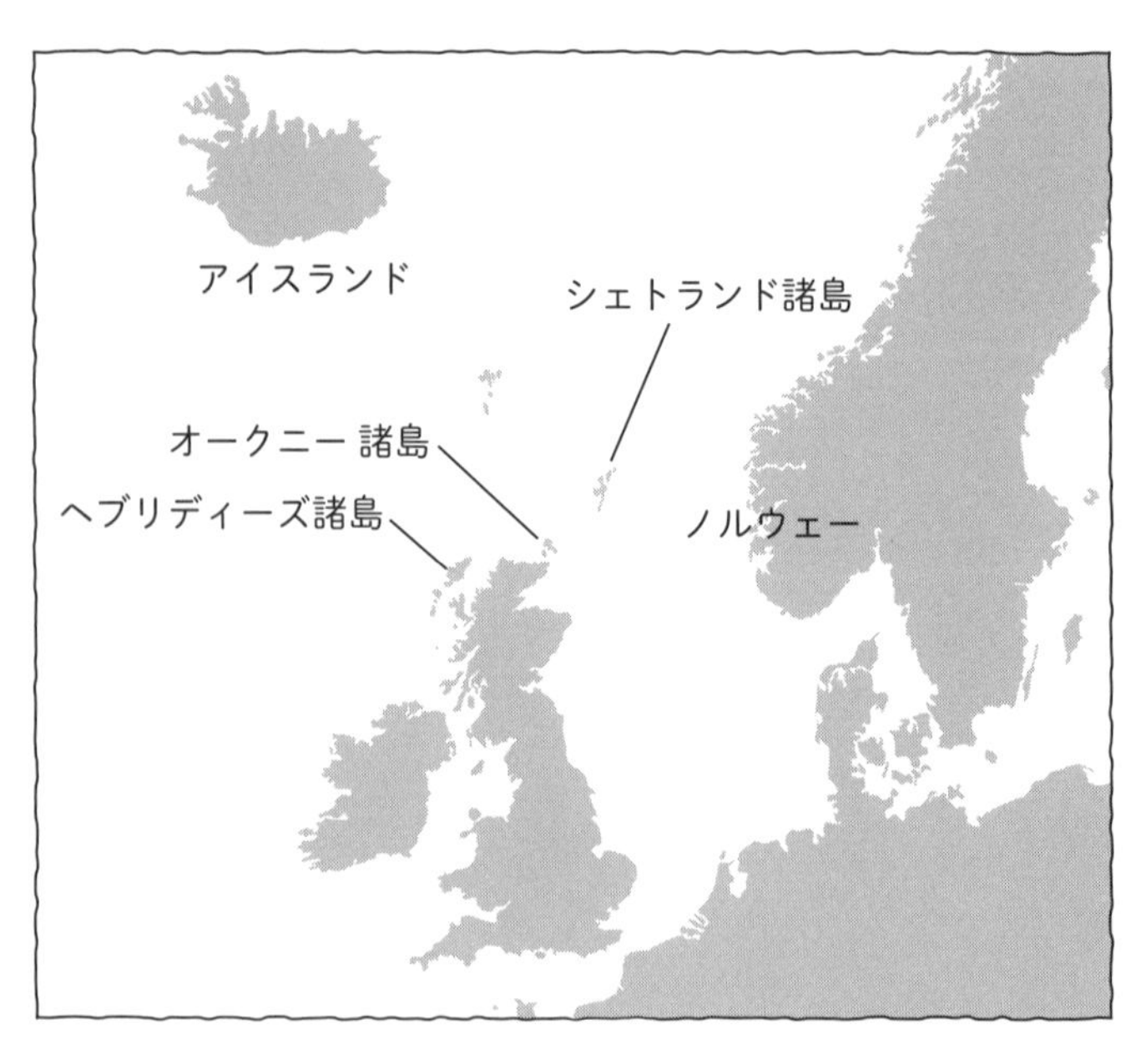

		ミトコンドリア	Y染色体
家族で移住	シェトランド諸島	43%	44.5%
	オークニー 諸島	30.5%	31%
征服した	ヘブリディーズ諸島	11%	22.5%
	アイスランド	34%	75%

図8　ノルウェーの遺伝子の割合

Goodacre S, et al.：Heredity (Edinb), 95：129-135, 2005 をもとに作成。

どもが一緒に移住してきたら、この島のY染色体の割合とミトコンドリアの割合は同じになるはずです。ところがヴァイキングの男性だけが移住してきて、ここに住んでいる女性に子どもを産ませたら何が起こるかというと、ヴァイキングの男性がもっているY染色体だけがこの島へ来て、ノルウェー由来のY染色体の割合がミトコンドリアの割合より多くなります。つまり、征服されたのか、家族で移ってきたのかがこの比率でわかるわけです。

これをふまえて、**図8**を見てください。アイスランドに加えてイギリスの三つの地域の人たちがどういう割合でノルウェーの遺伝子をもっているか調べた研究があります。Y染色体の割合がミトコンドリアに比べて圧倒的に高いのは、ヘブリディーズ諸島とアイスランドです。つまり、ヘブリディーズ諸島とアイスランドは、ヴァイキングの男性たちが来て征服した場所であるということです。ところが、シェトランド諸島とオークニー諸島は、ミトコンドリアとY染色体の遺伝子の割合がほとんど同じです。ということは、征服されたのか移り住んだのかちがいないという結論が得られるわけです。こういうふうにして、家族で移り住んだにちがいないという結論が得られるわけです。

子孫ではなかった?

ペルーのリマの住民は、自分たちはアメリカインディアンの子孫と考えています。ところが遺伝子を調べてみると、彼らの九五％のミトコンドリアＤＮＡがアメリカインディアンの子孫であることを示すけれども、Ｙ染色体の半分は欧州人由来でした。これなぜかわかりますか？　彼らは確かにアメリカインディアンの女性から生まれたことはわかります。だけど、Ｙ染色体の半分が欧州人由来っていうことは、ヨーロッパから来た人たちがアメリカインディアンに子どもを産ませたということになります。

征服ではなかった

ポリネシアはどうでしょうか？　ポリネシアの人たちのミトコンドリアＤＮＡはすべて東南アジア由来です。つまりポリネシアの女性から生まれた子どもはその周辺にいることがわかりました。南米からではなかったんですね。すなわち、ポリネシアの人たちはどこから来たかというと、東南アジアから来たことがわかります。ところがＹ染色体を見ると三分の一が欧州人由来なんです。これも欧州人が征服したのかと思ったらそうじゃなかったんですよ。実は母親が自分の娘を欧州人と結婚させたがった結果なんですね。

人種差別の問題

　こういうふうにして、男性と女性の遺伝子を調べることによって、人類の移動もわかるというお話をしてきました。興味深いんだけど、じゃあ私、こういう研究やろうと思ってもだめですよ。今このような研究ができなくなっているんです。なぜかわかりますか？　ちょっと考えてみてください。なんとなくわかりますね。こんな研究すると人種がわかっちゃうんです。人種がわかるとよくないという人がいます。はい、これ調べようと思えば調べられるけど人種差別につながる可能性があるんです。だけどこれ科学だからね。やるべきなのかやっちゃいけないのか大きな問題になっています。つまり、これをやると人種が固定されてしまって、何人（なにじん）だと決まっちゃうんです。だから反対だという人がいます。それに対して、医学研究に役立つんだって人もいるんですね。

　これ皆さんご存知かもしれませんが、ある薬が特にアフリカ系のアメリカ人によく効くことがわかって承認された例があるんです。でも、アフリカ系のアメリカ人によく効くということは、遺伝子を調べないとわからないわけです。やっぱり人種差別じゃなくて医学研究に役立っているんだという見方があります。でもどっちにしてもやりにくくなっていることは確かです。歴史的なことを調べるのは、なかなか難しいということがわかります。

血族結婚の特徴

最後に血族結婚の話をして終わりにしたいと思います。白皮症はご存知ですか？ 色素がまったくない人です。そんなに歳をとっていなくても髪の毛が真っ白で、うさぎみたいに真っ赤な目をしています。色素がないですからやっぱり紫外線に弱いんですね。こういう人たちをアルビノといいます。皆さんも白いトラが生まれたとか白いライオンが生まれたとか聞いたことがあると思います。基本的には白皮症という劣性遺伝病です。あるアルビノの人はどうやって生まれたかというと、兄弟の子ども同士の結婚で生まれました。つまり、いとこ結婚で生まれたということになります。血族結婚でこういうことが出てくる場合があります。

いとこ結婚の特徴を述べなさい

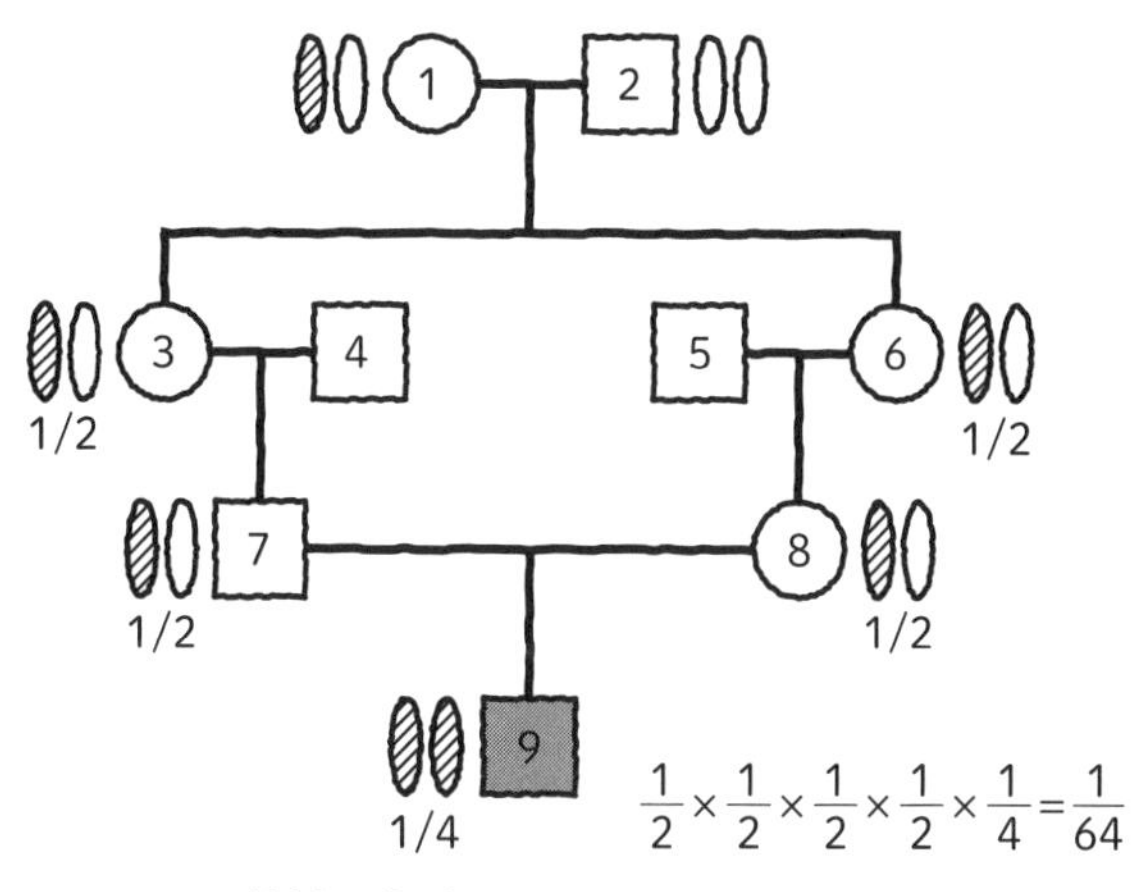

図9　いとこ結婚の家系図

いとこ結婚というのは、例えば**図9**のように、二人姉妹（3と6）がいて、この姉妹がそれぞれ別の男性（4と5）と結婚してできた息子（7）と娘（8）がいます。この息子と娘がいとこです。このいとこ同士が結婚して生まれた子ども（9）がいとこ結婚の子どもになります。

図9の斜線の遺伝子を見てくださいね。これが勉強した（→89頁）テイサックス病の遺伝子だと考えてください。テイサックス病の遺伝子を一個もっていても、健常なので1は健常です。1の遺伝子二つのうち一つが子どもに行きます。たまたまこの遺伝子が娘二人（3と6）に来たとします。またその息子（7）と娘（8）にも来ました。そうすると、このいとこ同士はこの遺伝子を一個ずつもっているために、結婚すると子ども（9）にテイサックス病が出てくる可能性があるわけです。こうなる確率はどれくらいですか？　全部かけ算すると$\frac{1}{64}$になりますね。六四組に一組は

こうなっちゃうということです。いとこ結婚では、劣性遺伝病が出てくる確率が高くなるというのが正解になります。

今、日本の劣性遺伝病の三組に二組がいとこ結婚から生まれることがわかっています。でも、いとこ結婚は認められているわけですから、だめっていうことはないんですよ。いとこ結婚でも全然問題はないんですが、劣性遺伝病のリスクが高いのでやめときましょうっていう人はいるかもしれません。でも、これ前にも話した天才の遺伝子だったらどうします？ひょっとしたら六四組に一組の割合で天才の子どもが出てくる可能性もあるんです。悪いことだけじゃないんですよ。劣性遺伝病のリスクが高いんですけれども、よい方に出てくる可能性もあります。こういうのがいとこ結婚の特徴になります。血族結婚は、今日本ではだんだん少なくなってきたんですけど、昔は結構あったんですね。

歴史上のいとこ結婚

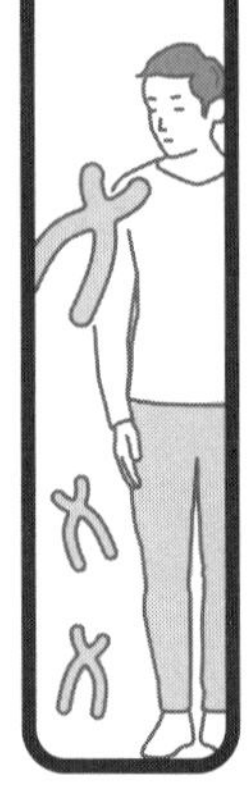

図10は非常に複雑な家系図ですね。あるお兄さんがある女の人（1）と結婚して娘が二人（5、6）生まれました。さらに、二番目の人（2）と結婚して、また娘が生まれます。加

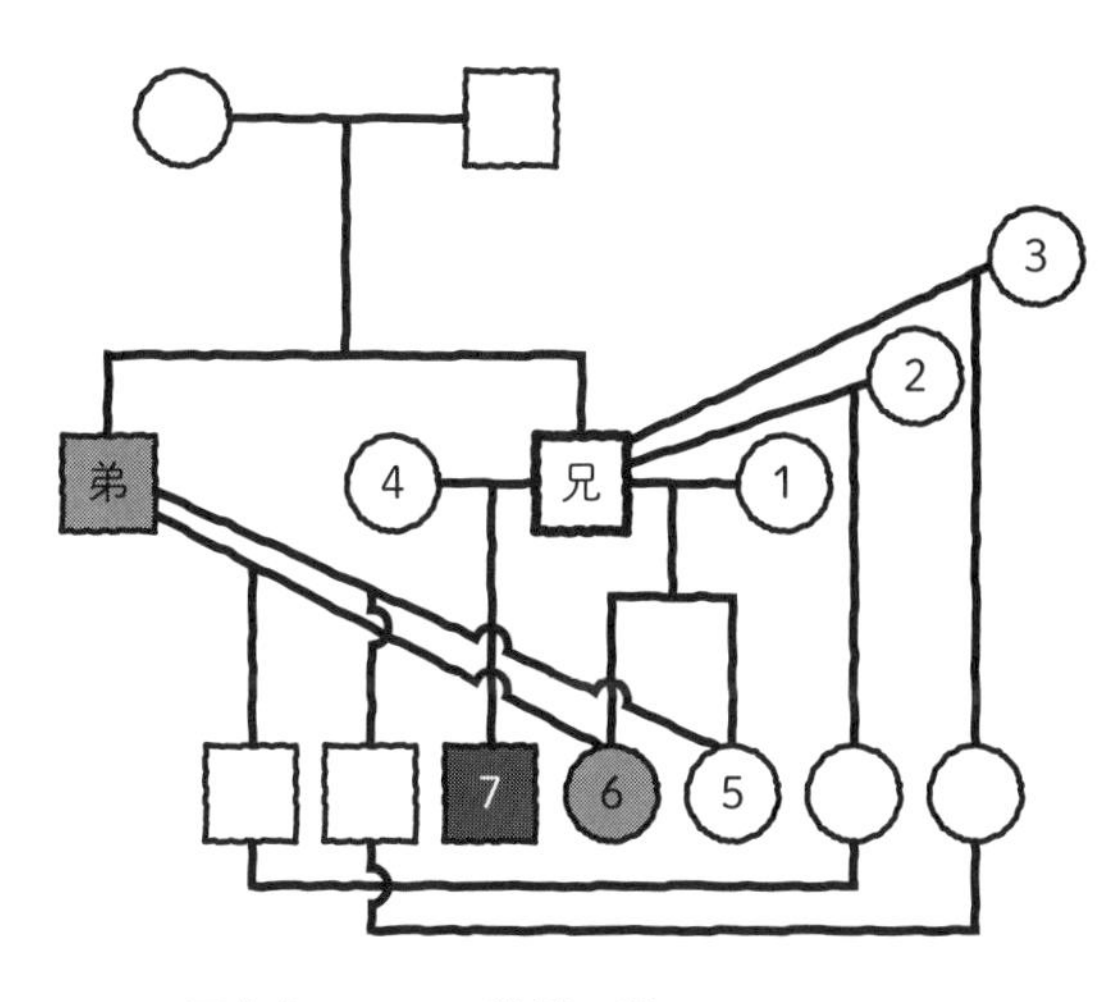

図10　歴史上のいとこ結婚の例

えて、三番目の人（3）と結婚してまた娘が生まれました。でも、どうしても男の子が欲しいから、四番目はちょっと位が低い人（4）と結婚してようやく男の子が生まれたんです。だけど、このお兄さんには弟がいて、息子がいなかったから弟に後を継がせようと思ってたんですね。そのために最初に結婚してできた長女（5）を弟と結婚させました。さらに次女（6）も弟と結婚させたんです。だから、お兄さんとしては、自分の二人の娘を弟と結婚させたわけです。ところがたまたま最後に息子（7）が生まれました。何か災いが起こりそうですね。弟が最初に結婚した長女（5）は早くに亡くなってしまいました。

何が起こったかというと、跡継ぎは弟に決まっていたんですけれども、お兄さんは最後に生まれた自分の息子をだんだん跡継ぎにしたくなってきたんです。そして最終的にはお兄さんが亡くなっ

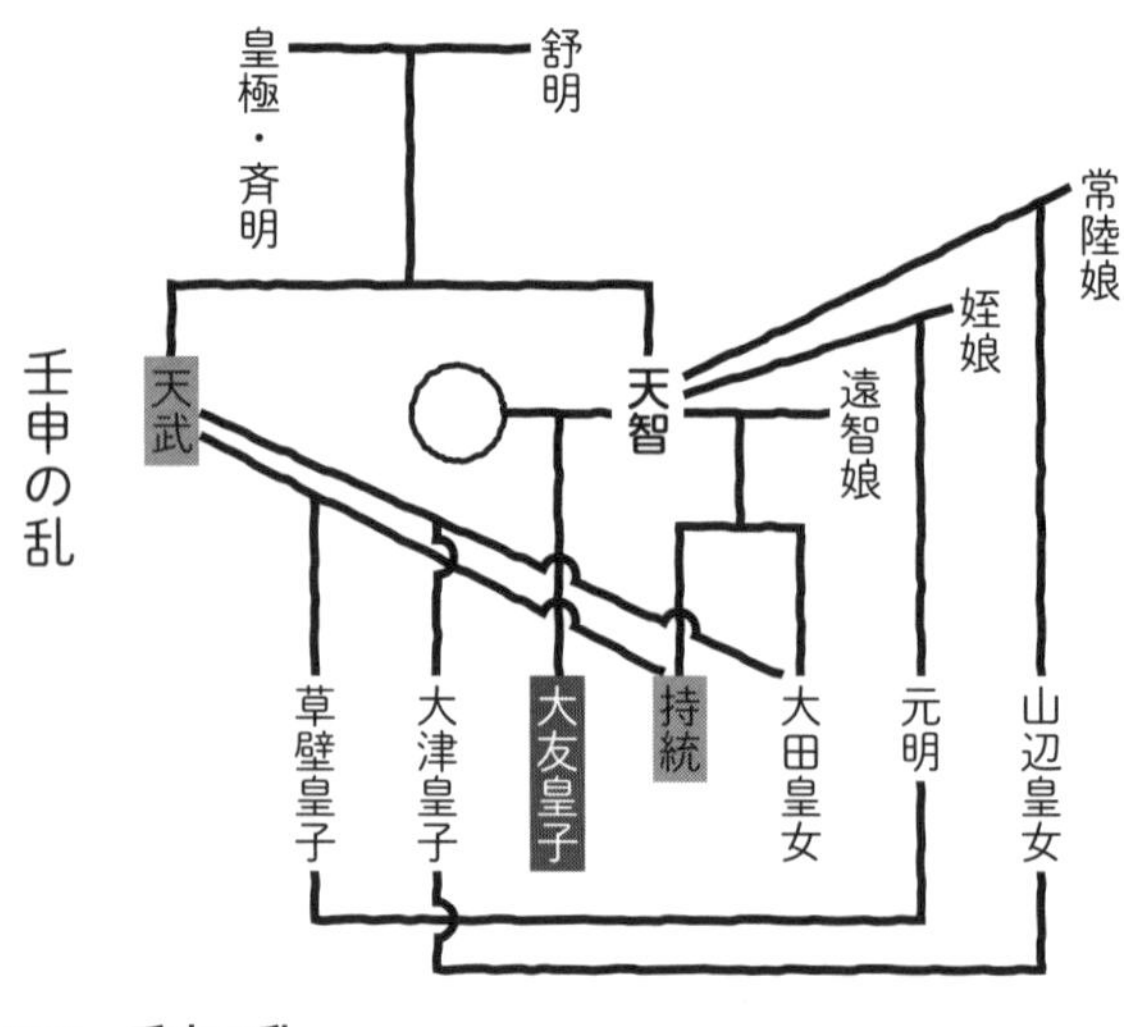

図11　壬申の乱

た後、弟夫婦と息子がけんかをしました…というお話をどこかで聞いたことありませんか？

これは実際に起こったことですよね（**図11**）。昔の天皇家で起こりました。この息子（大友皇子）と弟夫婦（後の天武天皇・持統天皇）が戦争をして、天武天皇・持統天皇が勝ったんですよね。これを壬申の乱（乙巳の変）といいます。最終的には大友皇子は殺されました。ところが、その後も問題がいろいろありました。お兄さん（天智天皇）の後を継いだ天武天皇は誰を自分の跡継ぎにするかというと、天智天皇の長女との子どもである大津皇子は結構よくできた人でした。でも持統天皇との子どもである草壁皇子よりもよくできた子どもだったんで、天武天皇が亡くなると自害に追い込まれてしまいました。それで草壁皇子が跡継ぎになったかというと病気で亡くなってしまったんです。なんかうまく行かないんですね。

男系で続いてきた天皇家

ちょっとだけ天皇家のお話をしますと、天皇家は天皇に娘ができてもこの娘の子どもは天皇を継がないことになっています（父親も天皇家の血筋である場合を除く）。必ず男系で続いていくことになっているんです。だから女性天皇は一時的にはあるかもしれないけど、この子孫が天皇を継いでいくことはありません。娘までは天皇を継ぐことはあっても、その子どもが男の子でも天皇を継ぐことはないんです。だから男系で続けるためには男の子を産まないといけないから奥さんが一人じゃだめで、多くの奥さんがいる必要があります。これが今までの歴史になります。だから明治天皇までは奥さん一人ではなくて五、六人いたんですね。だけど、大正天皇から一人ずつで現在に至っています。

家系図を作ってみよう

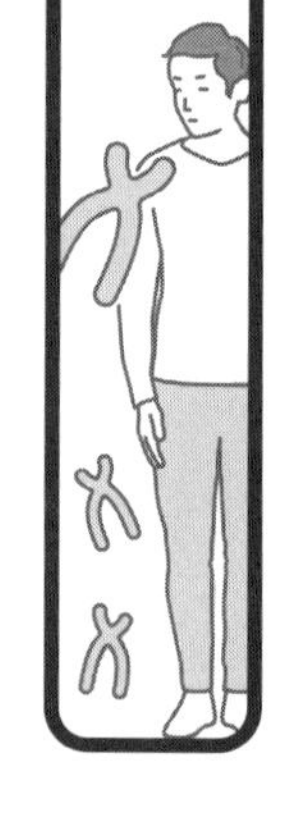

皆さん摂関政治で有名な藤原氏について聞いたことがあると思います。藤原氏は自分の娘を天皇のお嫁さんにしたわけですね。そしてそこに男の子ができたら、この男の子を天皇にして自分の思うままに操るというのが藤原氏のやっていた政治です。ですから、藤原氏が力を得るためには、娘が産んだ子どもを天皇にしなきゃいけませんね。

そうするとどうやって天皇にするかというと、昔はだいたい一五歳くらいで娘を入内させたんですね。でも、子どもはすぐ生まれないんですよ。なかには一二歳くらいでお嫁さんになってる人もいます。だから必ず藤原氏は、そこから子どもができるのを待つわけです。娘が男の子を産むのはだいたい二〇歳くらいです。そのとき、この藤原氏は四十歳くらいになっちゃうんですね。そうすると、自分の力をふるえるかということも問題になってきます。

生まれたての子どもを天皇にできませんからね。一五歳くらいになってないと天皇にできないんです。一五歳くらいで天皇にすると、もともとの天皇は上皇になって上皇が子どもの天皇を使っていろんなことができるし、外祖父である藤原氏も力をふるえるわけです。そうすると、この子が天皇になったときはどうなっているかというと、娘（新天皇の母）は三五歳くらいで、外戚の藤原氏は五五歳くらいになっちゃいますね。五五歳って、その時代の平均寿命なんですよ。摂関政治で藤原氏が自分の力をふるうためには、これではふるいようがありませんよね。では、どうしたかというのが今回の問題です。

自分の孫が天皇になり、自分が権勢をふるうためには、どうすればいいでしょうか？

自分の娘に産ませた男の子を一五歳くらいで天皇にして、自分が力を振るうためにはどうしたらいいでしょうね。考えてみてください。試験問題だったらどうします？　歴史ってただ読んでてもだめなんですね。こんなことがあるのかと家系図を書きながら読むとおもしろいんです。ここで大事なのは娘です。自分の娘は男の子を産まなきゃだめなんです。そうでしょう？　嫁いだ娘に女の子が産まれても普通は天皇になれないわけですから、男の子を産むことが大事なんです。早く産んで欲しいんだけどね、娘を入内させてもそんなに早くは子どもができないからやっぱり焦っちゃうわけですよ。これ藤原氏が当然その当時に困ったことですが、どうしたらいいですか？　歴史に詳しい人は多分わかると思うんだけど、こうしたんですね。

図12Aを見てください。まず天皇の立場からすると、例えば六二代の村上天皇はどうかと

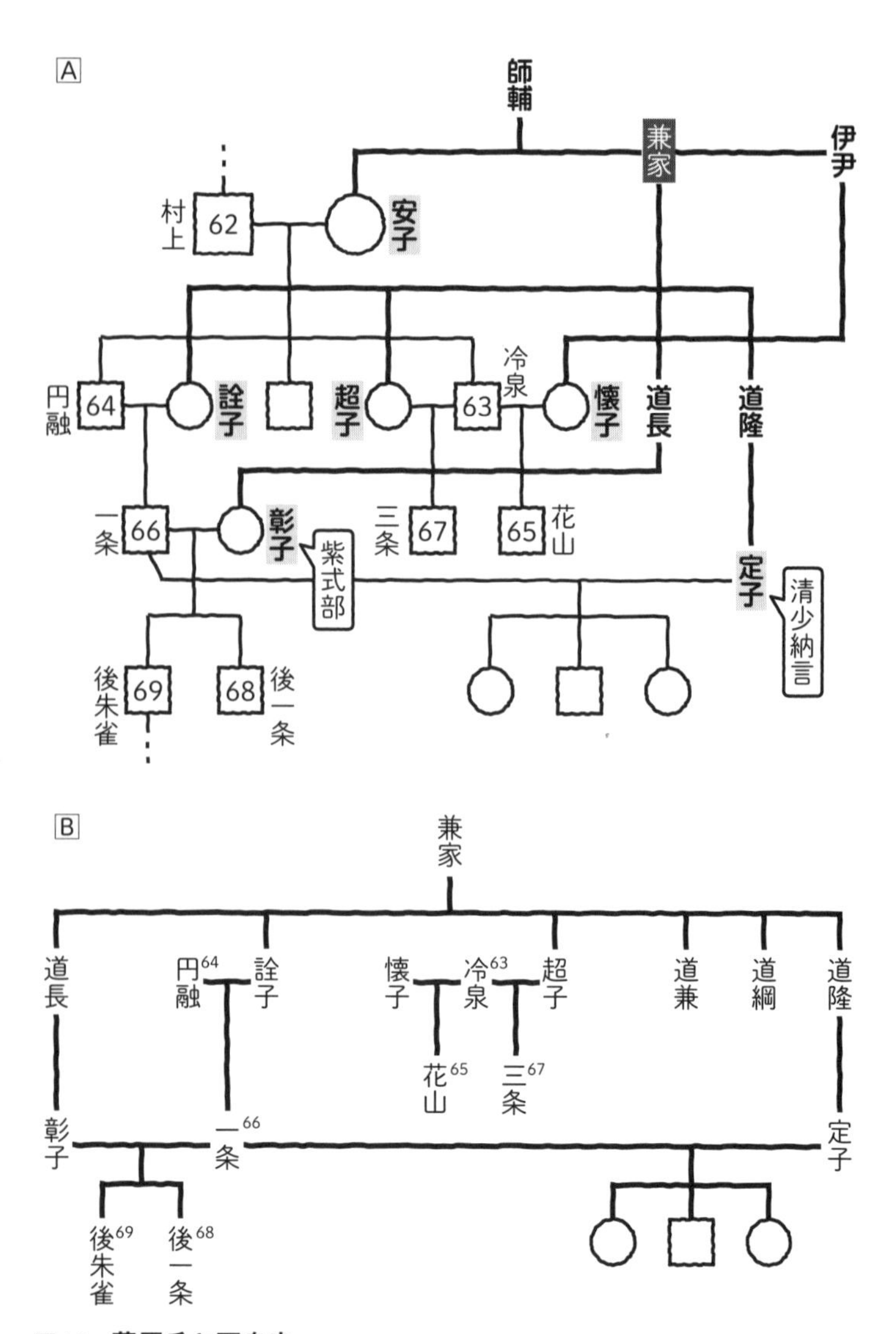
A
師輔
兼家
伊尹
村上
62
安子
円融
64
詮子
超子
63
冷泉
懐子
道長
道隆
一条
66
彰子
紫式部
三条
67
65
花山
定子
清少納言
後朱雀
69
68
後一条
B
兼家
道長
円融 64
詮子
懐子
冷泉 63
超子
道兼
道綱
道隆
花山 65
三条 67
彰子
一条 66
定子
後朱雀 69
後一条 68

図12　藤原氏と天皇家

いうと、息子をたくさん産んでその息子に順番に天皇を継がせていきたいわけです。わかりますか？　藤原氏としてもそれぞれの息子に藤原氏から娘を入内させて男の子を産ませます。そうすると、どこかで自分の力が発揮できることがわかってきたんです。

また天皇の立場から考えてみると、なるべく早く子どもが小さいうちに自分が上皇になって、子どもが天皇のときに力をふるいたいわけです。だから、兄弟に早く天皇を順番に継がせることが必要になってきます。自分の兄弟に跡を継がせて無理矢理退位させて、自分の子どもを天皇にします。村上天皇が息子の冷泉天皇に位を譲った後、弟の円融天皇が次の天皇になりました。そうするとどうなったかというと、その次は冷泉天皇の子どもに、その次は円融天皇の子どもにというふうに、順番に天皇の系統が入れ替わっていったわけです。これを両統迭立といいます。これでいいですか？　藤原氏にとってはこれでいいかもしれませんね。村上天皇にとってもこれでいいかもしれません。だけど、また困ることが起こるんです。両統の間で皇位継承問題が発生します。後の南北朝時代にもあったように、これが歴史上起こってきたことになります。

外戚として藤原氏は、自分が生きているうちに孫を天皇にしたいんです。そういうときどうしたらいいかというと、両統に自分の娘を入内させました。藤原兼家は自分の娘の超子、詮子を入内させて、後の冷泉天皇と円融天皇のお嫁さんにしたわけです（図12B）。そうすれば、どちらが天皇になってもどこかのタイミングで自分が力を発揮できると考えたわけです。

道長の栄華の影に

六六代の一条天皇のときに彰子、定子という二人の妃がいました。この二人の間でけんかが起こったんですね。彰子の方に紫式部がいて定子の方に清少納言がいました。物語としておもしろいお話なので知っている人も多いと思います。一条天皇は定子を最愛の奥さんだと考えていました。ところが、道長が無理やり娘の彰子を奥さんにしたわけです。力のある道長の娘の彰子をどうしても奥さんにせざるを得なかったんです。かわいそうなのは定子です。定子がどうなったかご紹介します。

定子は実は一条天皇との間に男の子を産んでいたんです。この男の子が天皇を継ぐ可能性はありました。ところが、道長は自分の娘が産んだ男の子を天皇にしたんですね。残念ながら、定子は負けちゃったわけです。

定子が二五歳のときに一条天皇は二一歳、彰子は一三歳でまだ子どもができないんですよ。逆にいうと、一条天皇は定子ばかりをかわいがっていたために、その息子がその次の天皇になる確率が非常に高かったんです。道長は焦りました。そこに何が起こったかというと、定子のお兄さん二人が問題を起こして島流しになってしまったんです。その事件で定子は出家したといわれています。さらに、定子は娘を産んでそのときに亡くなっちゃったんです。順番的には定子の息子が次の天皇になった可能性は十分ありました。だけど事件が起きて兄たちは失脚、最後の子どもを産んだときに定子自身も亡くなってしまったために、定子の息子は後ろ盾がなくなって天皇にはなれなかったんです。

このようにして、血族結婚からはじまって歴史の話をしました。いとこ結婚とかおじとめいの結婚とか、そういうのがたくさんありました。こうなると、やっぱりいろいろ病気の人が出てくる可能性が高いわけです。でもこういうことは今までどこにでもありました。実際に家系図を見てわかったと思います。現在日本では、血族結婚について法律で規定されていますが、昔は血族結婚すると血が濃くなっていいと思われていたんですね。

結婚できるか調べてみよう

おじとめいは結婚できる？

一応今回の勉強はここまでなんですけれども、ここからはちょっとおまけのお話をしていきましょう。それは血の濃さを数字であらわすことができるというお話です。この数値を近

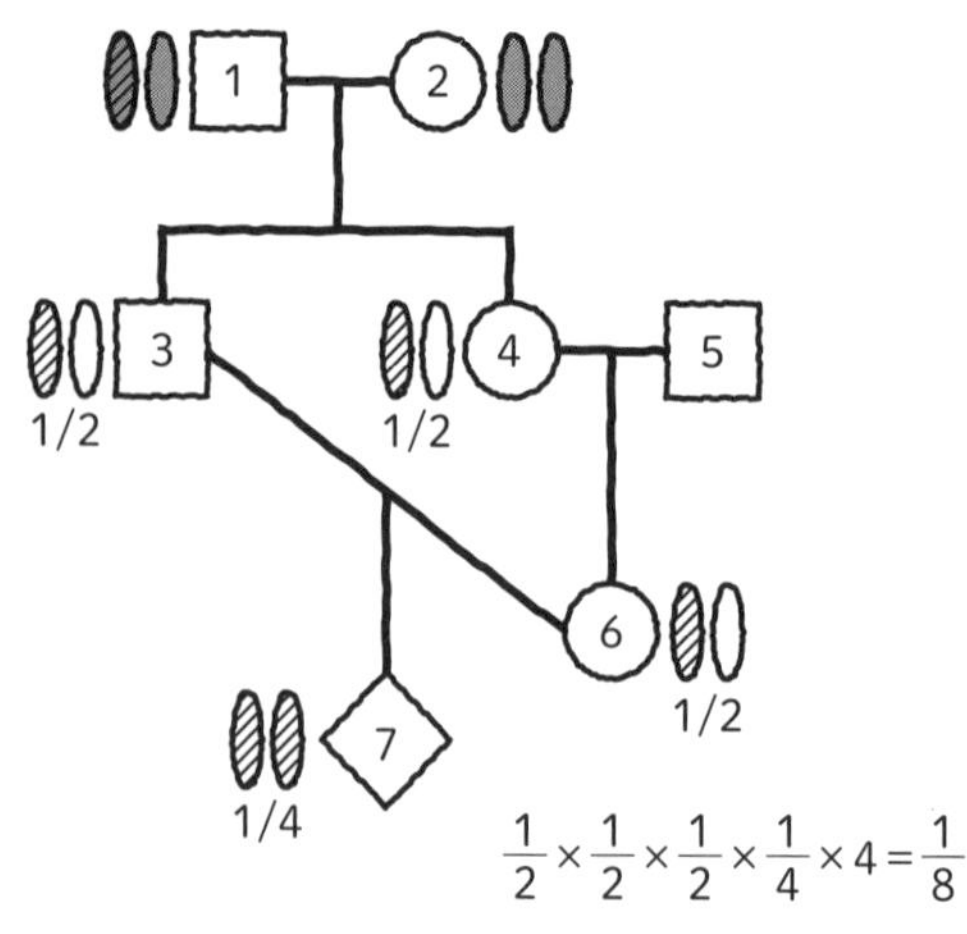

図13　おじとめいの結婚

交係数っていうんですけれども、**共通祖先の遺伝子がホモになる確率**のことです。劣性遺伝病の遺伝子がホモになると病気になりますから、そうなる確率です。この近交係数によって、結婚できるかどうかが現在決められています。

　では、おじとめいは結婚できるでしょうか？これを遺伝子で考えます（**図13**）。遺伝子は必ず二個ずつあります。二個ずつある遺伝子のうち、斜線の方の遺伝子を病気、ここではテイサックス病の遺伝子だと考えてくださいね。テイサックス病の遺伝子が生まれてくる子どもでホモになる確率はどれくらいかと計算するんです。1の二つのうち一つが3へ来る確率は$\frac{1}{2}$です。1の二つうち一つが4へ来る確率は$\frac{1}{2}$です。4から6へ来る確率も$\frac{1}{2}$です。そのとき、7で斜線と斜線が一緒になる確率は$\frac{1}{4}$です。つまり、この一番上のテイサックス病の遺伝子（でもこの人病気じゃないですね、劣性遺伝だから）が7でホモになる確率は、すべてかけあわせて$\frac{1}{32}$となります。つまり$\frac{1}{32}$で病気になりますよというんですけれども、これは斜線が一緒になる確率ですね。ところが一番上の世代の四つのうち、どれが病気の遺伝子でもいいわけです。だからこれを四倍しないといけません。わかりますか？　一番上にある四つのどれかが一番下で一緒になる確率が近交係数です。だからさっきの$\frac{1}{32}$に4をかけて$\frac{1}{8}$がこの共通祖先の遺伝子がホモになる確率です。この共通祖先の遺伝子がホモになる確率を近交係数といいます。7から見ると、お父さんとお母さんそれぞれからたどって共通の祖先は1と2ですね。近交係数は$\frac{1}{8}$です。法律では近交係数が$\frac{1}{16}$よりも大きいと結婚できないと定められています。つまり、現在の日本では、おじとめいは結婚できないというのが答えになります。

いとこと結婚できる？

じゃあ、いとこ結婚はどうかっていうと簡単ですね。家系図は**図14**になります。

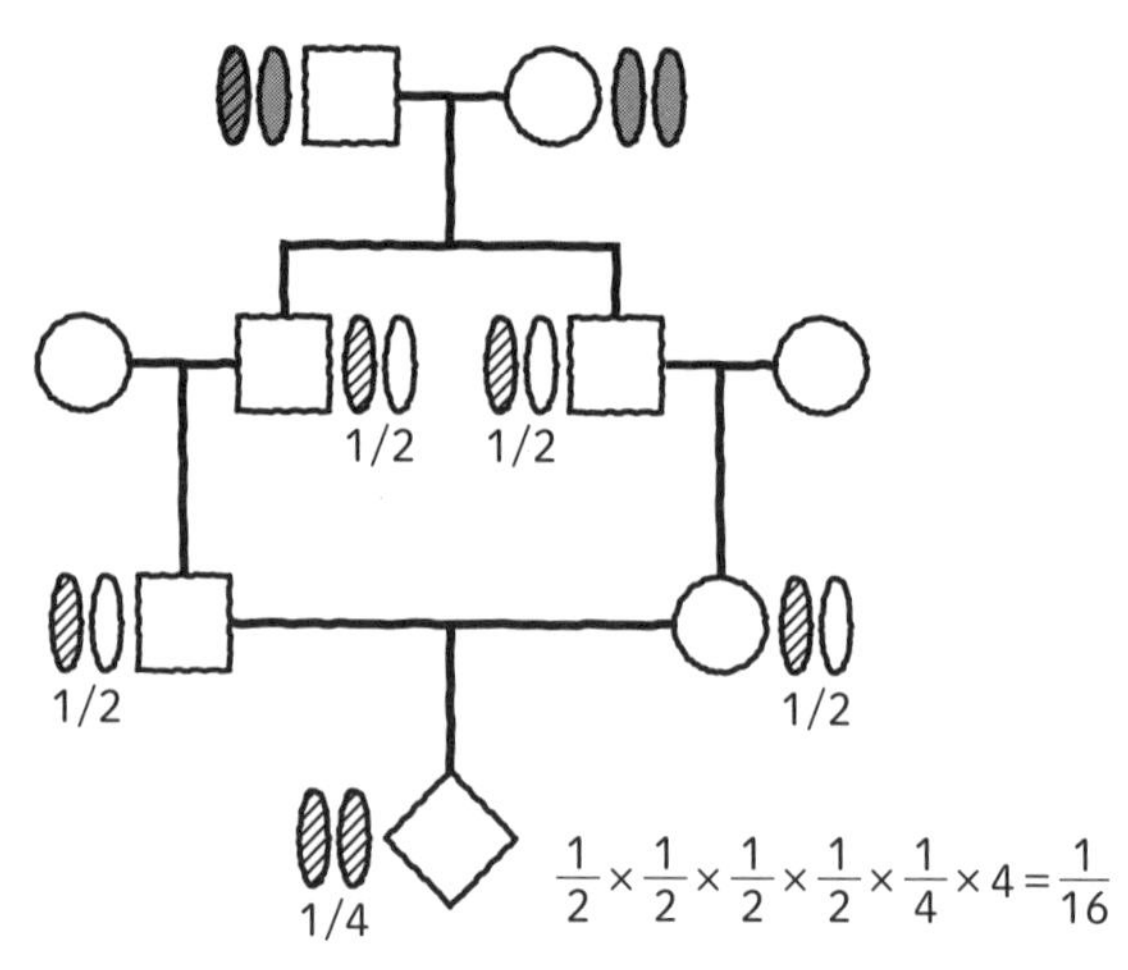

図14　いとこ結婚

斜線の遺伝子がいとこ結婚の子どもでホモになる確率を計算すると$\frac{1}{64}$になりますね。でも病気の遺伝子はこの斜線とはかぎらなくて、一番上のどれでもいいから最終的にはそれを四倍して$\frac{1}{16}$となります。$\frac{1}{16}$よりも大きいと結婚できませんが、$\frac{1}{16}$だったら結婚できるんですね。だからいとこ同士は結婚できるということになります。このように近交係数を計算すると、血がどれくらい濃いかがわかります。有名な例だと、アインシュタインもいとこ結婚ですし、ダーウィンもいとこ結婚だといわれています。

一卵性双生児がいたら？

あと少しで終わりますけれども、ここからちょっと難しいですよ。先ほどのいとこ結婚の家系図の共通祖先の二人から生まれた兄弟がもし一

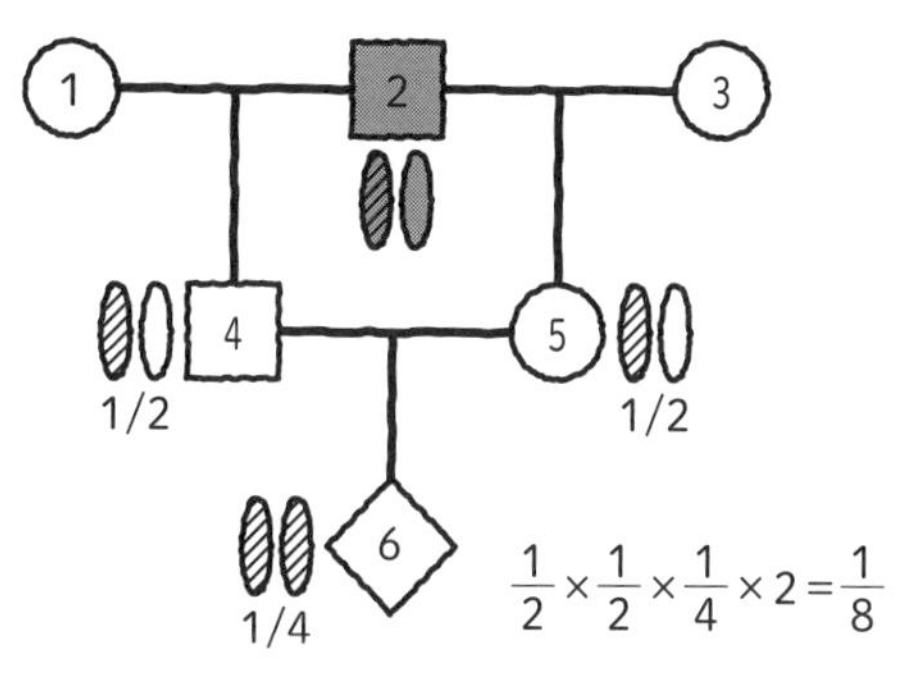

図15　異母兄弟の結婚

卵性双生児だったらどうなりますか？　一卵性双生児は遺伝子がまったく同じですから、遺伝的には同じ人だと考えてもいいですね。つまり**図15**の家系図になるわけです。一人の人が別の女の人二人と結婚したということと同じになります。これって何かと言うと、ある人が女の人と結婚しました。子どもを産みました。別の女の人と結婚して子どもを産みました。これって子ども二人は異母兄妹ですよね。つまり、異母兄妹は結婚できますか？という問題と同じになっちゃいます。そうすると、異母兄弟の子どもの共通祖先は灰色で塗った2だけですね。だからこの人の二つの遺伝子がホモになる確率を計算すればいいわけです。そうすると$1/8$となって$1/16$よりも大きくなるわけです。だから一卵性双生児が関係していたり異母兄妹の場合は結婚できないということになります。

二重いとこの結婚

最後に、**図16**のように二重いとこの結婚を考えてみましょ

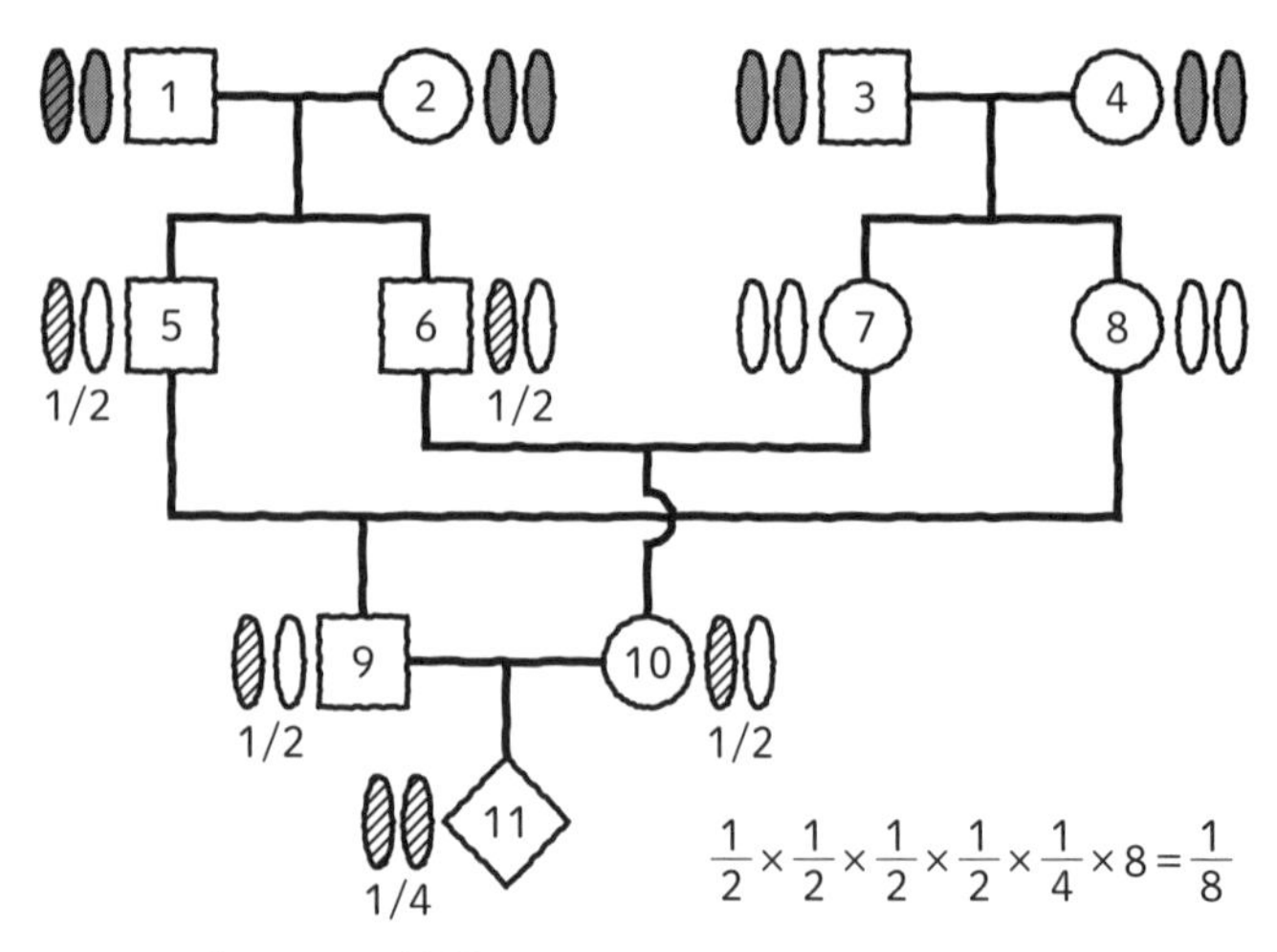

図16　二重いとこの結婚

う。ある夫婦に男の子（5と6）が二人います。別の夫婦に女の子（7と8）が二人いました。それぞれが気に入ってそれぞれ同士が結婚しました。その片方から男の子（9）が生まれ、片方から女の子（10）が生まれました。この二人を二重いとこといいます。二重いとこは結婚できますか？という問題です。上手に計算して答えを出してください。$\frac{1}{8}$となって、結婚できないということになります。

まだまだある珍しい結婚

非常に珍しい、一卵性双生児の二人同士が結婚したという例もあります。兄が弟に「好きな方を選べ、交換は無しだ」って言ったんだそうです。いい話ですね。おもしろいことに片方から男の子が生まれ、片方から女の子が生まれました。すごいですよね。遺伝的には同じ両親から生まれた兄弟と同じですから、近交係数は1/4となりますね。こういう例が世の中にあるんです。

今回は遺伝のお話をしました。遺伝はいろんなところとかかわってきますので、ぜひ覚えておいてください。それではここでおしまいにします。

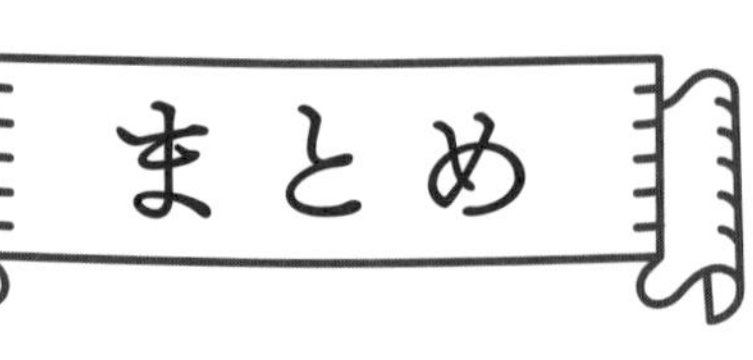

- 優性遺伝は家系の半分に性質が出てきて、一つの遺伝子に変異があると発現します。
- 劣性遺伝は家系にまれで、遺伝子が機能をもっていないため、ヘテロでは現れません。
- ミトコンドリアとY染色体の遺伝子を調べると、人類の征服と移住の歴史がわかります。
- 血族結婚は劣性遺伝病のリスクが高まりますが、昔から行われてきました。
- 現在、日本では、共通祖先の遺伝子がホモになる確率の近交係数が$\frac{1}{16}$以下であれば結婚できます。

第3章

DNA鑑定と歴史の謎

DNA、RNA、タンパク質の関係

今回は、遺伝子やDNAについてお話をしたいと思います。DNAが二重らせんになっているのはご存知だと思いますが、この二重らせんのDNAすべてが遺伝子かというと、そうではありません。遺伝子はその一部で、とびとびになって存在しています。この遺伝子から私たちの体をつくるタンパク質ができているわけです。

ところが第2章でもお話ししたように、**遺伝子は生まれてから死ぬまでずっとタンパク質をつくり続けているわけではありません**。皆さんのもっている遺伝子は同じなんですけれども、子どものときと大人になったときでは、顔形も全部ちがうわけですね。これは、それぞれの遺伝子がある特定の時期だけ働いているからです。赤ちゃんのときは赤ちゃんのときに働く遺伝子、年をとるとそのときに働く遺伝子というふうに働く遺伝子がちがうわけです。ところが**DNAはずっと同じものが存在しています**。

遺伝子はいくつあるか？ということが今までずっと問題だったんですけれども、ヒトの遺伝子はだいたい二万くらい存在すること、タンパク質をつくる遺伝子は二万一千ちょっとくらいあることがわかってきました。ところが、タンパク質をつくらない遺伝子もあるわけです。後で説明しますが、ＲＮＡまでしかつくらない遺伝子があります。そういう遺伝子をノンコーディングジーンといいます。タンパク質をコードしていない遺伝子という意味です。それも二万ちょっとあります。私たちの体の遺伝子は、タンパク質をつくるものが二万少し、つくらないものも二万少しで、遺伝子の数は想像以上にたくさんあるわけではなくて、数万であることがおわかりになるかと思います。

ＤＮＡの規則的な構造

ＤＮＡはどういう構造になっているかを、これからちょっと説明したいと思います。ＤＮＡは二本の鎖が結合した二重らせん構造になっています。鎖はアデニン（Ａ）、グアニン（Ｇ）、チミン（Ｔ）、シトシン（Ｃ）という四つの塩基でできています。この四つの塩基がどういう組合わせになっているかというと、並び方はランダムなんですけれども、二本の鎖の間には規則性があります。**Ａの向かい側は必ずＴであり、Ｇの向かい側は必ずＣ**になっていて、ＡとＴ、ＧとＣがいつも対になっています。

DNA→mRNA（転写）

DNAの情報はメッセンジャーRNA（mRNA）に写され（転写）、mRNAを鋳型にタンパク質がつくられます（翻訳）。DNAは本当は二本あるんだけれども、二本書くのめんどくさいですから、大事な方だけ書くことになっています。mRNAはどちらか一本を鋳型にしてつくりますが、このmRNAになる方が大事な鎖だと言われています。つくられたものを見るとDNAとほとんど同じなんですが、TがUに変わっています。つまりRNAになるとチミン（T）がウラシル（U）に変わるということだけ覚えていただければいいと思います。

mRNA→タンパク質（翻訳）

タンパク質はどうやってつくるかというと、mRNAを鋳型として作られます。AUGからはじまって三つずつ読まれていきます。この読み方はどういうふうになっているかというと、遺伝暗号といって塩基配列に対応するアミノ酸が決まっています。例えば、AUGからはメチオニンというアミノ酸、UUCからはフェニルアラニン、UCGからはセリンというアミノ酸がつくられます。それがずっと連なっていってタンパク質ができるわけです。この暗号

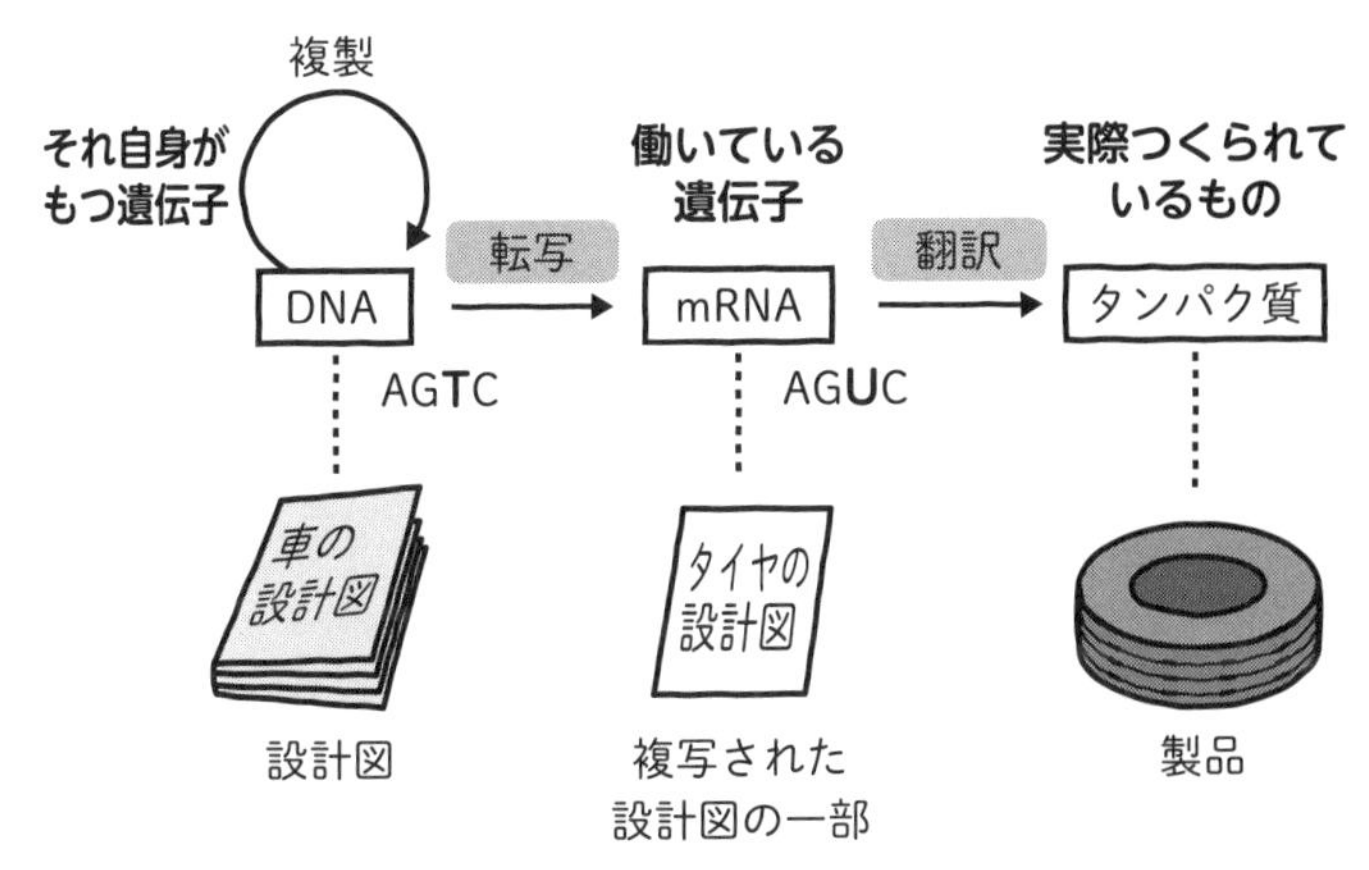

図1　DNA→mRNA→タンパク質の流れ
「現代生命科学 第３版」（東京大学生命科学教科書編集委員会／編）、羊土社、2020をもとに作成。

によって私たちのタンパク質がつくられています。

ここまでの話をまとめると、DNAは私たち自身がもつ遺伝子で、お父さんとお母さんから来たものが一対ずつあります。これは皆さんおわかりかと思います。塩基はAGTCで書かれます。ところが、そこから読まれるmRNAはTがUに変わっています。ここからタンパク質がつくられるわけですから、**働いている遺伝子を調べたいときは、mRNAを見ればいいわけです**。そこから私たちをつくるタンパク質ができます。そうするとDNAを全部調べるのは、それ自身がもつ遺伝子を全部調べることになり、そのうち働いているものだけを調べたいときは、mRNAを調べればいいということになります。タンパク質がどう働いているか調べるときには、タンパク質を見るわけです（**図1**）。

DNA鑑定でできること

次にDNA鑑定のお話をしたいと思うんですけれども、まずは、DNA鑑定がどうやって行われているかをご紹介したいと思います。DNA鑑定が今一番使われているのは親子鑑定とか犯罪捜査なんです。

親子鑑定

図2Aをちょっとご覧になってください。MはMother、お母さんの遺伝子です。お母さんの遺伝子がこうなっていて、CはChild、子どもの遺伝子です。お母さんと子どもの遺伝子が全然ちがうことがわかります。FはFather、お父さんの遺伝子なんですけれども、Fに1と2があります。物語が浮かびますね。

どちらが本当のお父さんでしょうか?

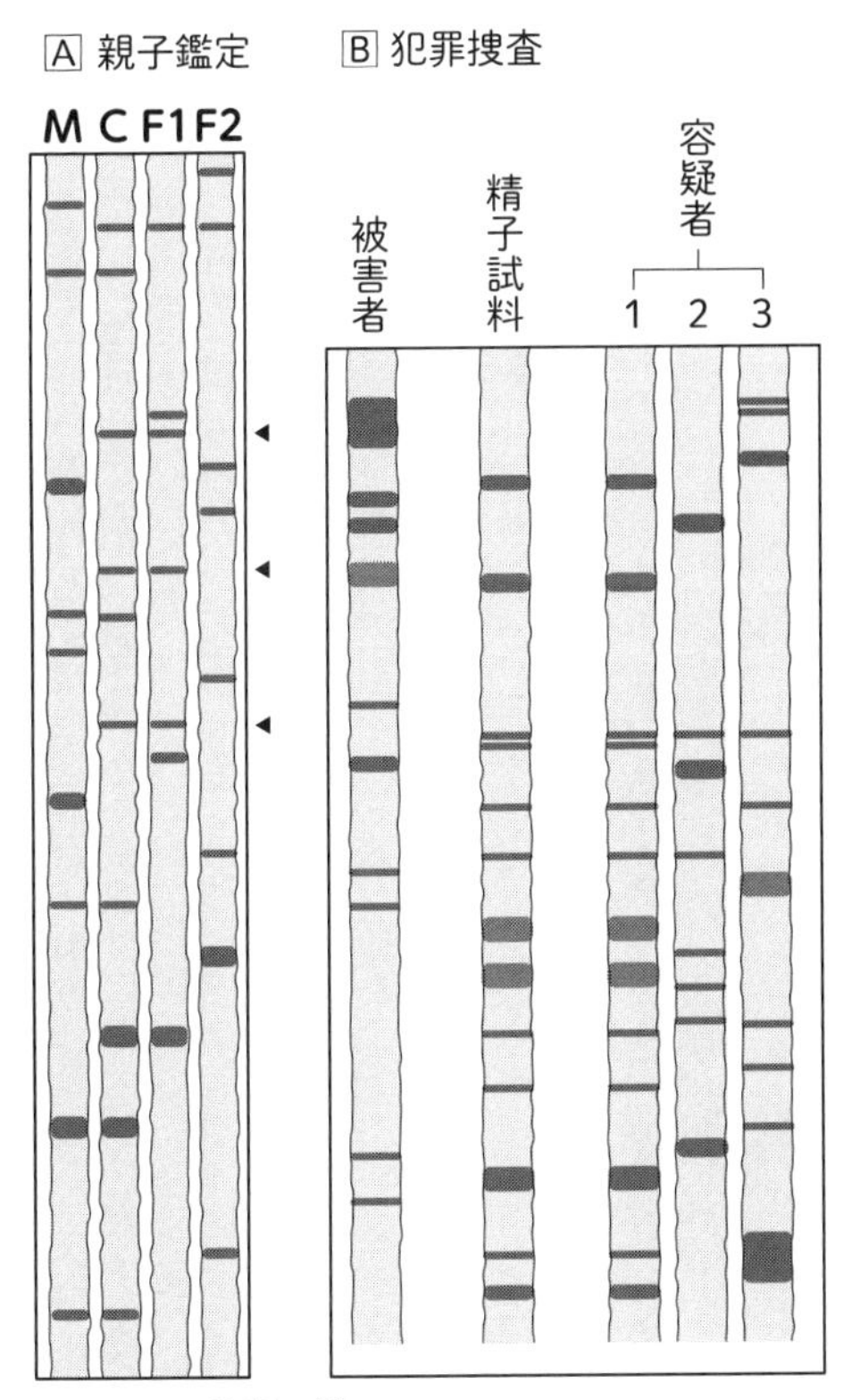

図2　DNA診断の例

Ｆ１とＦ２も遺伝子のパターンが全然ちがうことがわかります。ところが皆さんおわかりのように、子どもはお父さんとお母さんから遺伝子を半分ずつもらうわけです。そうすると、Ｃの一番上の線はＦ１とＦ２両方にありますから、これだけだとどっちがお父さんかわかりませんね。二番目の線はＭと同じところにありますから、これはお母さんから来ています。三番目はＦ１と同じです。四番目もＦ１と同じです。五番目はＭと同じです。六番目はＦ１と同じです。これを見ておわかりのように、本当のお父さんはＦ１であることがわかります。

後で説明しますけれども、ＤＮＡは髪の毛とか血液からとって親子関係が鑑定できます。今の技術だとほとんど間違えることはありません。

犯罪捜査

図2Bは何の例かというと、ある殺人事件の被害者の女性の遺伝子が左に書いてあります。その被害者の近くに男性の精子が落ちていました。その精子の遺伝子のパターンもわかり、怪しい男が三人いて、彼らの遺伝子パターンも調べました。

問 誰が犯人ですか？

この落ちていた精子のパターンとまったく同じなのが容疑者１ですよね。ということは、この１が犯人ではないかとわかるわけです。

ＤＮＡのとり方

ＤＮＡはどうやってとるかというと、綿棒で口の粘膜をちょっとそぎとり、そこから遺伝子を抽出します。他にも私たちの体のいろんなところからＤＮＡはとれます。体の遺伝子ってみんな同じです。精子と卵だけはそれが半分になっているんですけれども、他はみんな同じです。精液とか血液は一ミリリットルあたりのＤＮＡが非常に多いです。口腔粘膜同様、血液や唾液の中にもたくさんあります。骨とか歯にもＤＮＡがあるんです。だから、何年も前の骨とか歯が残っていれば、それが誰かということがわかるわけです。髪の毛からもとれるし、量は少ないけど尿からもとれます。

髪の毛のどこにＤＮＡがあるか？

髪の毛からもＤＮＡがとれると言いましたが、はさみで切った髪の毛からはＤＮ

Aがとれません。実は、髪の毛そのものではなく、引っこ抜くと根元のところに毛根って細胞が残っていて、この毛根からDNAがとれます。切ったらだめです。本当にちょっととればPCRで増やすことができるので、だいたい数本とれば十分なんですけれども、抜かないといけません。

DNAの個人差

とったDNAからDNA鑑定をどうやってやるかをご紹介したいと思います。私たちのDNAは、五百~千個に一つしか文字がちがわないんです。非常によく似ているわけですけれども、どういうところがちがっているかがわかっています。DNAの途中に文字が二個ずつ並んでいる場所があるんです。例えばATATATって並んでいるんですけれども、こういうところをよく調べてみると、そのくり返しの数がちがうことがわかってきました。この重複したところをマイクロサテライトといいます。そこに個人差があり、これを多型といいます。このくり返しの数がちがうと、DNAを同じように切断しても、切断した部分の長さがちがってくるわけです。この**マイクロサテライトのちがいによって、DNA鑑定、個人の特**

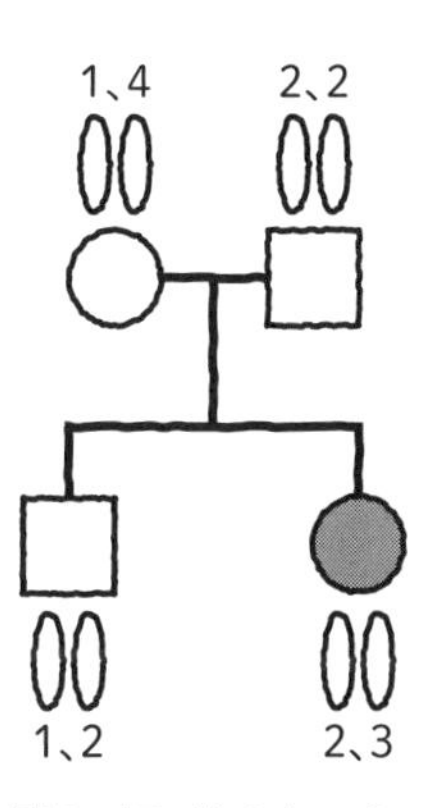

図3　何がおかしい？

定ができることがわかっています。

親子関係を調べる

その例を一つご紹介しましょうね。図3の家系図を見てください。遺伝子は二個ずつもっていますから、それぞれの遺伝子でさっきのマイクロサテライトの多型がどうなっているかを調べました。お母さんは1と4という多型をもっています。お父さんは2と2という多型をもっていることがわかりました。子どもは1と2、2と3だということがわかります。そうしますとこれを見て、おかしいなと思いませんか？

どこがおかしいかわかりますか？

子どもの遺伝子は必ずお父さんとお母さんから一個ずつもらってきているわけです。息子は1と2になっていますから、1がお母さんで2がお父さんから来たことがわかります。ところが娘はおかしいですよね。1と4、2と2の多型をもつ両親からは2と3の多型の子どもは生まれないわけです。おかしいなということがわかりますね。怪しいのは隣のおじさんですか？　ちがいますよね。なぜちがうかというと、これはお父さんは同じかもしれないけどお母さんがちがうわけで、お母さんがちがうということは、ひょっとしたら病院で赤ちゃんのとりちがえがあったのかもしれませんね。もちろんもう一つの可能性として、突然変異があった可能性もあるんですけれども、こういうふうにして、親子関係が簡単にわかるんです。これ一カ所でしか調べていませんから十カ所くらいで調べれば、本当の親かどうかが判定できるわけです。

病気の遺伝子をもっているかわかる

また、親子関係だけではなくて、病気の判定もできることがわかってきています。

図4の家系図を見てください。この左上の女の人は、四五歳で発病して認知症で亡くなったことを示しています。そうしますとこれ遺伝病だとすると、1/2の確率で病気の遺伝子が娘の四四歳の女性に来ている可能性があります。この病気は四五歳で発病していますから、

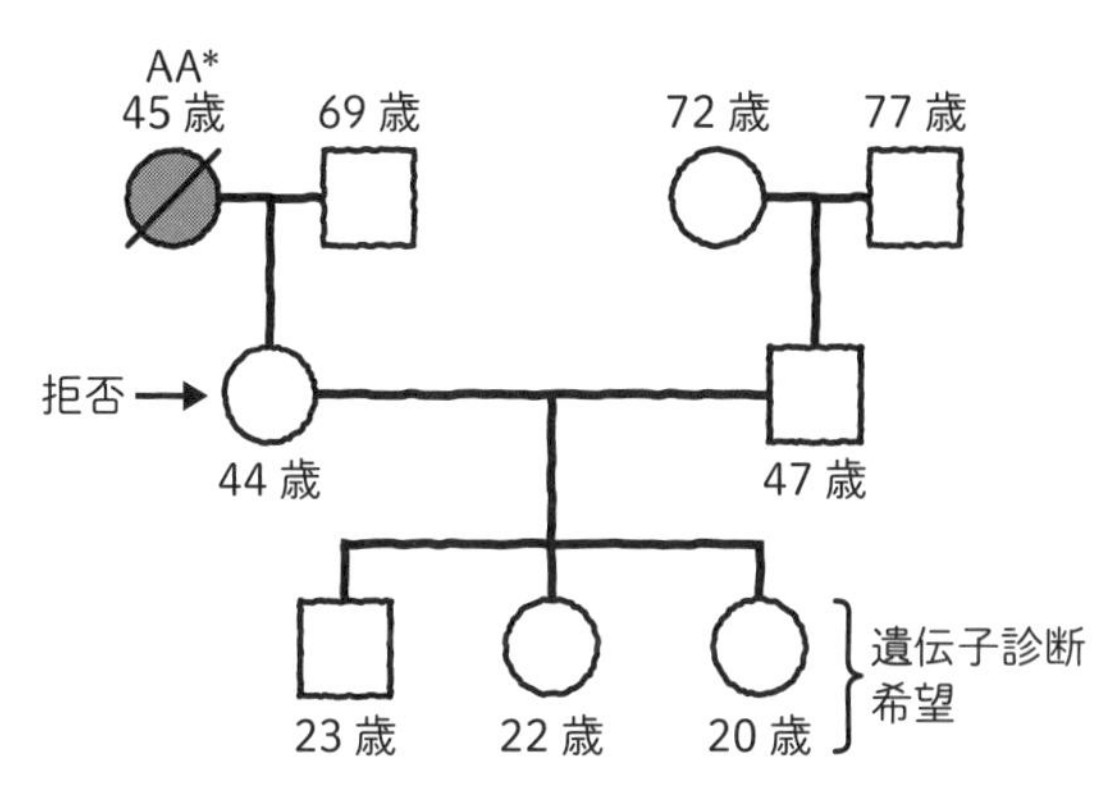

図4　遺伝子診断すべき？

この女性はひょっとしたら自分の親と同じように発病する可能性があるわけです。子どもも三人いて、この子どもたちが心配になって遺伝子診断してほしいと病院に来た、こういう例が報告されました。この四四歳のお母さん、自分のお母さんが亡くなったのと同じくらいの歳になって、もし認知症の遺伝子をもっているとすぐに発病する可能性があるわけです。お母さんは、遺伝子診断して欲しくありませんと言いました。こういう場合、

子ども三人は遺伝子診断すべきでしょうか？

ということが問題になります。これは実は国によってちがっているんですね。例えば、アメリカは個人の自由を尊重しますから、当人が遺伝子診断してほしいといえば遺伝子診断することになっています。ところが、ヨーロッパの方は一般的に遺伝子は家族全体のものですから、一人でも反対している場合は遺伝診断しないということ

になります。この例では遺伝子診断したんですね。その結果、二〇歳の娘が疾患遺伝子をもっていることがわかりました。わかりますか？　家系図もういっぺんみてくださいね。この四五歳で亡くなったおばあさんが発病してるし、二〇歳の娘もその遺伝子をもっているわけです。そうすると、この四四歳のお母さんは、自分が遺伝子診断しなくても明らかに病気の遺伝子をもっていることがわかるわけです。**自分は遺伝子診断しなくても家族が遺伝子診断すると、その結果で自分の遺伝子がわかる、こういう可能性もあります**。

そこで皆さんに知ってほしいのは、遺伝子診断の情報は、実は自分だけのものではなくて家族全員のもので、大事な個人情報になるということです。いいですか？　勝手に遺伝子診断したらだめですよ。遺伝子診断すると、こういうことも起こり得るっていうことをぜひ知っていただきたいと思います。

占いと変わらない？

ネットで遺伝子診断を調べると、簡単に調べられますと書いてあります。じゃあしてもらえばいいかというと、実はインチキなものがいっぱいあります。薄毛の遺伝子、こんなもの遺伝子診断しなくたって本人を見ればわかりますよね。この他に、祖先のルーツやアルコール依存症の遺伝子がわかると言われているんですが、よく覚えててくださいね。親子鑑定はほぼ一〇〇％正しい結果が出ますが、それ以外は、認知症など原因遺伝子が明らかになっている疾患を除くと、ほとんど信用するに足りません。いいですか？　性格や能力の遺伝子というのは実は見つかっていないんです。つまり遺伝子診断しても、占いと同じです。ぜひ覚えておいてくださいね。胸の大きさとか寿命とか記憶力とか、いろいろ調べられますと書いてある場合があります。でも、これほぼ全部インチキですから信用しないでくださいね。

遺伝子診断の進歩と課題

出生前診断

そこで、遺伝子診断の歴史を少しご紹介したいと思います。おなかの中の赤ちゃんの遺伝子を調べる出生前診断というものがあります。もちろん病気のときに調べるんですけれども、かつてはおなかの中の赤ちゃんが男か女かを調べるときにも使われました。

一九四九年にバーって人がメス猫の細胞核だけに見られる特殊な構造物を発見したんですね。これが雄雌判定の鍵になりました。バーが見つけたのでバー小体といいます。核を染色すると、核の中に塊みたいに見えます。

その後、一九五五年に性染色体のX染色体とY染色体がだんだんわかるようになってきました。お母さんのおなかの中の赤ちゃんから出た細胞が羊水の中に入っていて、羊水穿刺で男女判定が行われるようになりました。これなぜかというと、男の子だけが病気になる伴性遺伝病の筋ジストロフィーとかは男女判定でわかるからです。

一九六〇年代になると、染色体検査が行われるようになって、一九六八年にダウン症も判定できるようになりました。おなかの中の赤ちゃんがダウン症だと中絶する人も出てきます。こういうことが行われるようになったわけです。

そうすると、結構みんなが出生前診断を受けるようになってきたんです。中絶できるかどうかは、性別を見て六カ月までだったら母体のことを考えるのが第一ですが可能です。これ以上過ぎると母体にも影響があるので、なかなか中絶できないということになります。じゃあ中絶するかしないかは誰が決めるかというと、ここが問題だったんです。宗教的に中絶を禁じていて授かった赤ちゃんを必ず産まなきゃいけないという人と、患者の自主性を尊重しなければいけないんじゃないかという人がいて、問題になったわけですね。中絶は、なかなか今も難しい問題を含んでいることを知っていただきたいと思います。

発病前診断

家系に何か病気があったときに調べたい人は遺伝子診断するか決めるんですが、条件が結構あるんです。これも皆さんぜひ覚えておいてくださいね。

「根本的な治療法、予防法がない病気については、**原則として勧めない**」そうですよね。わかってもしょうがないわけですから、治療法がない場合は遺伝子診断は原則として勧めません。ところが、ぜひ遺伝子診断してほしいという人が出てきます。そういう場合は、次の条件が整っている場合は行うこともあります。

「①診断が確定してる**家系の一員**で、二〇歳以上」二〇歳以上の人はちゃんと判定できるでしょう。「②その病気や遺伝子診断の**意味を十分理解している**」「③申し出が**自発的なものである**」これはいいですね。ところが、④ここが大事です。「④もし結果が陽性と出ても、精神的・経済的に支えてくれる人がいる」つまり、病気の遺伝子をもっていると出ても、支えてくれる人がいることが条件になります。いいですか？　四五歳で認知症になるような病気だとわかっているのに、四五歳になって誰も面倒を見てくれない場合もあるわけです。そういう場合は遺伝子診断しないということになります。つまり誰かが支えてくれる人がいる場合は、遺伝子診断してもいいことになっています。でも、これですぐ遺伝子診断していいわけじゃないいんですよ。

実際には、「①日を変えて少なくも**三回の意思確認**を行う」本当に遺伝子診断していいんですか?と三回別々の日に聞きます。「②**承諾書に署名**をもらう」結果が出たときにネットとかメールで送るのは絶対しちゃいけないんですね。「③結果は**本人のみに直接口頭で報告**する」こういうふうになっていて、非常に厳密だということがおわかりになるかと思います。お金を出して会社に頼んで遺伝子診断してもらうのは、先ほどの占いとは全然ちがうんですね。ちゃんとした遺伝子診断は、こういうふうにやるんだということをおわかりいただけたかと思います。だから、ちょっと調べてみようってものではないことを知っていてください。

O型は遺伝子異常!?

皆さんの血液型も遺伝子で決まっています。何がちがうかというと、赤血球の先についている糖の種類がちがうんですね(**図**)。ガラクトースとフコースがついているのがO型です。ところがA型の人は、ガラクトースの上にN-アセチルガラクトサミンという変な物質がついています。B型の人は同じガラクトースの上にガラクトースがついています。つまり、A型の人もB型の人も何かちょっとちがうものが付加されているわけです。AB型の人はこれを一個ずつもっていることになります。

ところが、この糖のちがいは別々の遺伝子に因るものではなくて、実は一つの遺

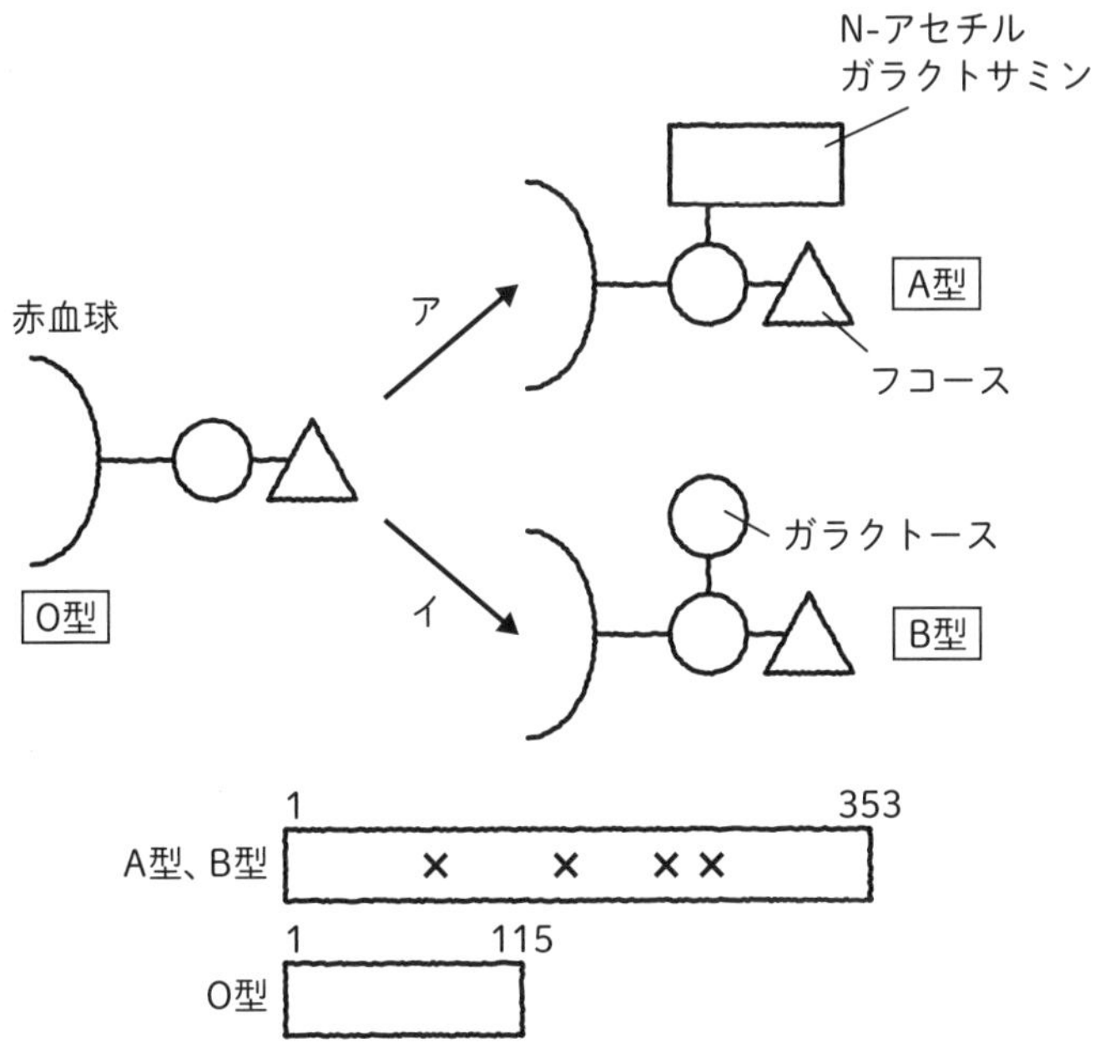

図　血液型のしくみ

伝子に因るものであることがわかってきました。ガラクトシルトランスフェラーゼという遺伝子から作られる酵素は、三五三個のアミノ酸からできています。このうち四個のアミノ酸がちがうと、片方ではアの反応を行い、片方ではイの反応を行うことがわかりました。酵素の基質特異性がちがうことになります。O型の人はこの反応を行うことができないんです。よく調べてみますと、O型の人は一一五番目で遺伝子がストップしていて、タンパク質が半分しかできていないことがわかってきました。つまりO型の人は、実は典型的な遺伝子異常なんですね。ところが世界にO型が一番多いわけです。O型の人は一番感染症に強いんじゃないかと言われているんですけれども、遺伝子異常であることは間違いないんです。すなわち、**遺伝子異常は決して劣っているという意味ではないんですね。多様性なんです。**そういうことをぜひ知っていただきたいと思います。

知りたくないこともわかる

そこで遺伝子診断で実際にあったお話を少しご紹介しましょうね。あるときジョンとサラという人がいて、結婚して子どもを産みました。ところがその子どもが、なんとなく首のすわりも悪いし、ひょっとしたら病気じゃないかと疑ったわけです。二人ともユダヤ人だったので、ユダヤ人に多いテイサックス病（➡第2章参照）という病気じゃないかと、遺伝子診断に行きました。もしテイサックス病だと、ひどい場合は二～四歳で亡くなる非常に重篤な病気になります。

遺伝子診断の結果、なんと子どもはジョンの子どもではないことがわかったんですね。診断は病気のことだけではなくて親子鑑定もできるんです。そうすると大問題が起こってくるわけですよ。皆さんが遺伝子カウンセラーだったら、

これをちゃんと二人に伝えますか？　伝えませんか？

病気のことだけ聞かれたんですからね、病気のことだけ伝えればいい、本当のお父さんではないことを言わないというのも一つの立場です。でも、子どもの将来のことを聞かれたわけですから、やっぱりちゃんと言わなきゃいけないかもしれないわけです。皆さんだったらどっちにします？　現実に起こった問題です。

これ言わなかったら何が起こったかというと、大きくなるにしたがって顔がだんだんお父さんとちがってきたわけです。そうすると自分の子どもじゃないんじゃないかとドメス

ティックバイオレンス（ＤＶ）が起こったり、離婚が現実に起こりました。さらに、裁判になったんですね。病院が訴えられたんですよ。ちゃんとした情報を伝えなかったということで病院が大金を払う事件が起こりました。結果的にどうなったと思います？　最初の判決はこうだったんですね。こういうことが起こった場合は、お母さんだけに伝えることになったんです。でもそれでよくなったというと、よくならなかったんですね。お母さんだけに伝えてもやっぱり最終的にお父さんにわかってしまうんです。ＤＶが起こったり、病院を訴えることが行われるようになってきて、最終的にはどちらにも伝えることになったんです。

じゃあこういうことがどれくらい起こっているかというと、結構どの国でも起こっていることがわかってきました。怪しいと思っているから親子鑑定に来るわけですけれども、日本では三組に一組がちがうことがわかっています。

また、十分な情報を与えないとファミリープランなど自己決定権を侵害することになります。次の子どものことも関係しますので、病気のこともそうですけれど、両人に伝えることが非常に大事です。先ほどみたいな問題が起こらないようにするにはどうしたらいいかというと、遺伝子検査表には必ず好むと好まざるとにかかわらず、家庭内の父子母子関係が明らかになることがあります、と書いてあります。はい、それでも遺伝子診断しますか？と聞いて、承諾する人は遺伝子診断することになったんですね。

倫理的な問題と隣り合わせ

現在、おなかの子どもが大きくなってから遺伝子診断した場合は、もう中絶できない場合もありますから、早期に調べられるようになったんですね。ヒトの卵は一個が二個になり、四個になって八個になります（ヒトの発生については、第4章参照）。この八細胞期で八個のうち一個をピペットでとって、たった一個の細胞で遺伝子診断できるようになりました。そうすると、残りの7/8をお母さんのおなかの中に返すと、ちゃんと子どもができるんですね。これウニと同じです。ウニも人間も八細胞期に一つの細胞が欠けていても完全な個体を形成する能力をもっていることがわかってきました。

ところがこれで病気のことはいいんですけれども、悪い科学者がこの一個の細胞を使って、もし頭のいい遺伝子とか背の高い遺伝子を調べて、胚を操作したらどうでしょうか？　望む子どもをつくることも可能になるわけです。デザイナーベビーというんですけれども、そういうことができる可能性も出てきて、この診断法は現在のところ、非常にひどい病気の場合以外はやらないことになっています。デザイナーベビーはつくってはいけないことになっているわけです。

このように科学が発達してくるといろんなことができます。ですから、きちっといろんなことを決めておかないといけないということなんですね。

エジプト王朝の歴史

それでは、ここまで紹介してきたＤＮＡ鑑定を使ってこういうこともできるんですよというお話をしていきたいと思います。

エジプトの歴史ってあまりご存じないと思うので少しご紹介します。紀元前三千年（今から五千年近く前）に最初のエジプトの王様がいました。スフィンクスで有名なカフラー王のピラミッドの時代がだいたい紀元前二千五百年くらいです。葬祭殿が有名なハトシェプスト女王はだいたい紀元前千五百年くらいで、そのおよそ百年後、ツタンカーメンという王様がいました。ツタンカーメンの黄金のマスクはご存知かと思います。このツタンカーメンの物語をご紹介したいと思います。もうちょっと経つと、ラムセスⅡ世がアブシンベル神殿というのをつくりました。世界三大美女の一人であるクレオパトラが出てくる千年以上前のお話です。

一番高いお宝

世界の三大秘宝である、ミロのヴィーナス、ツタンカーメンの黄金のマスク、モナ・リザ。これらをもし鑑定に出したら、どれが一番高いかわかりますか？　こういうことは絶対にあり得ないんですけれども、一番高いのはツタンカーメンの黄金のマスクだと言われています。それくらい大事なお宝についてのお話をご紹介したいと思います。

これはハトシェプスト女王やツタンカーメンがいた、エジプト第一八王朝の物語になります。エジプト第一八王朝は後で説明しますけれども、前半は**図5**の家系図が書けるわけです。後で出てくるアメンホテプⅢ世は図の一番下になります。見ておわかりのように、トトメスⅠ世という王様に正妃がいたんですけれども、その二人の間に先ほども少し登場したハトシェプスト女王が生まれました。ところがこの女王のように正妃から生まれた王は珍しくて、男の王様はだいたい第二王妃とか側室とかから生まれてるんですね。

これらの王様、ちゃんと表情がわかるくらいのミイラが残っていて、トトメスⅡ世とトトメスⅢ世は親子なんですけれども、顔が似ています。顔が似ていることもわかるくらい、きちっとミイラが保存されているということです。このミイラから骨を削ってＤＮＡ鑑定をした結果をご紹介したいと思います。

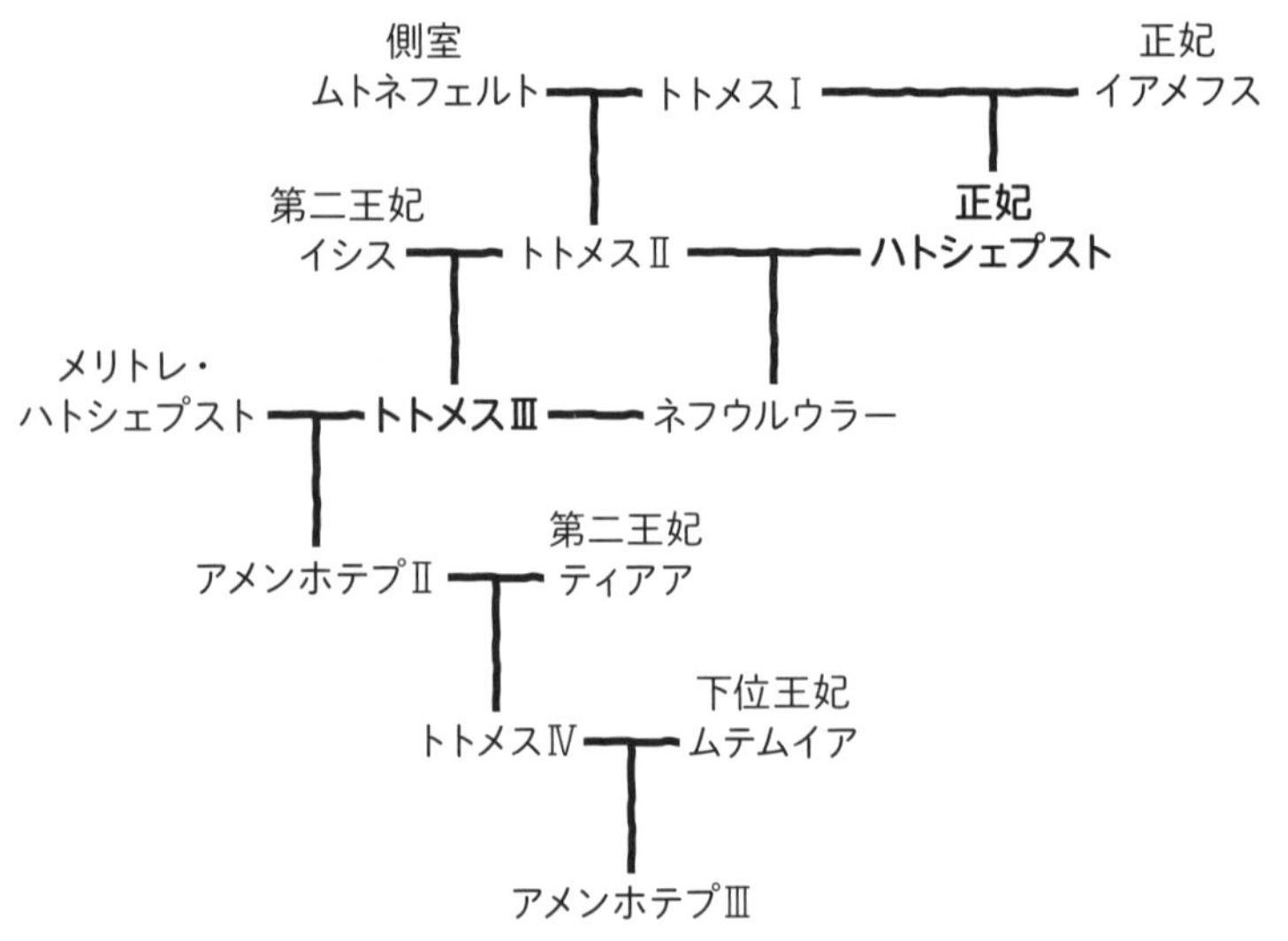

図5　エジプト第18王朝（前半）

ツタンカーメンの時代

ツタンカーメンはどういう王様だったかご紹介しましょう。紀元前一三九〇年頃、偉大なるファラオ、アメンホテプⅢ世は強大な権力をもつ王妃ティイとともに三七年間エジプトを治めました。これが安定だとすれば、第二幕のそれは反逆です。ここからがおもしろいですね。アメンホテプⅢ世の死後、王位を継いだのは次男のアメンホテプⅣ世だったんですけれども、このアメンホテプⅣ世は奇妙な夢想家で、アメン神などの国家の神殿に祀られた神々への信仰に背を向け、西日をかたどった太陽神アテンを唯一の神として崇拝するようになりました。王位について五年目にアテンにつかえる者という意味のアクエンアテンと改名したんです。それでもう一つやったことは、宗教の中心であるテーベを捨ててアマルナという場所に都を移したことが知られています。

ここからおもしろいところですね。アクエンアテン時代の末期には、統治が混乱し、謎に包まれた空白の期間があり、ごく短い期間に一人かもしかしたら二人が、アクエンアテンの共同統治者か後継者、あるいはその両方として国を治めていたようです。多くのエジプト学者と同様に、私もこれらの王たちの一人は王妃ネフェルトイティだったと考えています。ネフェルトイティは三大美女の一人といわれている美女で、後でご紹介します。もう一人の王様はスメンクカラーとよばれる謎めい

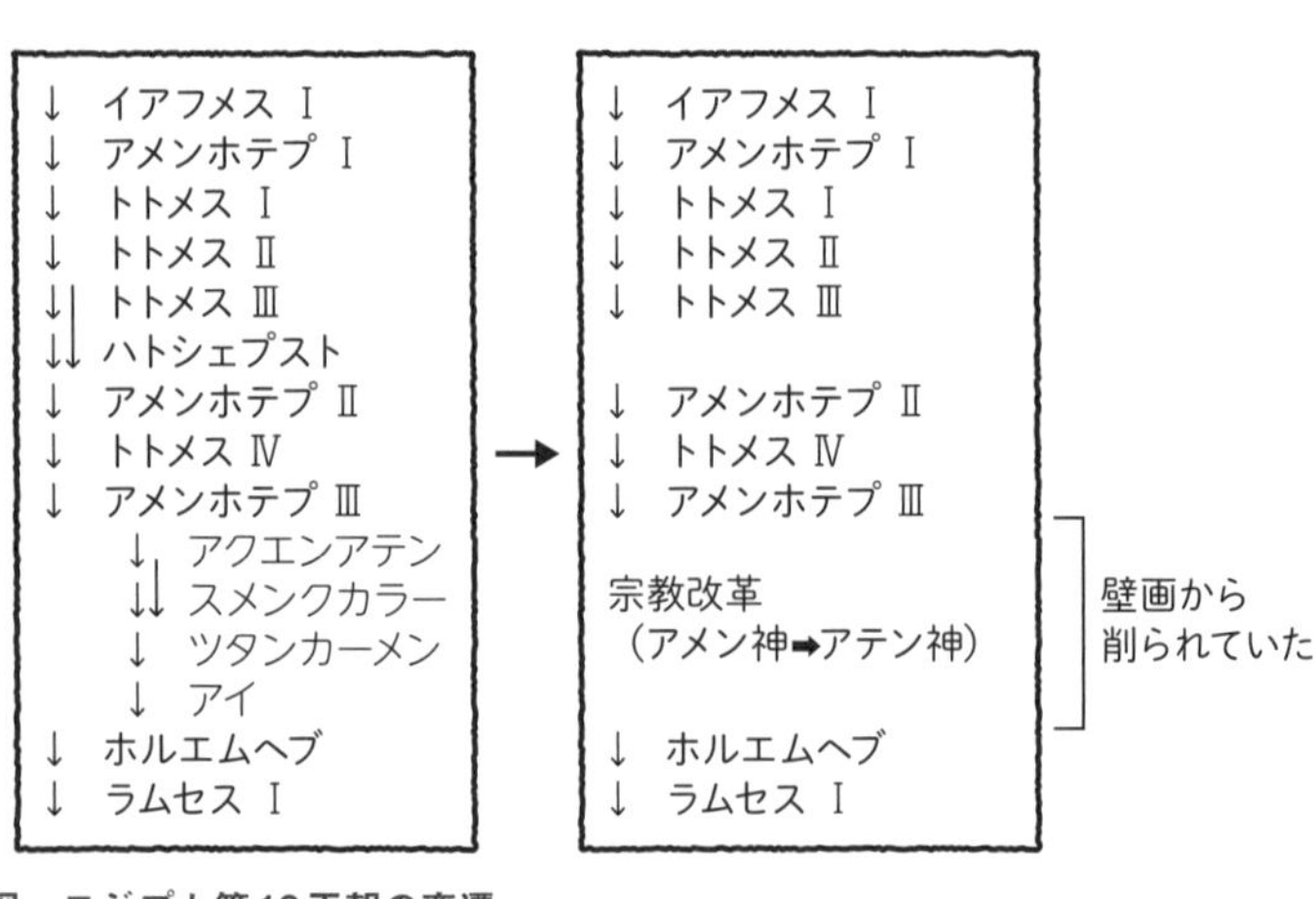

図　エジプト第18王朝の変遷

た人物で、その素性についてはわかっていません。確かなのは第三幕がはじまったときには九歳の少年が王位についていたということです。これはアテン神の生き写しを意味するツタンカーテンって名前だったんですけれども、王位をついで二年もしないうちに、王妃のアンケセンパーテン（アクエンアテンとネフェルトイティの娘です）を王妃にして、アマルナの都を捨てて、再びテーベに戻ってきたという物語になります。それぞれ名前をツタンカーメン、アンケセナーメンと改名しました。どうしてこういう名前にしたかというと、以前のアメン神の名前にしたんですね。アメン神を講じる決意をエジプト中にしらしめました。つまり途中の改革が終わってまた元へ戻ったということです。

図はエジプト第一八王朝の変遷ですが、この途中のアクエンアテンからツタンカーメンに至るまで、全部削られていたんですね。これ誰が削ったかというと、その後王様になったホルエムヘブといわれています。理由は宗教改革だったんですね。このアテン神というのを信じたアクエンアテンの物語全体を削って、この古いアメン神を信じた時代とその後またアメン神に戻った時代、これだけが残っていて、この間のものは壁画からすべて削られていました。だからどういう王様がいたかということは二〇世紀までわからなかったんです。

正体不明のミイラたち

図6はエジプトの王家の墓と言われているところで、王家の墓はValley of the Kingsですから、ここのKとVをとってKVなんとかという番号がついています。王家の墓はいっぱいあるんですけれども、ツタンカーメンのお墓が中央付近で見つかりました。ところがこの後

図6　エジプトの王家の墓

「Rainer Lesniewski」©123RF.com

で出てくるＫＶ35から見つかった骨とか、ＫＶ55から見つかった骨が後で物語の主役になります。ＫＶ21もおもしろいですね。もう一つ、チュウヤとイウヤ夫婦のお話も後で出てきます。

そこでツタンカーメンのお母さんがＤＮＡ鑑定でわかったという物語をご紹介したいと思います。それはＫＶ35というお墓で見つかった二人が主役なんですね。一人は年配の女性でElder LadyとよばれていてＫＶ35から見つかったのでＫＶ35ＥＬという名前がついています。もう一人は若い女性でYoung Ladyとよばれていて、ＫＶ35ＹＬという名前がついてお墓に埋葬されていました。片方の人は片手を胸にあげた形で埋葬されていたわけです。

まずはアメンホテプⅢ世についてご紹介し

ましょうね。アメンホテプⅢ世はツタンカーメンの祖父と言われています。

　アメンホテプⅢ世と王妃ティィイが三七年間エジプトの非常に安定した時代をつくったということを先ほど述べました（→コラム参照）。アメンホテプⅢ世はだいたい一〇歳くらいで王位についたと言われています。一〇歳くらいでティィイと結婚したんですが、ティィイのお父さんとお母さんがイウヤとチュウヤと言われているんです。当時、エジプト王の第一王妃は、実は姉妹から選ぶのが普通だったんですが、実はアメンホテプⅢ世は、他からお嫁さんをもらったんですね。王が子どもだったために、イウヤとチュウヤって力のある官僚だったと思うんですけど、そういう人の子どもを正式なお嫁さんにしたことがわかっています。普通お嫁さんは一歩退いて像に彫られているんですけれども、ティィイはえらかったみたいで、いつも王様と並んで彫られていました。仲がよかったと言われています。

　実はイウヤとチュウヤのミイラも残っているんですね。そこで先ほど言ったように親子鑑定をやりました。イウヤとチュウヤの子ども、つまりティィイはどのミイラかということはわからなかったんですけれども、マイクロサテライト解析でさっきいったようにくり返しのところを調べたわけです。そうすると、D13S317という遺伝子、これ第一三番目の染色体にある場所なんですけれども、これを調べるとイウヤは11と13という多型をもっていました（**図7**）。チュウヤは9と12をもっていました。とすると、子どもは一個ずつもっているはずですよね？　そうすると、ＫＶ35ＥＬが11と12をもっていることがわかって、イウヤとチュウヤから一個ずつ遺伝子をもらっていることがわかります。でもこれたまたまかもしれませんよね？　だからもっと遺伝子の別の場所を調べてみましょうっていうんで、第七染色体のD7S820と第二染色体のD2S1338を調べました。その結果が**図7**に書いてあります。さきほどのマイクロサテライトは二文字のくり返しだったんですけど、D13S317は四文字のくり返しの場所です。このくり返しの回数がさっきの数字になっていますし、D7S820、D2S1338もそれぞれ四文字のくり返しで、その回数を調べています。例えば11、12というのは片方の染色体が11回くり返し、片方の染色体は12回くり返しだということです。

そこで、さっきのD13S317はたまたまそうかもしれないけど、他ではどうかというの調べたいわけです。D7S820ではどうだったかというと、KV35ELは10、15でした。確かにイウヤとチュウヤから一個ずつ来ています。D2S1338の方も、22と26はイウヤとチュウヤに一個ずつあって、つまり三カ所の結果全部がKV35ELはイウヤとチュウヤの子どもであることを示していました。

それで**表1**を見ると、そちらは全部で八カ所調べているのですが、八カ所全部でKV35ELはティイだということがわかりました。すなわち身元がわからなかったミイラが、実はこのイウヤとチュウヤの子どもであることがわかりました。実は昔からエジプトの王様と王女様は、埋葬するときに王妃は片腕を王様は両腕を交差して埋葬されることがわかっています。このKV35ELも実は片腕を胸において埋葬されていたんですね。つまりこの女性はやっぱ

	D13S317	D7S820	D2S1338
イウヤ	11、13	6、15	22、27
チュウヤ	9、12	10、13	19、26
KV35EL	11、12	10、15	22、26

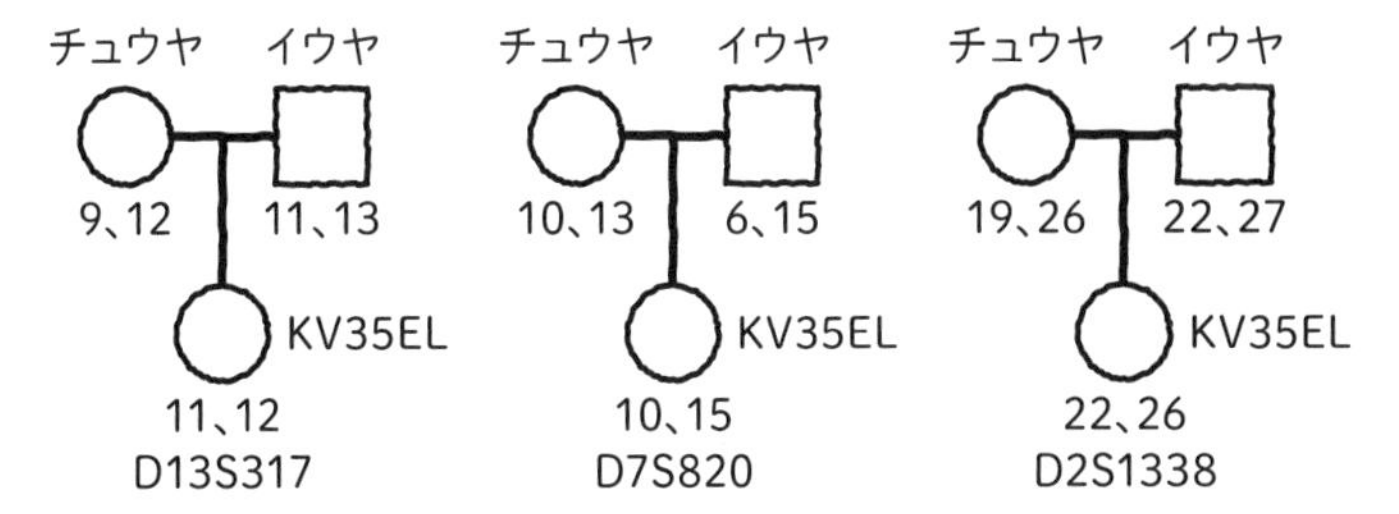

図7　KV35ELの親子鑑定 その1

Hawass Z, et al：JAMA, 303：638-647, 2010 をもとに作成。

	D13S317	D7S820	D2S1338	D21S11	D16S539	D18S51	CSF1PO	FGA
イウヤ	11、13	6、15	22、27	29、34	6、10	12、22	9、12	20、25
チュウヤ	9、12	10、13	19、26	26、35	11、13	8、19	7、12	24、26
KV35EL	11、12	10、15	22、26	26、29	6、11	19、12	9、12	20、26

表1　KV35ELの親子鑑定 その2

Hawass Z, et al：JAMA, 303：638-647, 2010 をもとに作成。

りティイだったことがわかったんです。こういうふうにして歴史と照らし合わせてもちゃんと説明できる素晴らしい研究になります。

謎に包まれたツタンカーメン

そこでおもしろいのはここからなんですね。ここまでいいですね。イウヤとチュウヤの子どもがティイで、ティイとアメンホテプⅢ世の子どもがアクエンアテンだったんですね（図8）。アクエンアテンは次男なんです。なんで次男が後を継いだかというと、トトメスって長男がいたんですけれども早くして亡くなっていて、あとは女の子ばかりだったんですね。アクエンアテンは絶世の美女、ネフェルトイティと結婚したといわれていて、ネフェルトイティの彫像は今でも残っているんです。この二人の間には子どもが六人いたんですが、この六人全部女の子だったんです。アクエンアテンの後ツタンカーメンが王様になったんですが、ツタンカーメンは家系図のどこにも出てこないんですよ。いいですか？　馬の骨みたいな人を王様にすると思います？　思いませんよね。しかも自分たちの娘を王妃にしたんです。自分たちの娘を王妃にするということは、ツタンカーメンはアクエンアテンに非常に近い、つ

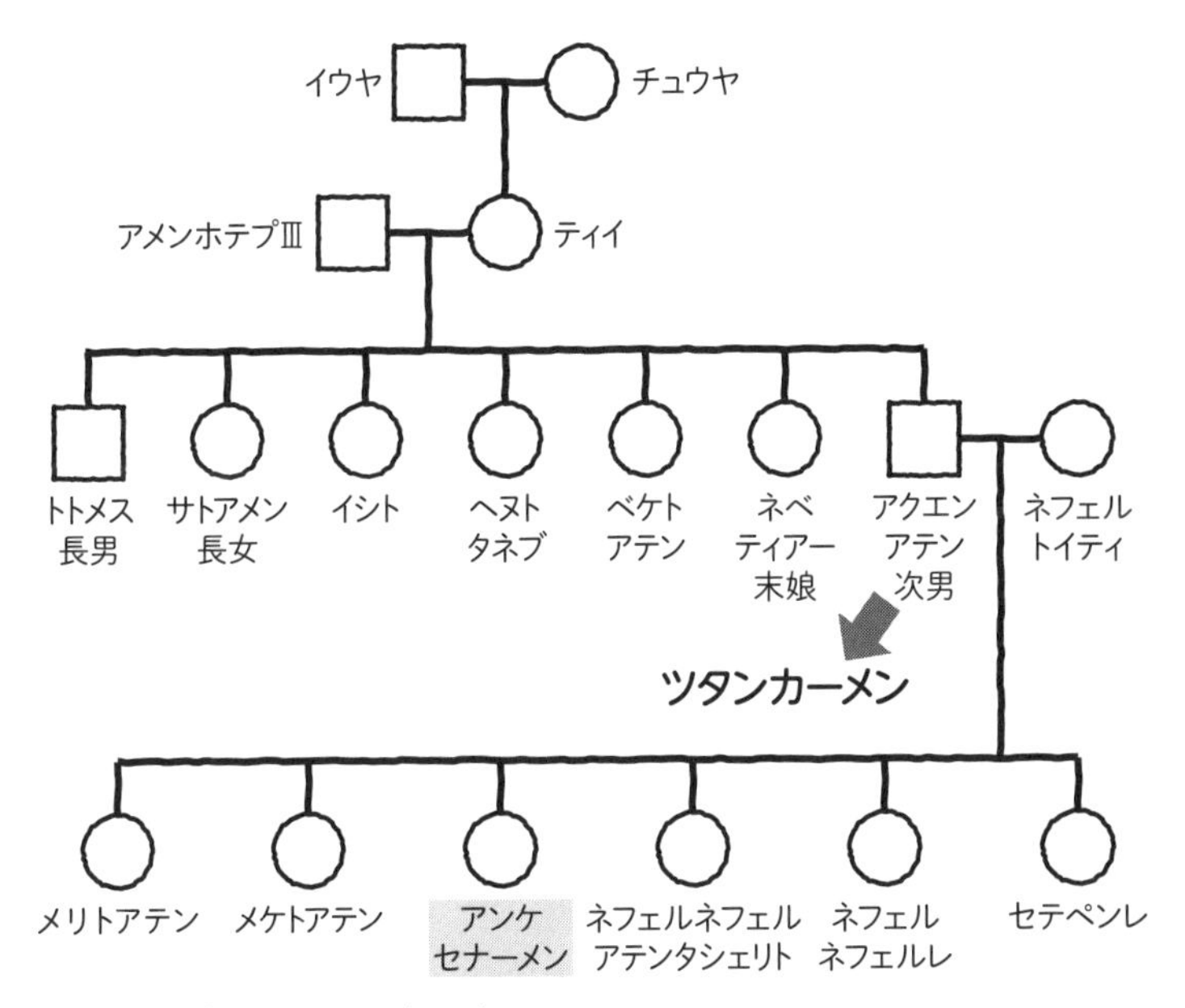

図8　エジプト第18王朝（後半）

まりアクエンアテンの息子だということが予測できるわけです。ツタンカーメンはアンケセナーメンといつも一緒にいて、仲のよい夫婦だったと言われています。

ツタンカーメンの母親は誰か

そこでツタンカーメンの母親は誰かをＤＮＡ鑑定で調べました。マイクロサテライト多型が書いてある**表2**を見て親子鑑定をしていただきたいと思います。まず左上イウヤとチュウヤを見てくださいね。このイウヤとチュウヤの子どもがＫＶ35ＥＬで、これがティイでした。ここまでお話ししましたね。これは八カ所全部で親子関係が成り立っているわけです。そこで、イウヤとチュウヤの子どもがティイでティイとアメンホテプⅢ世の子どもがアクエンアテンですから、

アクエンアテンの骨はどれでしょうか？

というのを調べてみることにしましょう。ティイとアメンホテプⅢ世から一個ずつとったの

	D13S317	D7S820	D2S1338	D21S11	D16S539	D18S51	CSF1PO	FGA
イウヤ	11、13	6、15	22、27	29、34	6、10	12、22	9、12	20、25
チュウヤ	9、12	10、13	19、26	26、35	11、13	8、19	7、12	24、26
KV35EL	11、12	10、15	22、26	26、29	6、11	19、12	9、12	20、26
アメンホテプⅢ	10、16	6、15	16、27	25、34	8、13	16、22	6、9	23、31
KV55	10、12	15、15	16、26	29、34	11、13	16、19	9、12	20、23
KV35YL	10、12	6、10	16、26	25、29	8、11	16、19	6、12	20、23
ツタンカーメン	10、12	10、15	16、26	29、34	8、13	19、19	6、12	23、23
KV21A	10、16	−、−	−、26	−、35	8、−	10、−	−、12	23、−

表2　KV35ELの親子鑑定 その3

−は検出できなかったマイクロサテライト。Hawass Z, et al：JAMA, 303：638-647, 2010 をもとに作成。

がアクエンアテンなんですが、どれかわかりますか？　見てすぐわかりますね。KV55から見つかった男性の骨がアクエンアテンです。見てみましょうね。アクエンアテンは10と12をもっています。10と12を一個ずつもらっている、15と15をもっている…というふうに、全部ティイとアメンホテプⅢ世から一個ずつもらっていることがわかります。つまり、アクエンアテンの遺伝子も明らかになったわけです。

さあ、このアクエンアテンとネフェルトイティの子どもがアンケセナーメンというツタンカーメンの奥さんです。ところがネフェルトイティは骨が未発見で今最大の話題になっています。ネフェルトイティはどこに葬られているかがわかんないんですね。

ツタンカーメンのお墓の隠し部屋

実は、ツタンカーメンのお墓の近くのどこかに隠し部屋があって、ネフェルトイティが葬られているんじゃないかと昔から言われています。現在、ピラミッドを透視して部屋がないか探せる時代になってきています。ここからネフェルトイティが発見されたらいいんですけれども、どうなるかわかりませんね。楽しみにしていましょう。

さきほどお話したようにツタンカーメンがアクエンアテンの後を継いで、ツタンカーメンはアンケセナーメンと結婚したんですね。ということは、アクエンアテンがネフェルトイティではない女性との間につくった子どもということが推測されるわけです。そうですよね？ 王様の次の王様って王様の子どもである可能性が高いわけで、正式な奥さんとの子どもを王妃にしたわけですから、もう一人別の母親がいるんじゃないかということがわかりました。ここまで、アクエンアテンの遺伝子がわかりました。ツタンカーメンの遺伝子もわかりました。そうすると、ツタンカーメンの母親の遺伝子が予測できるんじゃないかというわけです。見てみましょうね。

ツタンカーメンのお母さんどれですか？

表の数字を見て、アクエンアテンとお母さんから遺伝子をもらっているのがツタンカーメンです。ツタンカーメンはD7S820は10、15をもっています。その15はお父さんから来てま

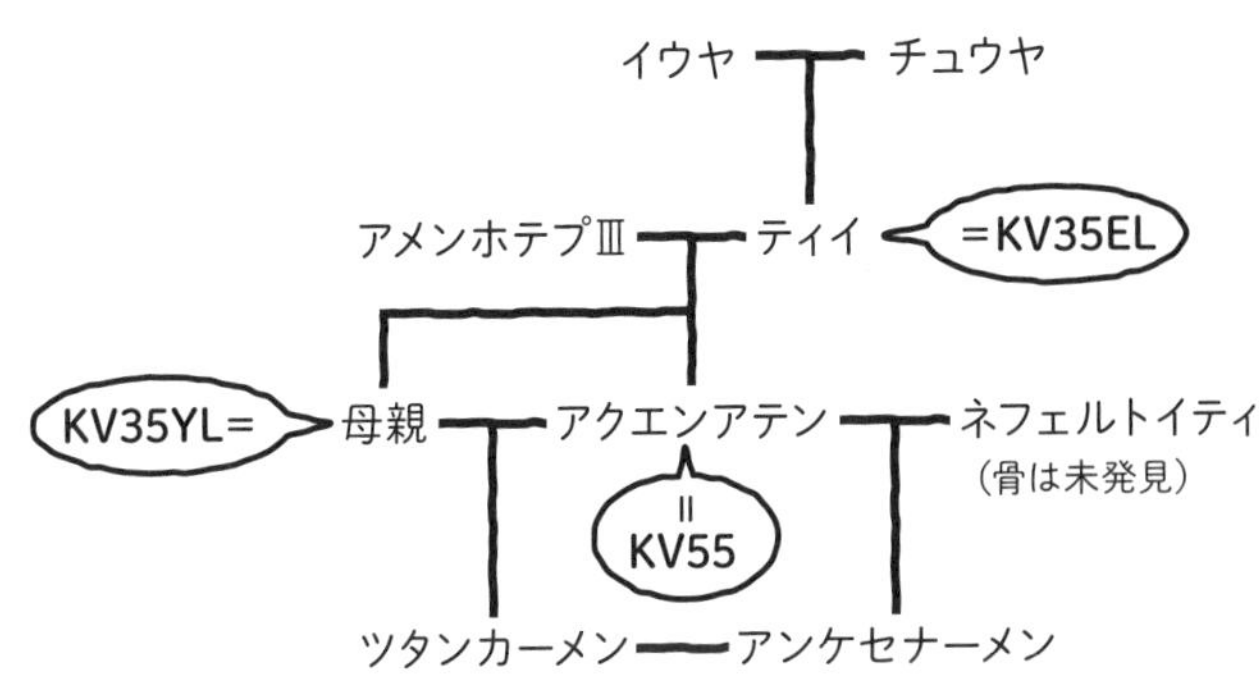

図9　ツタンカーメンの家系図

Hawass Z, et al：JAMA, 303：638-647, 2010 をもとに作成。

すから、お母さんからは10をもらうはずですね。10をもっている女性を調べてみますと、ＫＶ35ＹＬがお母さんの可能性が高いことがわかりますね。どこを見てもそうです。ここからこのＫＶ35ＹＬがツタンカーメンの本当の母親ではないかと推測されるわけです。今までまったくわからなかったことがＤＮＡ鑑定でここまでわかりました。皆さん、物語はこれで終わってないんですよ。もう一回**表2**をよくご覧になってください。

問　ツタンカーメンの母親のＫＶ35ＹＬの遺伝子、何か特徴がありませんか？

10、12からはじまって、6、10とか、8、11とか、6、12とかね。いいですか？　このＫＶ35ＹＬは、実はティイとアメンホテプⅢ世の子どもだっていうことがわかったんです。家系図で書くと、**図9**になりますね。ツタンカーメンの母親は実はティイとアメンホテプⅢ世の子ど

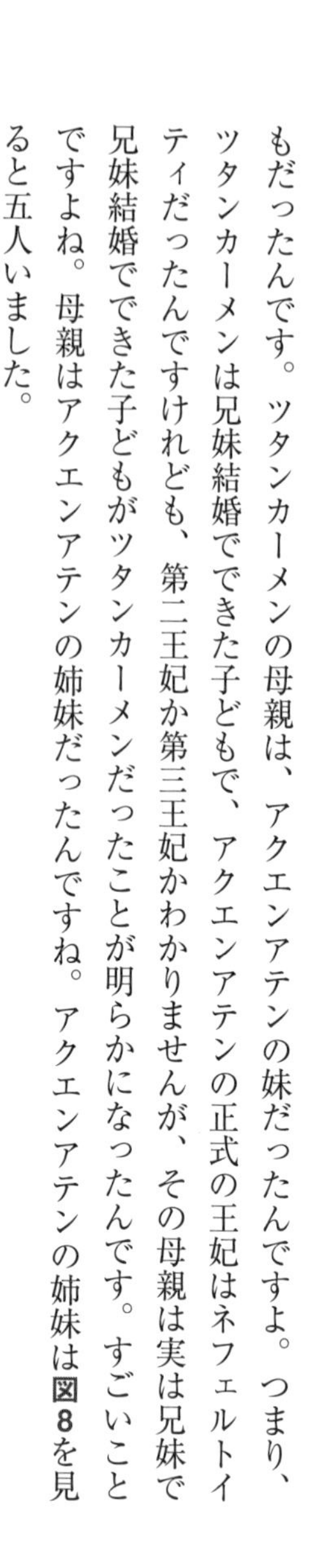

もだったんです。ツタンカーメンの母親は、アクエンアテンの妹だったんですよ。つまり、ツタンカーメンは兄妹結婚でできた子どもで、アクエンアテンの正式の王妃はネフェルトイティだったんですけれども、第二王妃か第三王妃かわかりませんが、その母親は実は兄妹で兄妹結婚でできた子どもがツタンカーメンだったことが明らかになったんです。すごいことですよね。母親はアクエンアテンの姉妹だったんですね。アクエンアテンの姉妹は**図8**を見ると五人いました。

姉妹のうち誰だったんでしょうね？

年齢からいって、末妹のネベティアーかベケトアテンかどちらかではないかと言われているんですけれども、ある文献では、ネベティアーはすでに亡くなっていたんではないかと言われているんです。そうすると、ベケトアテンがさっきのＫＶ35ＹＬ、つまりツタンカーメンの母親ではないかと推測できます。わからないですよ？　ベケトアテンかもしれないしネベティアーかもしれないです。実はＤＮＡ鑑定では調べる手立てがないんです。兄弟がいる男性、姉妹がいる女性は、骨だけではどっちかがわからないんですよ。千年経った後、骨が見つかったときには、どっちだったかというのは子孫がいない限りわからないんですね。そういうのがＤＮＡ鑑定だと覚えていただきたいと思います。

ツタンカーメンの呪い

ツタンカーメンってなぜ有名になったかというと、ツタンカーメンの呪いで有名になったんですね。ツタンカーメンにかかわった人が次々と死んでいったんですよ。最初にツタンカーメンのお墓に入ったカーナヴォン卿は、その六週間後に急死したことが知られています。

こういう学問を分子エジプト学といいます。ところがこれに反論する人がいっぱいいるんですね。なぜかというと三千年前ですよ、そんな古いＤＮＡが高温多湿の条件で残っているわけないと言います。最初のカーナヴォン卿が入ったときに、じめじめして非常にひどい状況だったと報告されているんですね。そういうところにＤＮＡが何千年も残っているわけないじゃないかと言うんです。実は残っているＤＮＡは墓掘り人のＤＮＡが混ざっているんじゃないかと前々から言われているんですね。調べたいですね。だけどこの骨はエジプト門外不出なんですよ。調べることができないところが問題なんです。

もう一つ問題があって、ＤＮＡ鑑定をすべてＰＣＲでやったんですね。皆さんＰＣＲご存知ですか？　ＰＣＲでは少量の遺伝子を増幅しているんです。増幅していると、研究者や墓掘り人のＤＮＡが混ざって誤りが出てくる可能性が十分あるんですね。本当に配列を見たわけではないので怪しいんじゃないかって人もたくさんいるんです。

でも、これは正しいという人も結構います。調べた研究者はほとんど男性で、墓掘り人も男性がほとんどなんですけれども、もし墓掘り人のＤＮＡが混ざっていたり研究者のＤＮＡが混ざっていたりすると、そこからＹ染色体が見つかるはずなんですね。ところが女性のミイラからＹ染色体はほとんど見つかっていません。ということは、やっぱり墓掘り人の遺伝子は混ざっていないんじゃないかと言われています。

他にも困ることがいろいろあるんですね。もしファラオの正体がわかったら、必ずその遺伝子に似た人は俺がその子孫だって言い出す人が出てくるんです。そういうのが出てくると困るんでちゃんとしたデータは示さないことになっています。そういうふうにいろいろ言われていて楽しいわけですけれども、本当はどうなのか気になりますね。

ツタンカーメンの血液型は何かご存知ですか？　これＡ型だったんです。私と同じなんです。私ツタンカーメンの子孫だといってもいいですかね？　でもエジプト人で必ずそういう人が出るんです。だからＤＮＡ鑑定するにはなかなか難しい問題を含んでいるんだということがおわかりかと思います。ＤＮＡ研究で歴史の真実も明らかになるという話をご紹介しました。

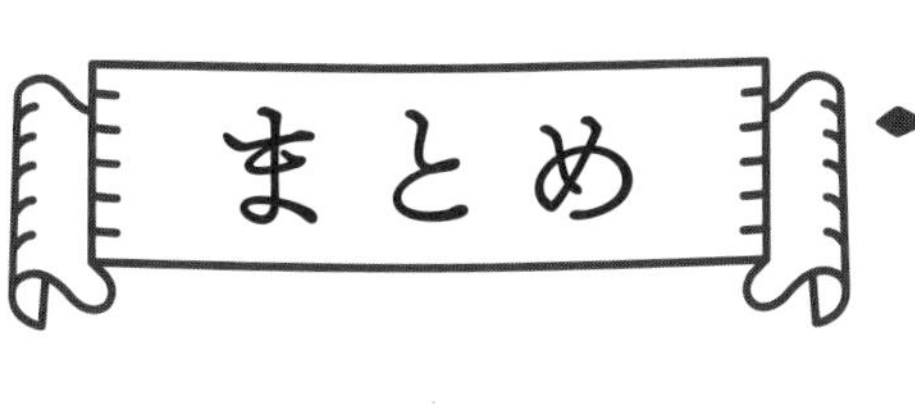

- 遺伝子が働くときは、ＤＮＡから転写してｍＲＮＡができ、そこから翻訳されてタンパク質ができます。
- マイクロサテライトという、ＤＮＡが重複した箇所の重複数を調べることで、ＤＮＡ鑑定ができます。
- 遺伝子診断の技術はどんどん進歩しているけれども、倫理的な課題も出てきています。
- ＤＮＡ鑑定で、謎に包まれていたツタンカーメンの出自が明らかになりました。

余談　データを見るときの注意点

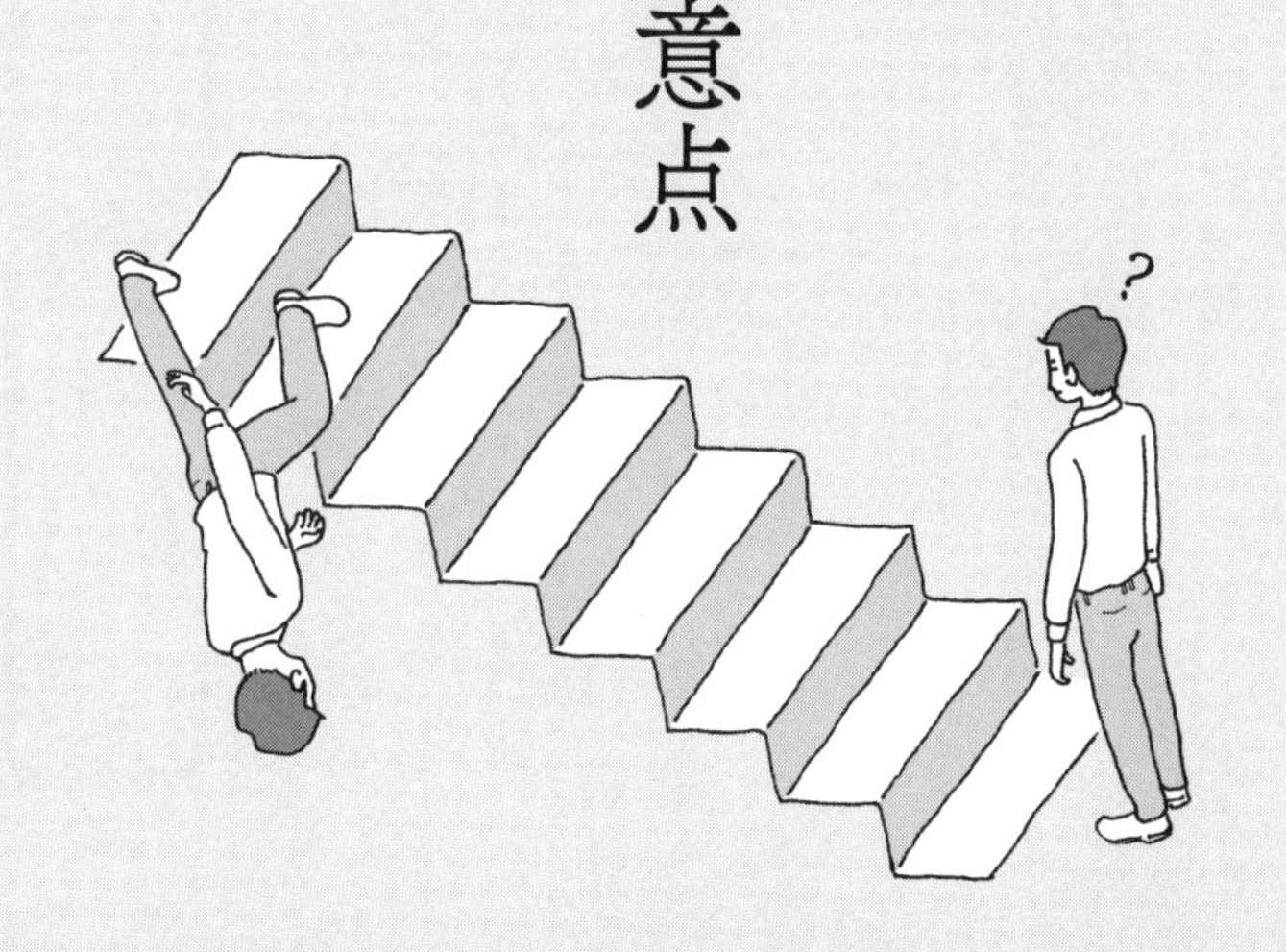

データにだまされるな

生命科学のことをもっと詳しく知りたいと思ったら、いろんなデータを見ていく必要があります。でも、データっていろんなものがあって、中には怪しいデータもありますから、気をつけるようにしてくださいね。ここでは、生命科学に限らず科学一般のデータも含めて少しお話ししてみたいと思います。

結果がおかしい？

図1Aは大学生を身長で分けてヒストグラムをつくったものです。身長の高い人から身長の低い人までヒストグラムをつくると山が二つできました。

なぜ二つの山になったんでしょう？

身長のような生物学的データの確率は、必ず山が一個の正規分布（**図1B**）になるはずな

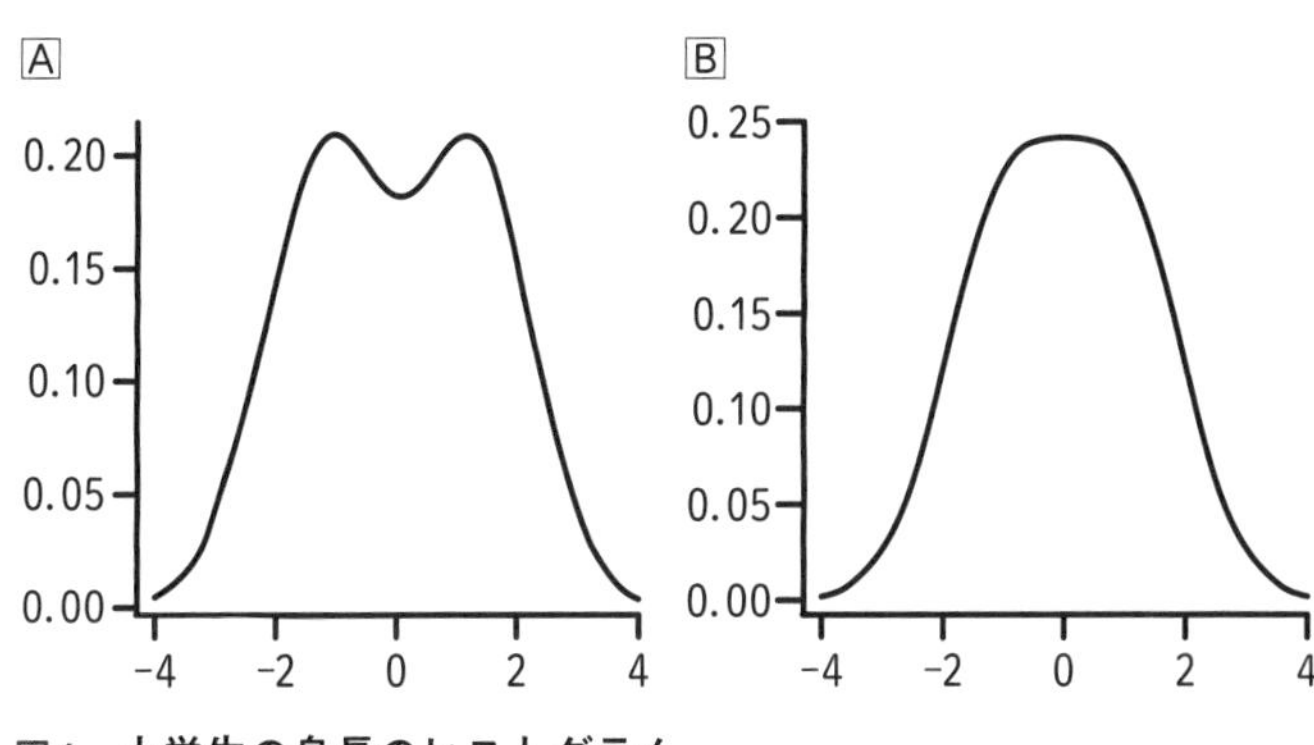

図1　大学生の身長のヒストグラム

んですね。だけど**A**は山が二個あります。変じゃないかなと思われた人いませんか？　どんなデータを読んでもこれは大丈夫か？という懐疑的な見方が必要なんですね。結論はこうです。男子学生、または女子学生だけにした場合はきれいな一つの山になりました。ということは、さっきのは男女が混ざっているからこうなったんですね。そういうことがすぐ読みとれるかどうかなんです。

これは実は数学のお話になるんですけれども、正規分布を二つ混ぜると山が横に伸びて、平均同士が標準偏差の二倍以上離れていると、二山になります。ここまで勉強しなくてもいいんですけれども、男女が混ざっているから二つの山になったんだってすぐ気がつくかどうかがポイントなんですね。

数字の魔術

こんなお話があります。隣り合わせのA町とB町があり

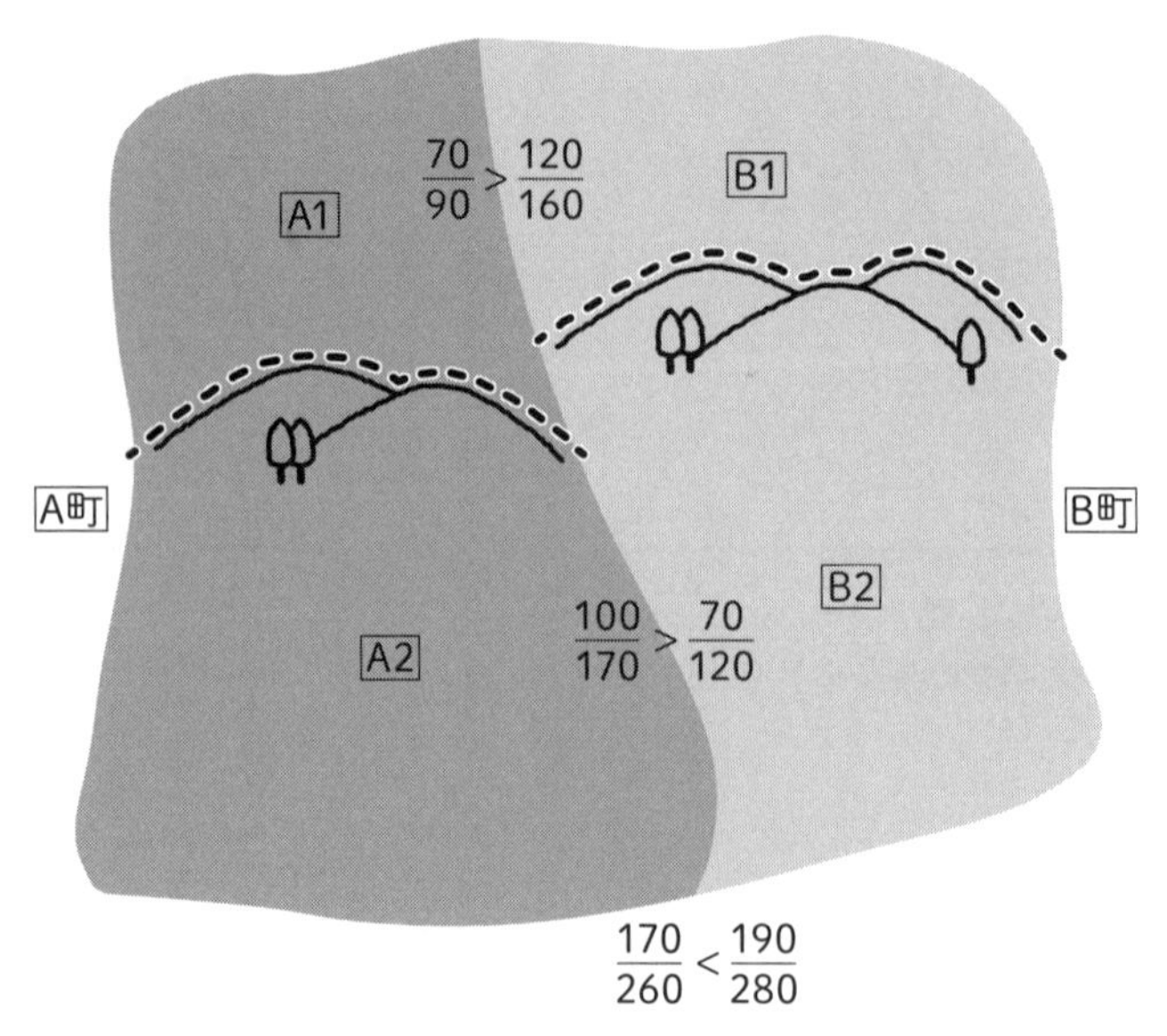

図2　Ａ町とＢ町の比較

ます（**図2**）。両方の町に中間に山があり、Ａ町の山の北側と南側、Ｂ町の山の北側と南側に分けて、サプリメントを摂取している人を調べました。

Ａの北側のＡ１地区では、サプリメントを摂取している人が九〇人のうち七〇人、Ｂの北側のＢ１地区では一六〇人のうち一二〇人でした。じゃあ南側はどうかというと、Ａ２地区では一七〇人のうち一〇〇人が、Ｂ２地区では一二〇人のうち七〇人が摂取していることがわかりました。そこで問題です。

①～③について、それぞれどちらがサプリメントを摂取している人の割合が大きいですか？
①A1地区とB1地区
②A2地区とB2地区
③A町とB町

こう質問しますと、これ簡単な分数の計算になりますね。①の北側同士を比較すると、$\frac{7}{9}$と$\frac{12}{16}$でA町の方が大きくなります。②の南側も$\frac{10}{17}$と$\frac{7}{12}$でA町の方が大きいです。両方ともA町の方が大きいから、③もそうなるなと思って計算すると、$\frac{17}{26}$と$\frac{19}{28}$でB町の方が大きくなって、それぞれの結果と逆転するんです。数の魔術そのものですよね。北側だけを比較するとA町の方が大きくて南側だけを比較してもA町の方が大きいんだけど、全体を比較するとB町の方が大きくなります。こういうことが起こり得るわけです。上手にこれを使って何かインチキできそうですよね。例えば、A町が多いと主張したい場合は①や②の比較データを使って、B町が多いと主張したい場合は③を使うなんてことがあるかもしれませんね。だまされないようにしてくださいね。

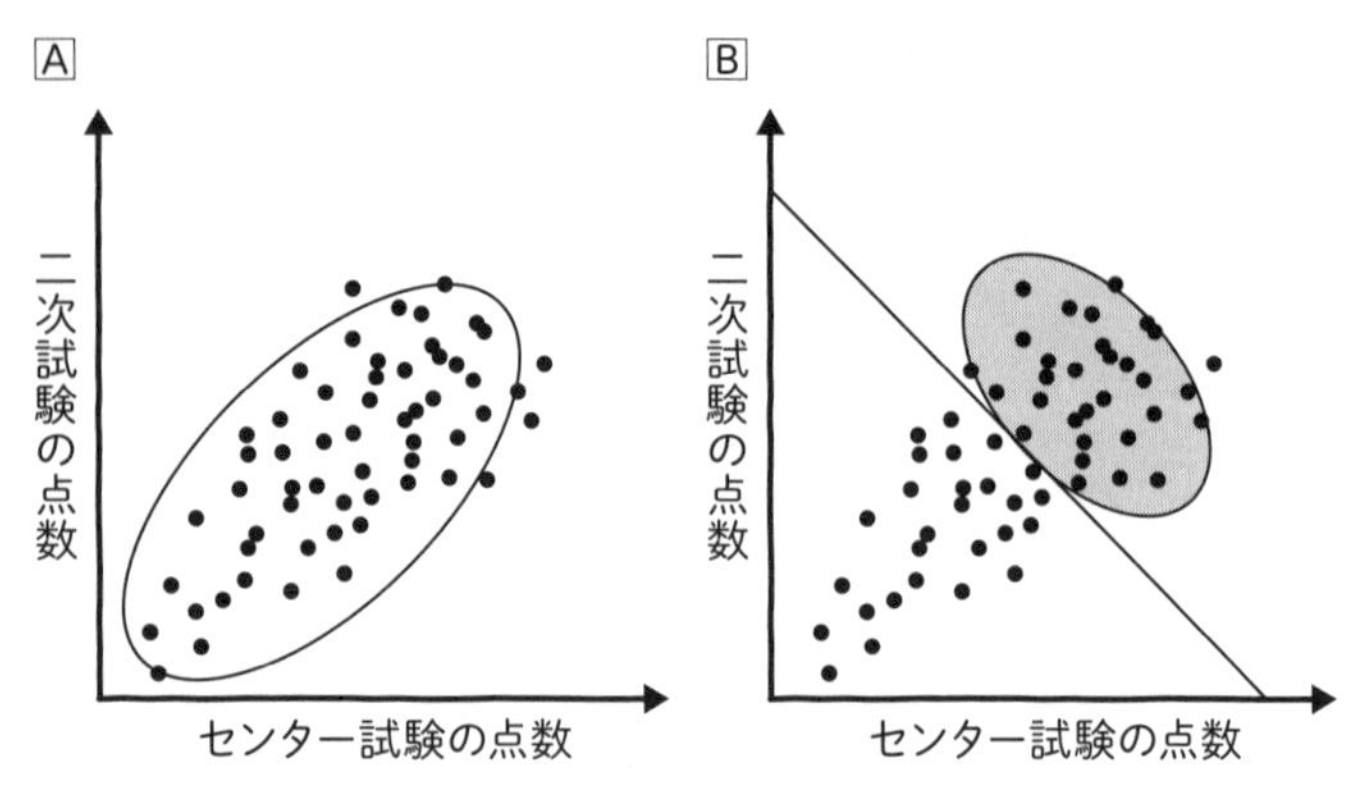

図3　センター試験の点数と二次試験の点数の相関図

バイアスがかかっている

切り取り方で真逆に

図3は昔の大学入試のセンター試験の点数と二次試験の点数の相関図です。結構相関がありますね（**A**）。これ有名な例なんですけれども、センター試験でよい点をとった人は、二次試験もいい点をとることがわかります。じゃあって、よくできる人を集めると相関は逆になるんですよ（**B**）。相関が逆になるということは、センター試験の点数がいいと二次試験の点数が悪いわけです。このように、切り取り方によって相関関係が変わってくることもあり得ます。残念ながら、こういうデータを使ってだますことがいろんなところで行われています。

次は調査研究法について、これ知ってるかな?ということをお話ししたいと思います。一般的に世論調査は新聞社が行います。どんな方法を使うかというと、ＲＤＤ法（Random Digit Dialing）といって、電話帳に掲載されていない番号を含めて固定電話にランダムにかけて、応答した相手に質問を行う方法です。

これ正確なデータを集めることができるでしょうか？　どこもこうやって調べているから正しいかというと、実はこれ問題があるんですね。なぜかというと、携帯しか持っていない人や低所得者、入院中の人など固定電話をもっていない人が外れるでしょう？　もう一つは、昼間に電話をかけますから、昼間家にいない人にはかからないわけです。だから家にいる人だけが相手をすることになり、厳密にはランダムなデータと言えなくなってしまいます。

例えば、新聞社から電話があったとします。〇〇新聞から電話がありました。そうしたら、私は××新聞しかとっていない、〇〇新聞きらいだからって答えない例も出てくるわけです。だからＲＤＤ法は、決して民意の反映ではないことがわかりますよね。だけどどの調査を見ても、これは民意を反映していると書いてあるんですよ。でも実際はそうじゃありません。結果的には時間的・経済的な面で余裕のある人や協力的な性格の人ばかりの意見が反映されてしまうことになります。

ぜひ覚えていただきたいのは、民意の反映には有効回答率が六割を超えていないといけないんです。でも世論調査を見るとだいたい今五割台なんですよ。なかなか難しくなってきますね。つまり世論調査は、こういうところにバイアス（データの偏り）がかかっています。ランダムサンプリングは非常によい方法なんだけれども、**なかなかランダムでデータが集まらない**わけです。じゃあ全数調査をすればいいじゃないかと言う人がいるんですけれども、これはたいへんですよね。どれくらい時間かかるかわからないしお金もかかっちゃうわけです。なので、できれば一部だけを測定する標本調査を行いたいわけですが、その標本調査のやり方が難しいんですよ。さっきみたいなやり方だとどうしてもバイアスがかかってしまいます。

ちょっといい例をご紹介しましょうね。朝日新聞と読売新聞です。現実にこういうことが起こりました。朝日新聞は「消費税引き上げに賛成ですか？　反対ですか？」って聞きます。そうすると反対が多いに決まってますよね（賛成三五％、**反対五四％**）。ところが読売新聞は聞き方がちがうんですね。「財政再建や社会保障制度を維持するために消費税の引き上げが必要だと思いますか？　思いませんか？」って聞きます。こう聞かれると、やっぱり必要だよねってみんな言うんですよ（**必要六四％**、そうは思わない三二％）。このように、同じことを聞いても聞き方によってちがう結果が出てくることがあります。だから、**調査データにはバイアスがかかっていると思わないといけません**。

因果関係と相関関係

皆さん次のお話を聞いてどう思いますか？　四十代で出産した女性は長生きする傾向にあると、ハーバード大学のグループがNatureに発表しました。女性ホルモンが影響しているらしいとのことです。彼らは一八九六年生まれで百歳を超えて長寿を誇っている七八人の女性たちと、同年生まれで七三歳で死亡した五四人の女性を比較したんですね。その結果、七三歳で亡くなった女性のなかで四十代で出産したのは六％だったのに対して、百歳以上の長寿で四十代で出産した人は二〇％もいたんです。そうか、四十代で出産した人は長生きするんだと結論づけたんですね。

これ正しいですか？

四十代で出産すると百歳まで長生きできるんではなくて、百歳まで生きられるような元気な人が四十代で出産したとも言えますよね。だからデータっていうのは、読む人によってちがうんです。これ因果関係と相関関係の話です。こういうふうに間違ったのを頭に入れないようにしたいと思います。

メタボ検診を受けると健康になる？

メタボ検診を受けた人は、血糖値も低いし、ウエストも細いし、血圧も低いし、体重も軽いことがわかりました。そうすると、メタボ検診を受けると健康になるという人も出てくるわけです。でもこれ本当ですか？　メタボ検診を受けたから健康になったんではなくて、もともと健康意識の高い人がメタボ検診を受けているんですよね。ということに、すぐ気がついたかどうかです。

節電するには？

因果関係があるかどうかは、介入効果（何かしらの介入が結果に及ぼす影響）を調べるとわかります。これは皆さん知っていますか？　電力価格を高くすると本当にみんな節電するかどうかを調べるときに、どうやって行ったらいいでしょうか？　ある一定の時間帯だけ電力価格を倍にして、節電するかどうかを調べればいいわけです。これが介入になります。た

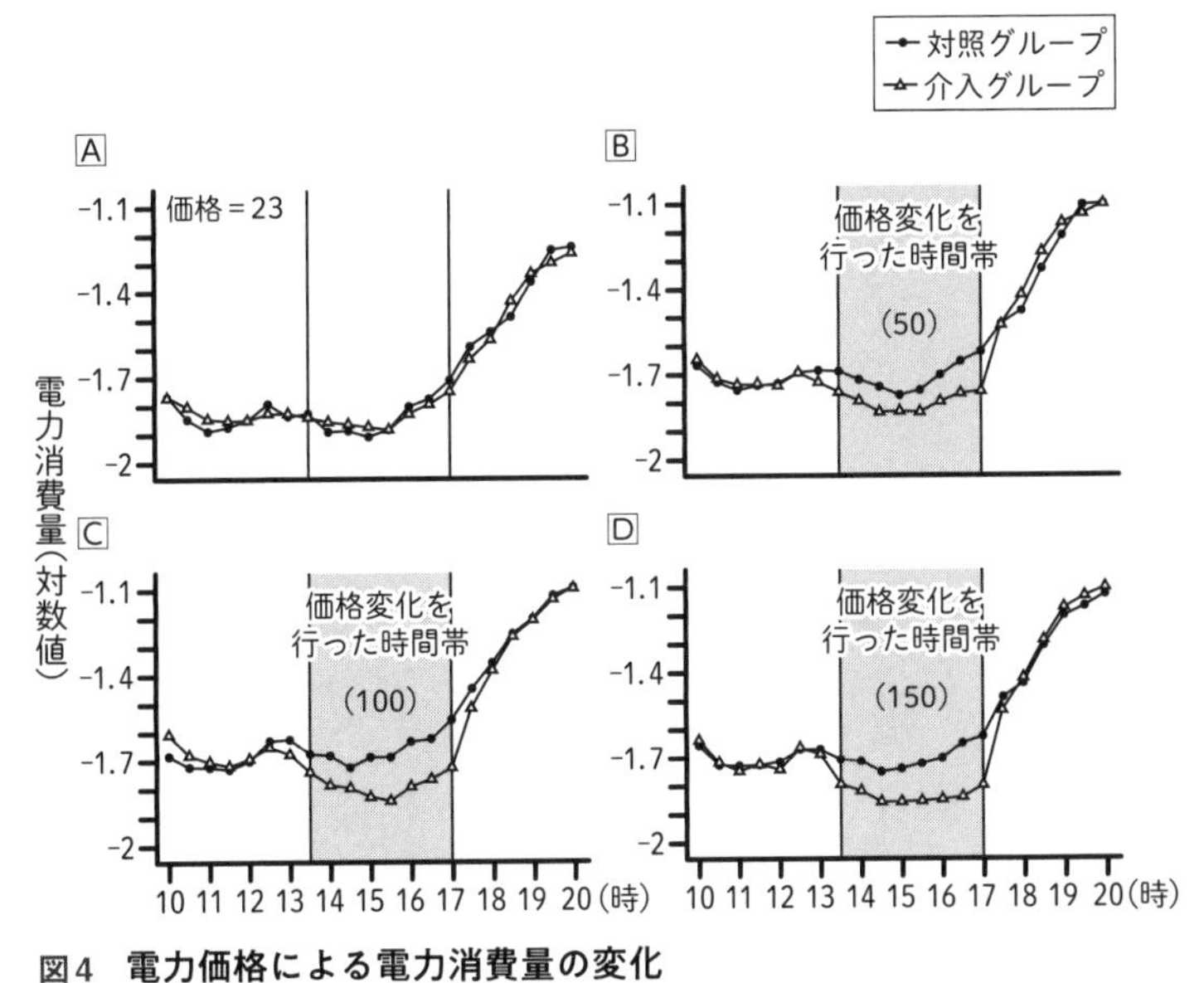

図4　電力価格による電力消費量の変化

「データ分析の力 因果関係に迫る思考法」(伊藤公一朗／著)、光文社、2017をもとに作成。

くさんの人をランダムに二つのグループに分けます。一つは何もせず、もう一つは電力価格を変えて調べます。こういう二つのグループをランダムにつくることが大事です。例えば、絶対に一つは男性だけでもう一つは女性だけにしちゃだめなんですね。もう一つ重要なことは、サンプルの数をたくさんとらないとだめです。一人二人でやったんじゃ全然だめですよね。こういうふうに行う調査をランダム化比較試験(→204ページ参照)といいます。

実際調査した結果が**図4**なんですね。**A**から見てみましょう。横軸は時間です。時間帯ごとに電力をどれくらい使っているかを見ます。対照グループと介入グループは普通同じように使っていますね。

ところがBは一三時半〜一七時までの時間帯で二三↓五〇に価格を上げたグループは電力を使わなくなったんです。他の時間帯では同じように使っているのに、価格を上げた灰色の時間帯では使わなくなって下がっていますよね。じゃあ、価格を一〇〇にしたらどうなったかというと、もっと使わなくなり（C）、一五〇にしたらさらに使わなくなりました（D）。でも価格を変更していない時間帯では同じように使っていることがわかります。

つまり、価格を上げるほど電力を使わなくなることがわかってきました。みんなお金によって電気を使っていることが明らかになってきたんですね。つまり価格を上げればもう電気を使わなくなるわけです。

そんなことしなくてもいいんじゃないか、日本人はモラルに訴えて、各家庭に自発的に節電を要請したらどうか？ 誰でもそう考えますよね。でも、これあまり効かないんですね。**図5**は京都・大阪・奈良で行われたランダム化比較試験の結果です。節電要請と価格変動を両方行ったらどちらが効いたでしょうか？ 節電要請で情に訴えると少し効くんだけど、価格を上げたら明らかに下がりました。だから情に訴えるよりもお金に訴えた方がいいわけです。

このように価格変動と節電要請を比較したところ、価格変動の方がいいことが明らかになってきました。介入効果を調べることで、電力価格と節電は因果関係があることがわかります。

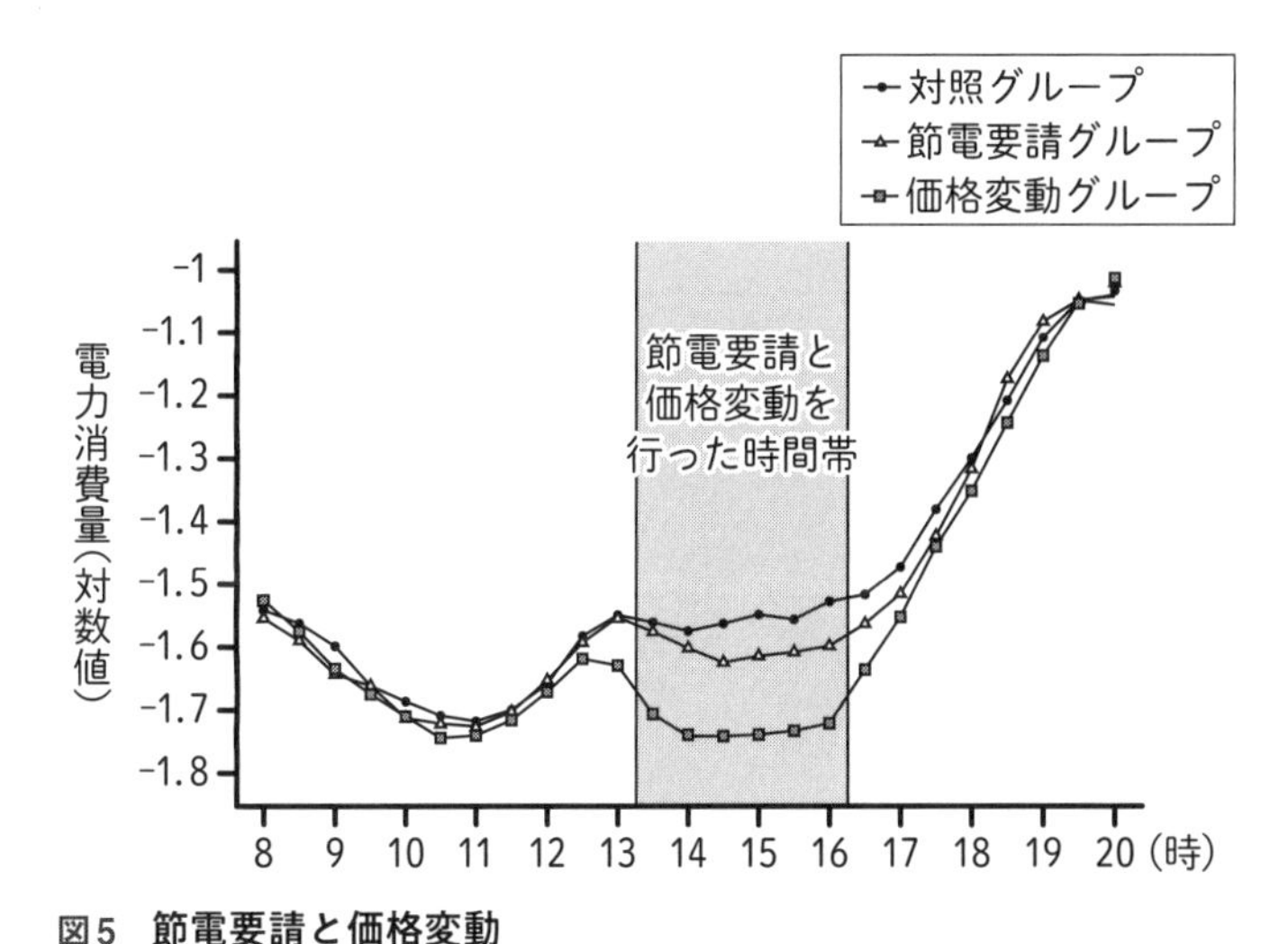

図5　節電要請と価格変動

「データ分析の力 因果関係に迫る思考法」（伊藤公一朗／著）、光文社、2017をもとに作成。

大学の効果的な節電方法

大学って結構電気を使うんですね。私がいた大学は東京都のなかでも一番たくさん電力を使う組織の一つなんですよ。電気がある一定量を超えると、一日百万円くらい払わなきゃいけません。だから電気を使うなとみんなに周知するんですね。

そこで、使用量が多い研究室に罰則を与えるか、電気を使わないでくださいってお願いする方がいいかというと、もちろん罰則を与える方が効いたんです。でも、もっといい方法がないか調べました。

これ夏の場合ですけれども、一二〜一八時に冷房を自動的に停止するんです。そうすると、誰もいない部屋はそのまま停止されて誰かいる部屋はボタンを押すだけで冷房がつきますよね。誰もいないのに冷房を使っている部屋が現実にものすごく多かったんです。だから、自然と冷房が切れるようにするのも一つの手です。

もう一つは、研究室にあった冷蔵庫を廃棄したんですね。冷蔵庫廃棄したくらいじゃだめだと思うかもしれませんが、全部で四千個くらい冷蔵庫があったんです。でも、その冷蔵庫を全部取っ払ったら節電になったかというと、節電にならなかったんですよ。もっと節電するにはどうしたらいいかわかりますか？

一番よかったのはなんと、電気をすべてＬＥＤに変えることだったんです。例えば、トイレの電気ってずっとついていますよね。それをＬＥＤに変えました。部屋一個や二個じゃないわけで、大学には数千個部屋があります。それを全部ＬＥＤに変えると、最初は高いんだけれども電力を節電できることがわかりました。このように考え方を変えると節電が上手くいくわけです。

コレステロール大論争

さっきも相関関係と因果関係の例を出しましたけれども、もう一つ有名な例をご紹介しましょう。

コレステロール大論争という有名なお話があります。コレステロールがたくさんあるから卵を食べないという人いませんか？　これ間違いなんですよ。もともとはこういうところから出てきたんですね。

コレステロールは体に悪いと日本動脈硬化学会のお医者さんが言っています。高コレステロールは心筋梗塞になりやすいって言ってるんです。ところが日本脂質栄養学会は血中のコレステロールが高い方が長生きできますよって言っています。二つの学会が全然ちがうことを言ってるんです。コレステロールは、片方は体に悪いと言って、もう片方はコレステロールが高い方がいいんですよって言っています。だいたいお医者さんの方が強いわけで、じゃあ卵を食べないという人が出てきました。

それでは、データを見てみましょうね（**図6**）。縦軸が死亡率になります。横軸が血中コレステロール量です。これを見てわかるように、コレステロールは中間が一番よくて、高ければ高いほど、低ければ低いほど死亡者が多いことがわかりました。コレステロールが高いと危ないとお医者さんが言っているのは右側なんです。ところが栄養学会は左側を見ているんですね。コレステロール二四〇未満を見て、コレステロールが高い方が安全ですよって言っているわけです。なぜ二四〇にしたかというと、二〇一五年より前はコレステロールが

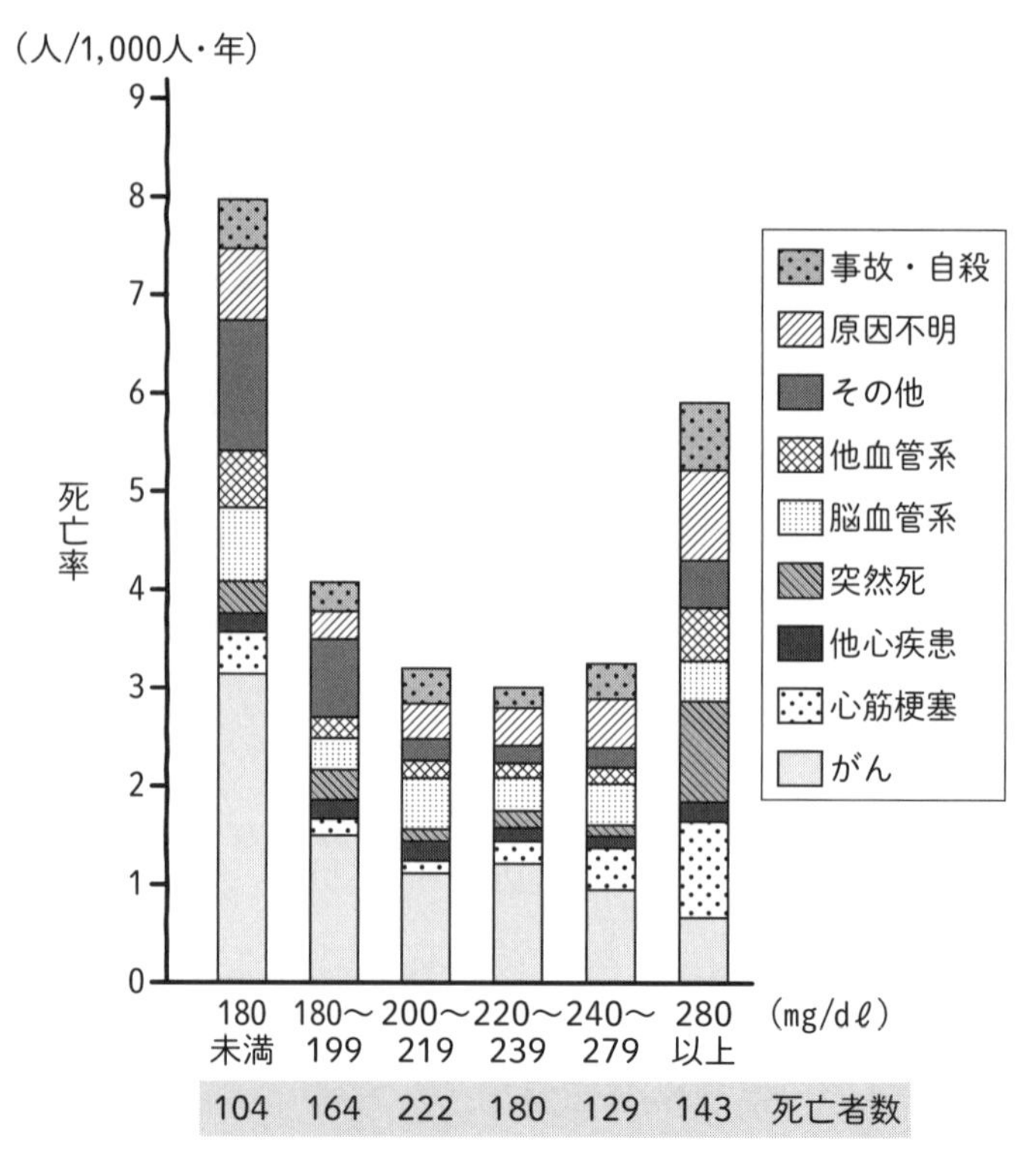

図6　コレステロール値と死亡率

「日経メディカル2001年2月号」（日経メディカル／編）、日経BP、2001をもとに作成。

高いと危ないと言われていて、二四〇を超えると薬を飲まないといけなかったんです。でも二四〇って一番安全な量じゃないですか。そこで、二〇一五年にコレステロールの上限値が削除されて、薬を飲む量も変わってきました。

覚えておいて欲しいことは、コレステロールが高いと心筋梗塞が多くなりますね。反面、コレステロールが低い人は心筋梗塞じゃなくて、がんが多くなります。コレステロールが低すぎるとがんで亡くなる確率が高いわけです。だから、一番体にいいのは二二〇〜二三九だって頭に入れておいてくださいね。

さあ、ここで問題です。

問　低コレステロールだとがんになるのでしょうか？　がんだから低コレステロールになるのでしょうか？

図6を見ると、低コレステロールだとがんになりやすいと普通は思うわけです。でも逆なんですね。がんの結果、低コレステロールになるわけです。だから因果関係がどうなっているかは、データを見るときよく気をつけないといけません。

卵を食べたらどうなるか？という研究があります。卵一個のコレステロール量は二〇〇〜二五〇ミリグラムです。卵〇個のときと四個のときでは血中のコレステロール量はほとんど

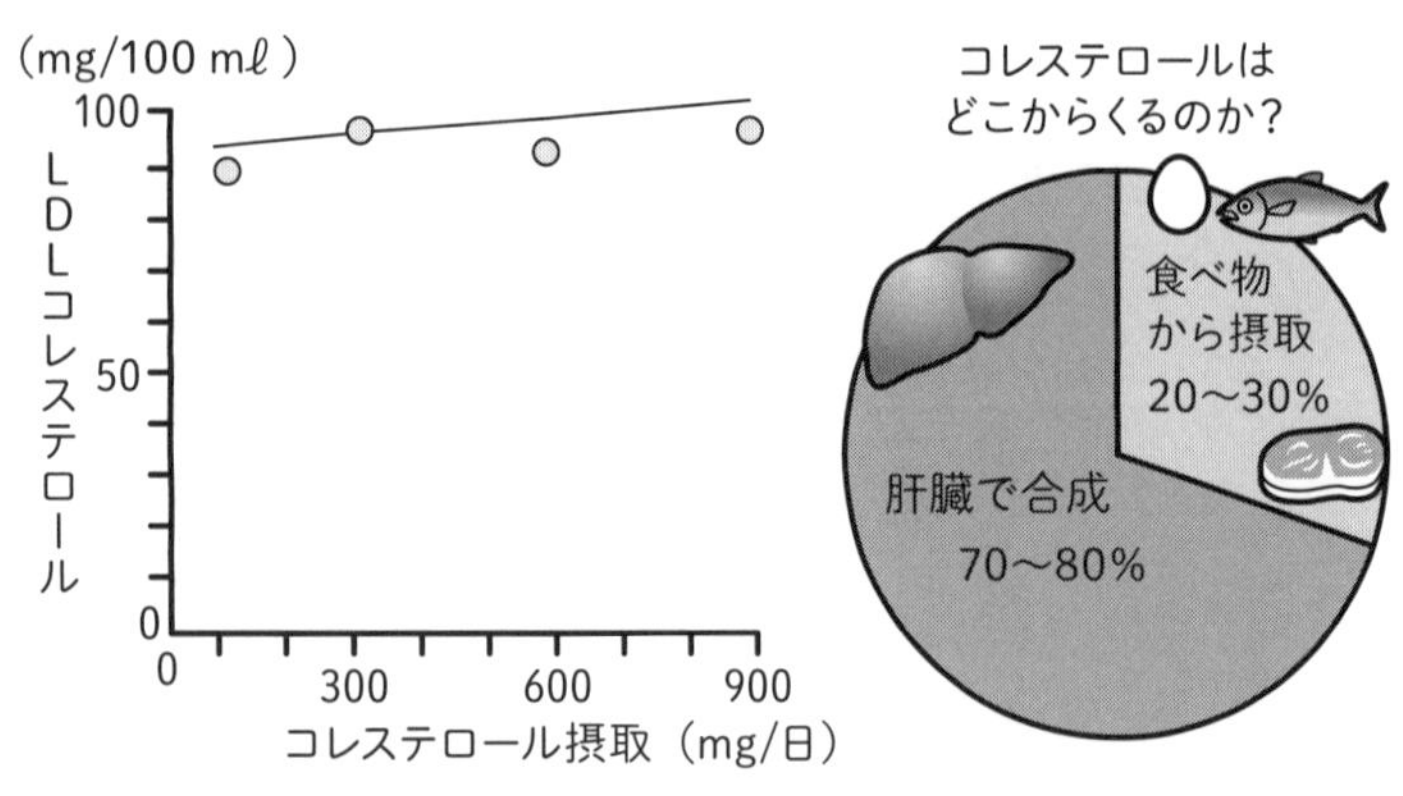

図7　食べ物から摂取するコレステロールは気にしなくていい

差がありません（**図7**）。卵をどれだけ食べても大丈夫です。血中のコレステロールは食べものからくる量が二〇〜三〇％で、七〇〜八〇％は皆さんの肝臓が自分でつくっているんですね。だから結論としては、卵＝コレステロールは誤解です。卵と牛乳ほど栄養があるものはありません。アレルギーがない限り、卵を毎日食べると栄養的に非常によいことがわかっています。卵のコレステロールは気にする必要ないということをぜひ覚えておいてください。

女性は心配ない

これで解決したわけじゃないんです。もう一つ別の因子があります。**図**は●と○が男性で△は女性なんですけど、コレステロールが高くても女性はほとんど死亡率に関係ないんですが、男性は少し死亡率が上がっていきます。つまり、コレステロールが高くて動脈硬

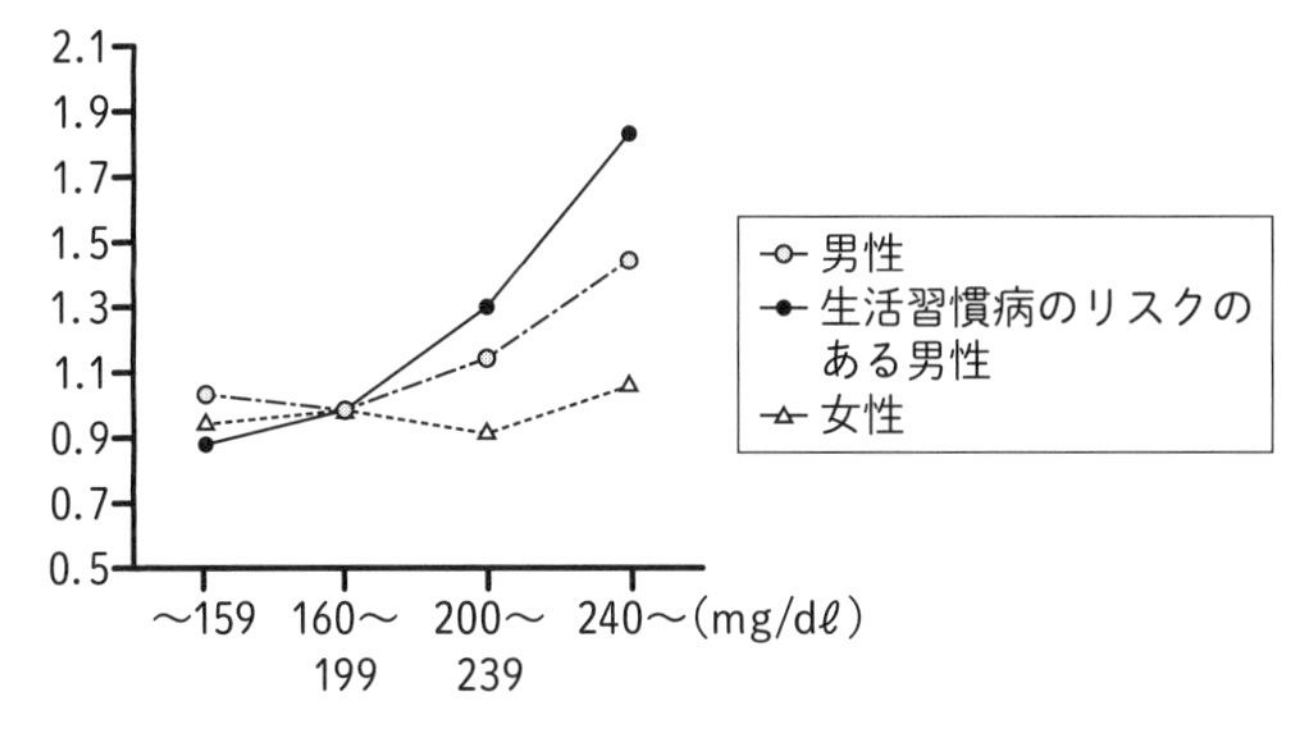

図　動脈硬化の死亡率

Jacobs D, et al：Circulation, 86：1046-1060, 1992 をもとに作成。

化にかかりやすいのはどちらかと言うと男性なんです。だけど、コレステロールが高くなるから卵を食べないでおこうっていうのは、ほとんどが女性なんですよね。でも、女性は心配ないんです。お母さんがもし卵食べないでおこうと言っていたら、心配ないと答えるようにしてくださいね。こういう例はいっぱいあって因果関係になかなか気がつかないことが結構あるんです。だからデータを読むときよく注意して見てくださいね。

学力との関係

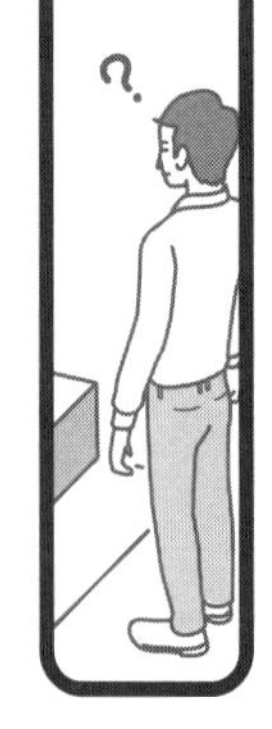

じゃあここで次の問を考えてみてください。

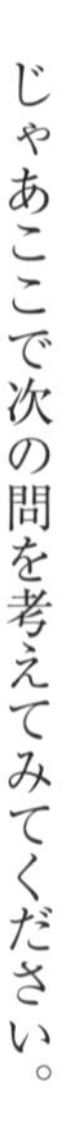

図8を見て何がおかしいか説明しましょう

文部科学省があるとき「体力のある子どもは学力が高い」と言ったんですね。たしかに、体力テストの成績と国語の正答率は相関があります。体力テストの成績と算数の正答率も相関があります。だから体力があるから学力が高いと言ったんです。これ間違いですね。何が間違いですか？ これ単に**相関があるだけなんですね。因果関係があるかはわかりません。**学力の高い子どもが身体全体が健康で体力もあるんじゃないかと、逆だったら正しいかもしれませんね。でも本当に因果関係があるかどうかはわかりません。

図9も同じような例で、国語と算数のテストの成績を表したグラフなんですけれども、テレビを一時間以下しか見ない子どもと三時間以上見る子どもを比べると、テレビをたくさん見る子どもの方が成績が悪いわけです。右の方が下がっていますよね。それで文科省は、よ

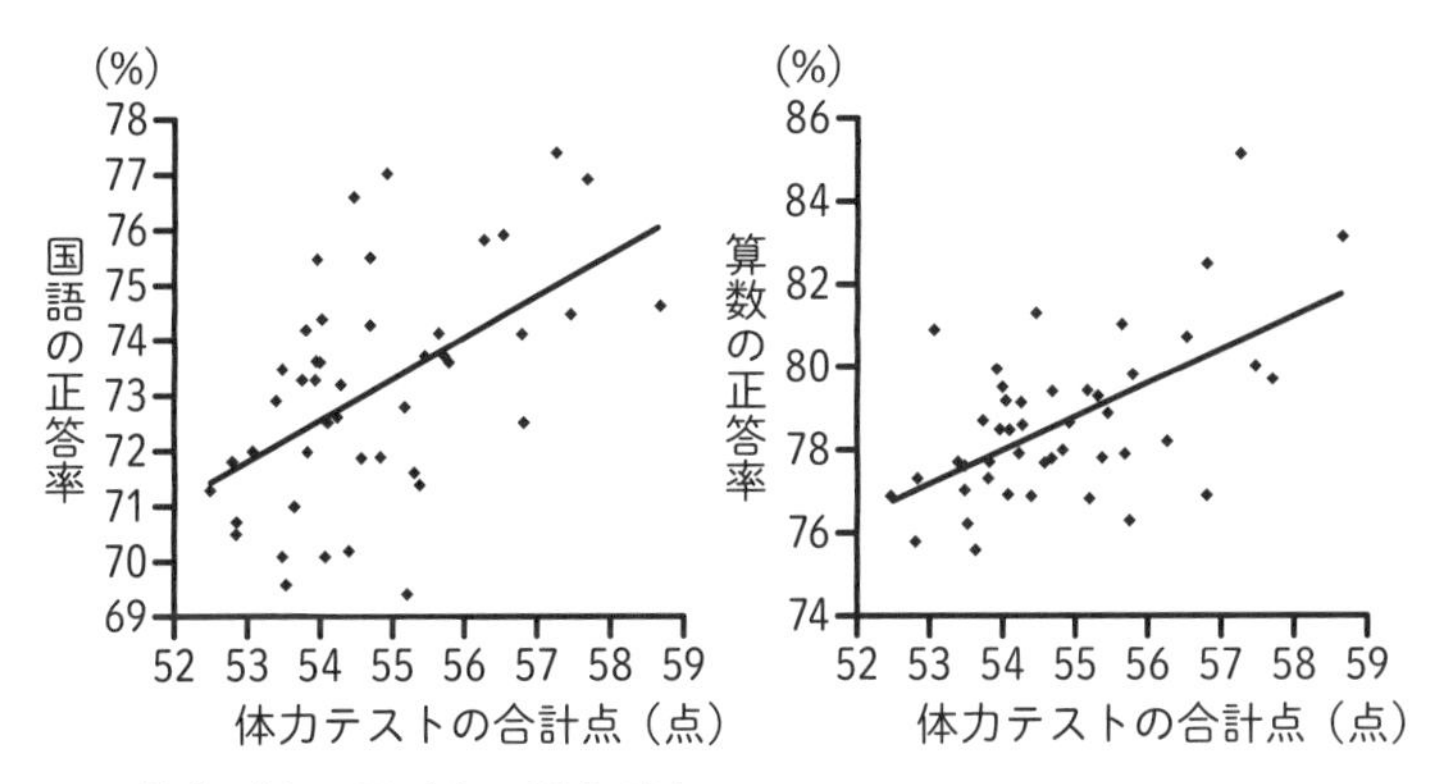

図8　体力がある子どもは学力が高い？

「原因と結果の経済学」（中室牧子、津川友介／著）、ダイヤモンド社、2017をもとに作成。

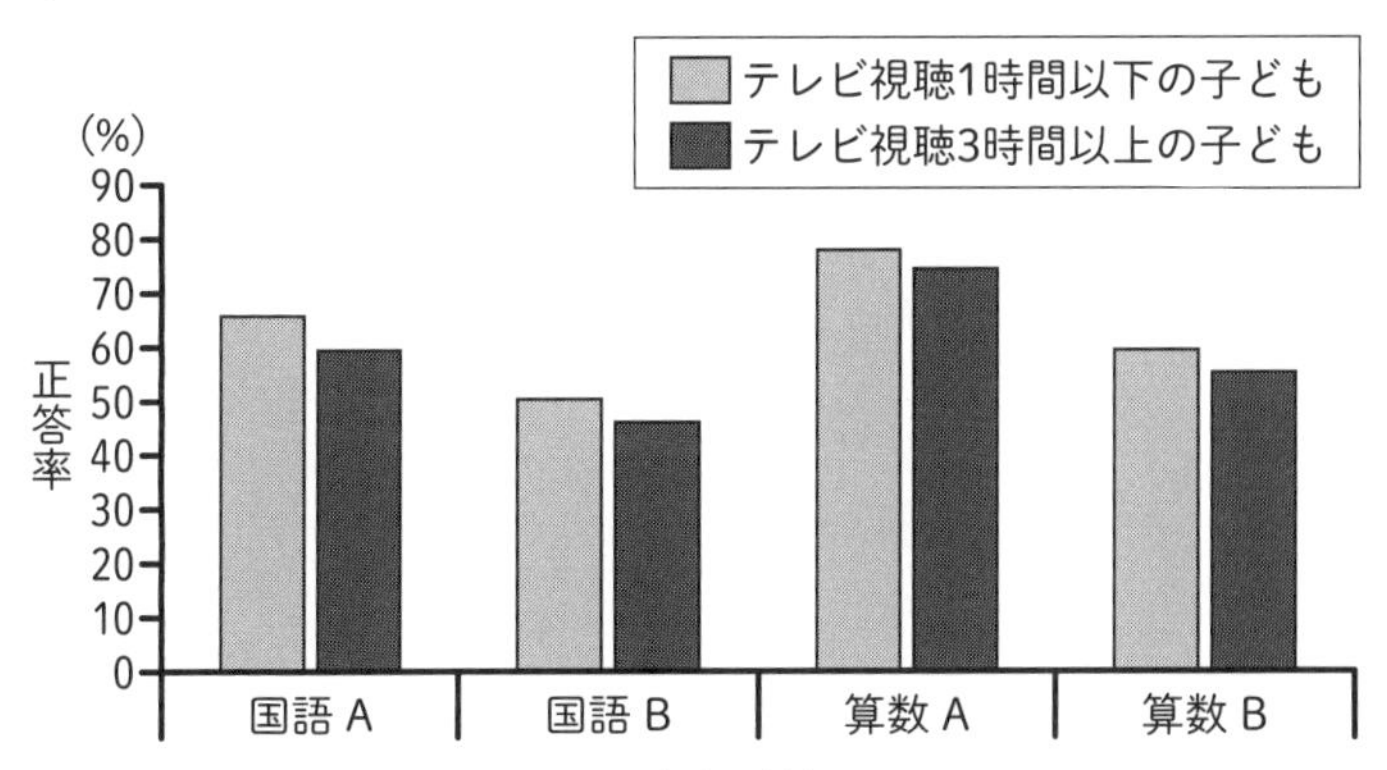

図9　よくテレビを見る子どもは学力が低い？

「原因と結果の経済学」（中室牧子、津川友介／著）、ダイヤモンド社、2017をもとに作成。

くテレビを見る子どもの学力が低いなんていいはじめたんです。そうですか？　テレビを見るから学力が低くなるんじゃなくて、もともと学力の低い子どもがテレビを見ているんですよね。そういうことがすぐ思いつきましたか？　相関関係と因果関係というのは、こうやって鋭くいろんなところを見ておかないといけないんですね。

チョコレートをたくさん食べると賢くなる？

　チョコレートの消費量とノーベル賞の受賞者数が比例するというデータがあります。そうすると、チョコレートをたくさん食べているところの方が賢い人が多いから、チョコレートをたくさん食べなきゃいけないんじゃないか、なんて言う人が出てきたわけです。あれ、これおかしいな？と思わないといけませんね。どこがおかしいですか？　これは裕福な国ほど教育にお金をかけていることをいってるんですよね。単に相関関係があるだけなんです。

アンケート調査は信用ならない？

簡単にとれるのでよくアンケートをとったりしますけれども、アンケートだってただとればいいってもんじゃないんですよ？　例えば、居住地域に満足してますか？ってアンケートで、「非常に満足」〜「満足していない」という選択肢だと、だいたい真ん中くらいが多くなるんですけれども、「まあ満足」という選択肢を入れるとみんなこれを選ぶようになるんです（図10）。だからアンケートは、**アンケートをとる人がこうなって欲しいという答えを出すことも可能なわけです**。アンケート調査ってやっぱり信用できるのかどうか、よく考えないといけないですね。

図11は韓国の好感度を調査したものです。これ、「わからない」という選択肢を入れると必ずわからないが一番多くなるんですね（**A**）。他はだいたい真ん中くらいが多くなるんですけれども、おもしろいデータがあります。好きか嫌いかって選択肢に0を入れると、だいたいみんなそれを選ぶようになります（**B**）。こういうふうに自分の思う通りのデータをとることができるわけです。だから、アンケートの取り方というのは、ものすごく問題になりますね。

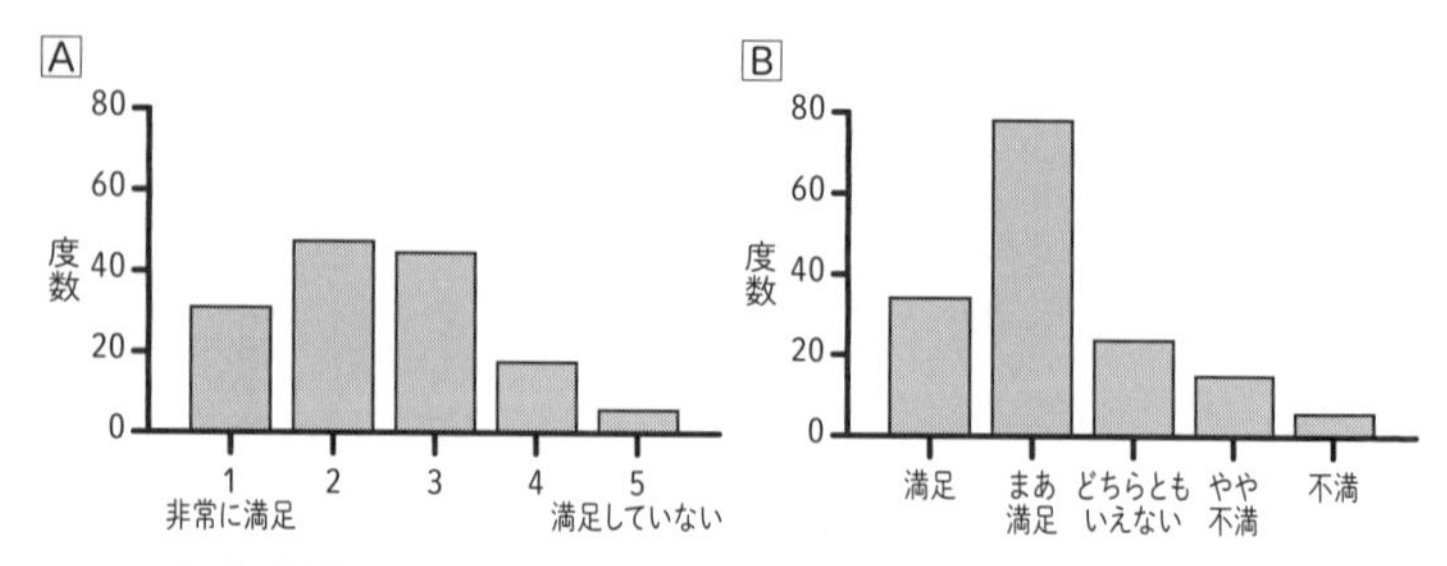

図10　居住地域の満足度

「原因と結果の経済学」（中室牧子、津川友介／著）、ダイヤモンド社、2017をもとに作成。

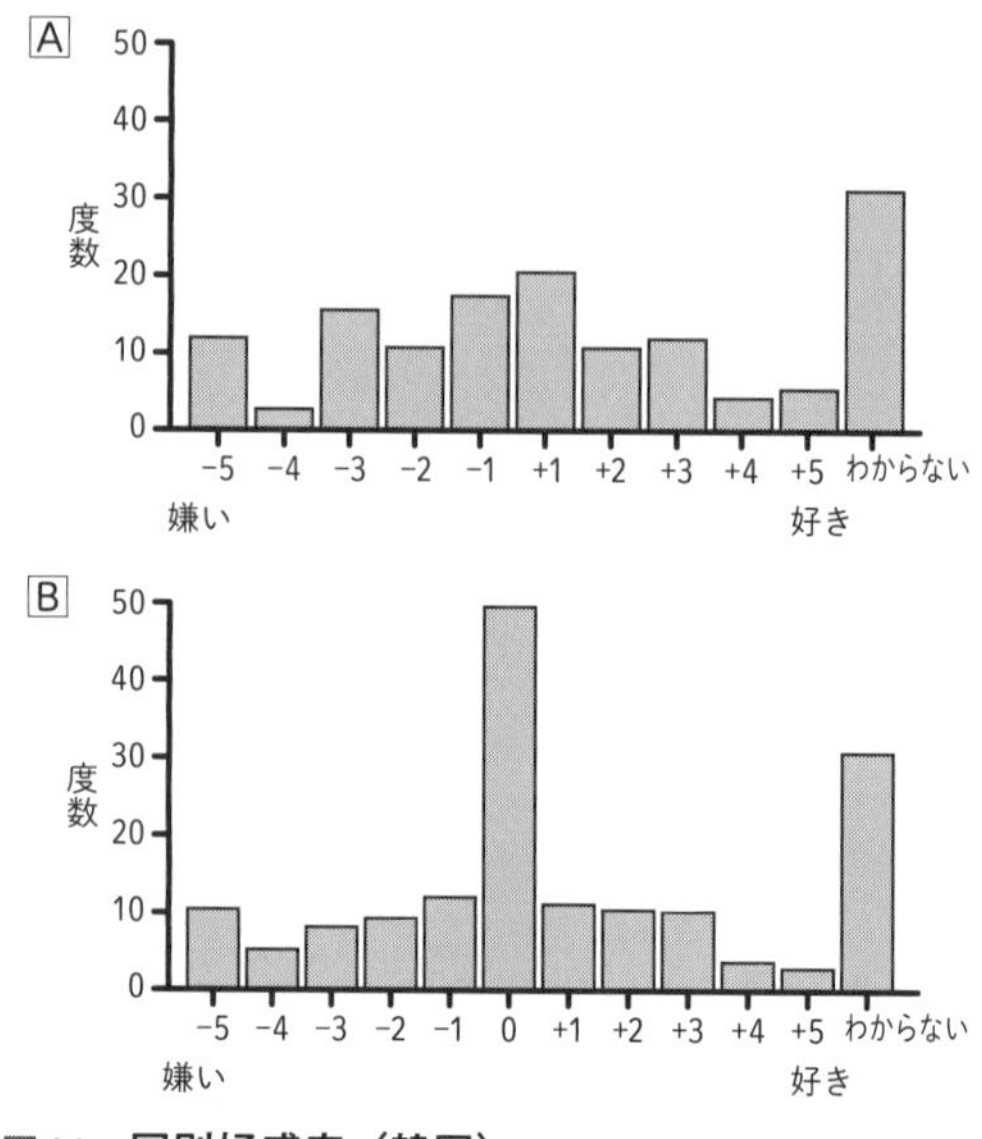

図11　国別好感度（韓国）

「原因と結果の経済学」（中室牧子 、津川友介／著）、ダイヤモンド社、2017をもとに作成。

同じことを聞いても結果がちがう

このような例は他にもあります。次の質問を見てみると、①も②もあなたはどちらのタイプの先生が好きですか?と同じことを聞いています。

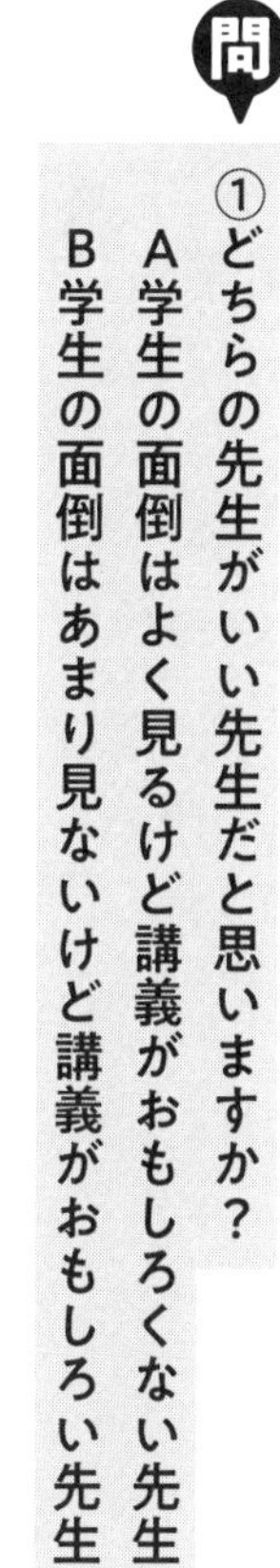

聞き方をちょっと変えているだけで①と②はまったく同じですよね。順番を逆にしただけなんですが、答えが明らかに変わってきたんです。いいですか?①は、Bの「学生の面倒

はあまり見ないけど講義がおもしろい先生」がいいと答えた人が八割近くいます。②は、Bの「講義はおもしろいけど学生の面倒はあまり見ない先生」と①のBと同じこと言っているんですけど、②はですね、支持率は六割くらいです。みんな何を見ているかというと、**最初よりも文章の後の方に力を入れて見ている**ことがわかってきました。文章の後ろの方で肯定的なことを書かれた方がより高い支持率を得るということです。だから、アンケートをとるときこういうふうに考えたら自分の思う通りの答えが出る可能性が高いわけです。

アンケートの回収率を上げるには?

　アンケートは直接渡して実施してその場で回収できればいいんだけど、なかなかたいへんなので郵送しますよね。郵送するとなかなか戻ってこないんですよ。ランダムに電話をかけると五割くらい回答が得られるといいましたけど、郵送すると三割くらいしか戻ってきません。どうしたら回収率がよくなるでしょうか?

　有名な話ですよね。おまけを入れるんですね。おまけをもらうと、みんな悪いと思って返信がくるんですね。他にも、返信用封筒に切手を貼っておくと戻ってくる確率が高いんです。アンケートの質問が長いとみんな書きませんから、質問を少量にします。名前に肩書を付けると返ってきやすくなります。学長とか書くと返事が来るんです。もう一つは、学生の名前で手紙を出すとかわいそうだなと思って、アンケートに答えてくれる人結構多いんです。だから、学生の皆さんは学生の特権を使わないといけませんね。笑っちゃうのは、大きな封筒ほど返ってくる確率が高いんです。不思議ですね。人間ってそういうもんです。アンケートのとり方、ちゃんと覚えておいた方がいいですね。

データの信頼性

科学的根拠のある実験

ここではデータの信頼性について担保の取り方を覚えておいていただきたいと思います。論文に書かれていることが本当に正しいかどうかをどうやって調べるかというと、例えば、ある薬が効いたかどうかは、いくら動物に効いてもあまり信用できません。本当は症例報告といってヒトでやって、さらにコホート研究といって、ある地域で長い間観察してやっと信頼できるデータが得られるわけです。

さらに、比較臨床試験っていうものがやられています。薬が効くかどうかを偽薬と比較す

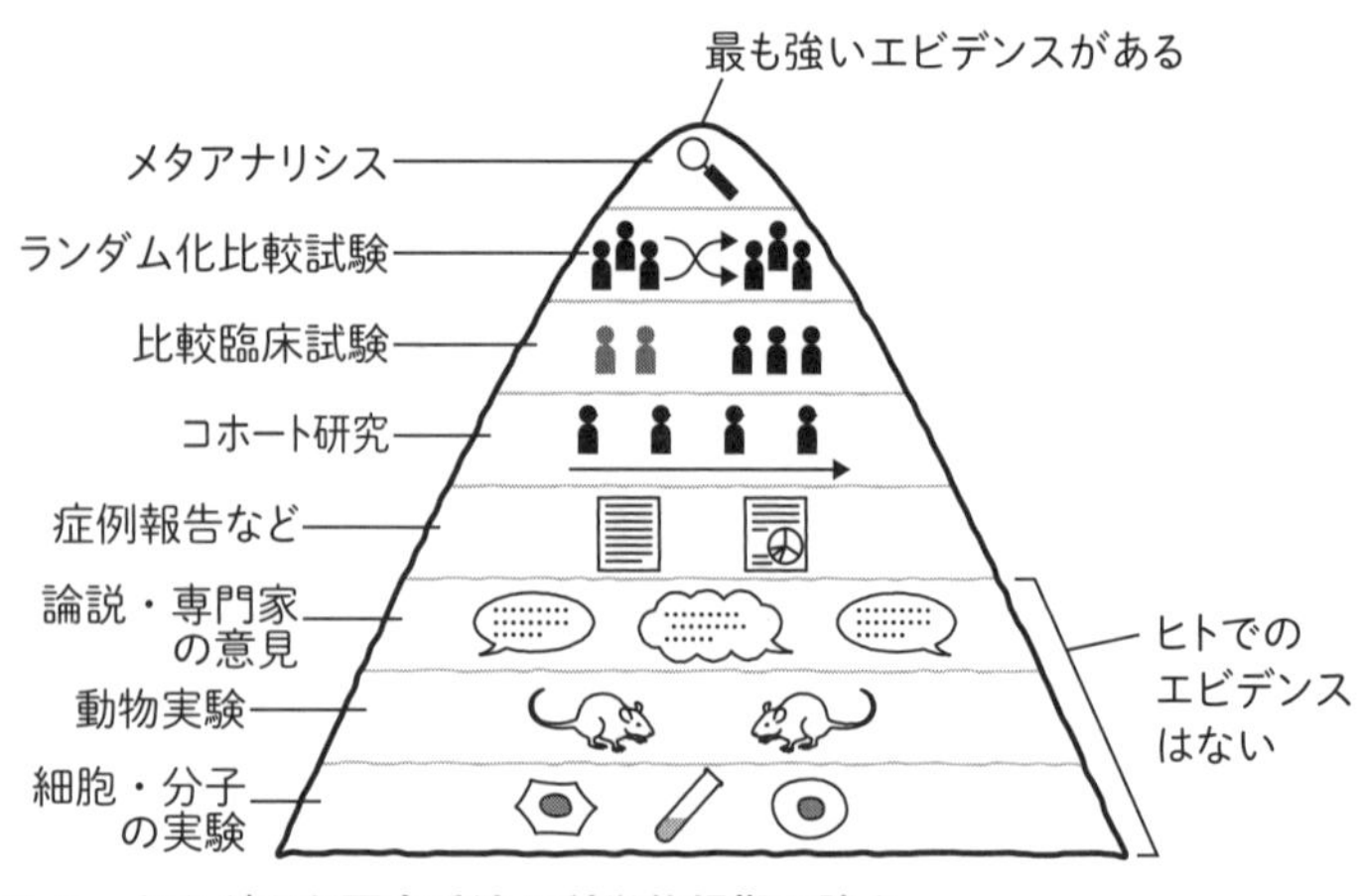

図12　さまざまな研究手法の科学的根拠の強さ

るわけです。それを無作為に行ったものがランダム化比較試験になります。そうすると、だんだんデータとしては確かなものになります。**図12**を見てください。一番エビデンスがあると言えるものはメタアナリシスといって、複数の研究を集めて、統計的にまとめて一つの結論を出す研究です。だからメタアナリシスって書いてあったら、これは確実な研究なんだなとわかるようになってくださいね。

どれくらい実験すればいいのか？

それでは、どれくらいの数やればいいかというと、一般的にこんなものだってことを知っておいてくださいね。例えば、ある薬を与えたら行動が活発になるかならないかを調べる実験をするとします。

そういう実験のときにネズミを何匹使えば信用できる結果が得られますか？って言われたら、皆さん何匹使って実験しますか？　百匹使ってやったら確実な結果が出ますけれども、無駄にたくさん使うと動物愛護協会から怒られますよね。ネズミの数はかわいそうだから減らさないといけません。じゃあ四匹でやればいいかというと、個体差が出てちがう結果が出る可能性がありますね。一般的には、この場合は八匹くらい使います。

これネズミだったらそうだけど、線虫だったらどれくらいかというと、二十匹くらいが必要です。じゃあチンパンジーは？というと、四十、五十歳まで生きるチンパンジーを八頭育てるのって結構たいへんなんですよ。チンパンジーは八頭は無理です。四頭そろえるのもたいへんですから、これは二頭くらいで我慢してもらうことになります。

試験管は何本使ったらいいかは、二か三やってその平均をとるのが妥当です。これは余談なんですけれども、一緒に研究している人があいつの研究怪しいなと思って自分でちょっと代わりにやってみるときは、八回もやる必要ないですね。でも一回だけじゃわからないかもしれません。二回やると正しいかどうかだいたいわかります。というふうに、調査データの数も大事だということは頭に入れておいてください。

動物実験の３R

動物って一般的には動物実験の倫理原則（３R）で、なるべく他のものに置き換えて使わない（**リプレイスメント**）、使う数をできるだけ減らす（**リダクション**）、計画をきちっとたてる（**リファインメント**）ということになっています。だから先ほど言ったように、何百匹も使って実験することは現在なくなりました。日本でも二〇〇五年の動物愛護法の改正で、使用削減を徹底することとできるだけ苦痛を与えないようにすることが明示されました。

思い込みはなぜ広がるのか

最後に、こうやってフェイクニュースが広まるんだな、というお話をちょっとしておしまいにします。皆さんね、いろんなところから情報が来ると思うんだけど、誰の情報を一番信用していますか？　友達とか仲間とか家族だと思うんですが、偽情報って結構そこから入ってくることが多いんです。いかにもありそうな間違った情報っておもしろいから、それを信じて善意で周りの人に話します。だましてやろうなんて誰も思っていないわけです。

あるとき、Facebook にこういう投稿がありました。一九九八年の People 誌のインタビュー記事で、トランプ元大統領が「自分が大統領に立候補することがあれば共和党からだ。なぜなら、共和党は最も頭の悪い有権者集団だからだ」と言ったと Facebook に載ったんです。トランプは共和党から出てるんですけど、昔こんなこと言ってたんだな、なるほどトランプだったら言いかねないなと、この噂が広まったんですよ。だけどこれフェイクだったんですね。誰かが嘘ついたわけです。一見ありそうな話でしょう？　だからこんなふうに悪意がなくても人から人へ広まったんです。一般的なフェイクニュースってそういうもんですよね。だけど皆さんはやっぱり正しい情報を正しく他の人に広めないといけないので、こういうことはないようにしてくださいね。

このニュースが広まった理由を後で解析すると、みんな友達を信用していたからだとわかりました。本当にそういうことをトランプが言ったかどうかって誰も調べなかったんですね。でも一生懸命調べても何の役にも立たないですよね。あれ嘘だったのかって、それで終わっちゃうじゃないですか。だからフェイクニュースは、いい加減なところで広がっていくんですね。

さっき出てきたたくさん卵を食べたらコレステロールが高くなって体に悪いという話も、いかにもありそうな話ですから、わっと広まっちゃったんですね。でも、嘘でした。いろんなデータを見るときは、よく調べなきゃいけないということを覚えておいていただきたいと思います。**人間は自分で考えないで他人の言うことを信じる**、そういうものなんですね。今回はこれで終わりにします。

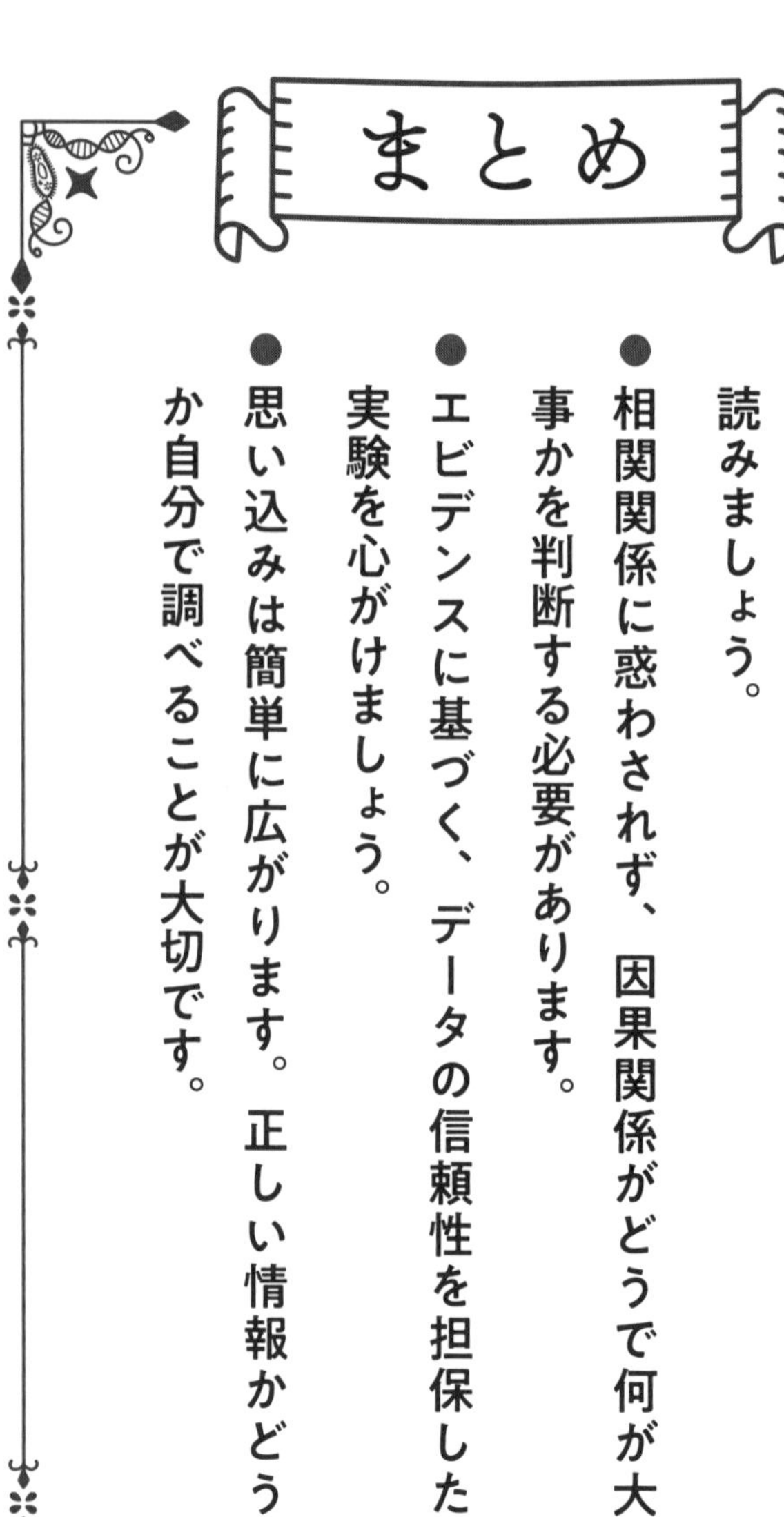

まとめ

- バイアスがかかっていることに注意してデータを読みましょう。
- 相関関係に惑わされず、因果関係がどうで何が大事かを判断する必要があります。
- エビデンスに基づく、データの信頼性を担保した実験を心がけましょう。
- 思い込みは簡単に広がります。正しい情報かどうか自分で調べることが大切です。

第4章

遺伝子組換えとiPS細胞、ワクチン

ヒトの発生

今回は、ヒトの発生と生命倫理についてお話ししたいと思います。

受精から着床まで

図1はヒトがどうやって大きくなるかを示したものです。最初、精子と卵が受精してから細胞分裂が行われていって、だんだん大きくなり、細胞は三層に分かれて、ここからいろんな組織や器官が形成されていきます（**A**）。受精卵は**B**のように子宮の中を動いていって着床します。着床っていうのは子宮内膜に入り込むことで、ここで大きくなります（**C**）。

細胞の分化能力

そこで、もともと一個だった細胞が、心臓や神経など、どうやっていろんなものになるのか不思議に思いませんか？　ここが生物の非常におもしろいところです。もともと均一だっ

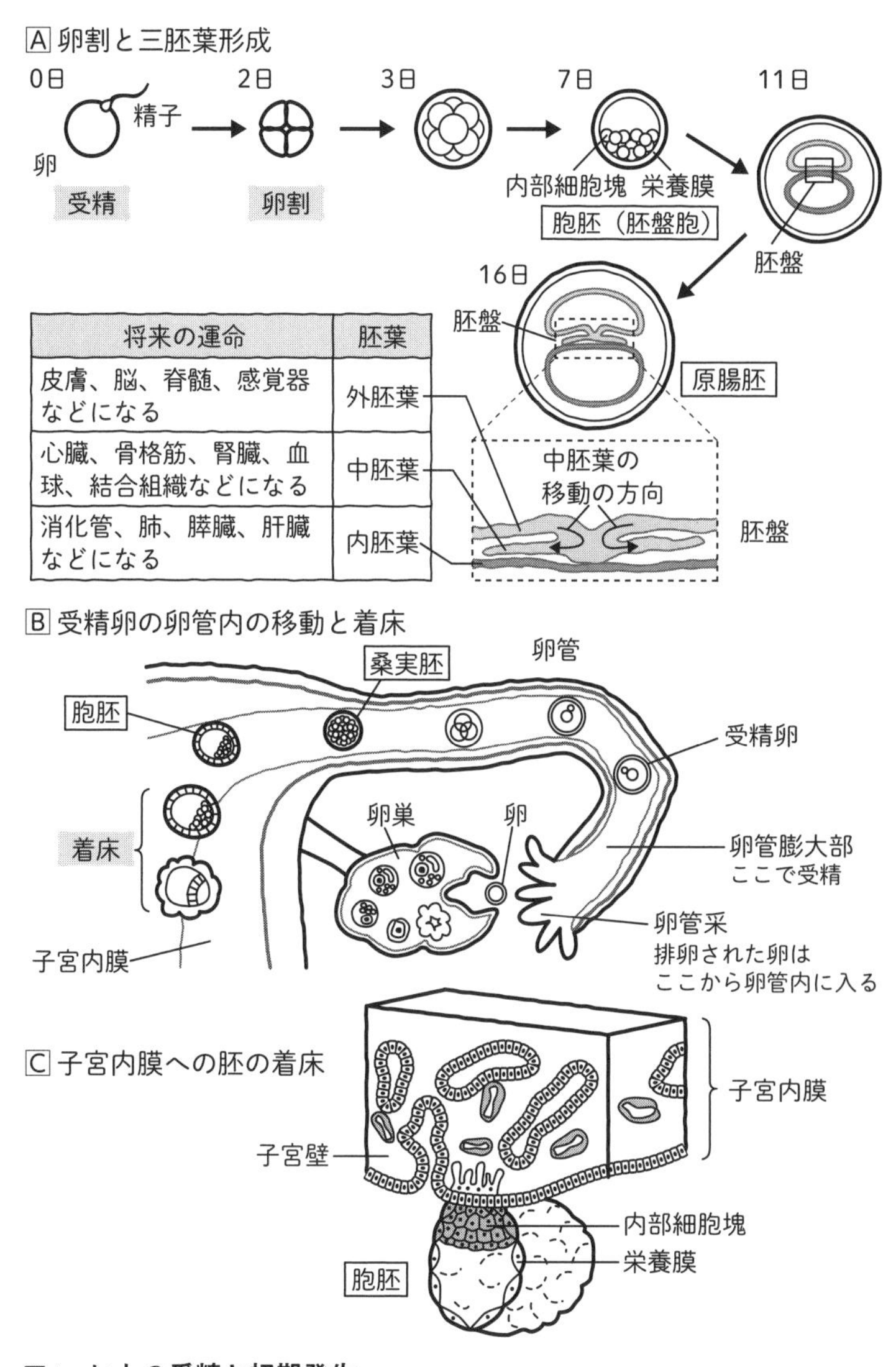

将来の運命	胚葉
皮膚、脳、脊髄、感覚器などになる	外胚葉
心臓、骨格筋、腎臓、血球、結合組織などになる	中胚葉
消化管、肺、膵臓、肝臓などになる	内胚葉

図1　ヒトの受精と初期発生

「現代生命科学 第３版」（東京大学生命科学教科書編集委員会／編）、羊土社、2020 をもとに作成。

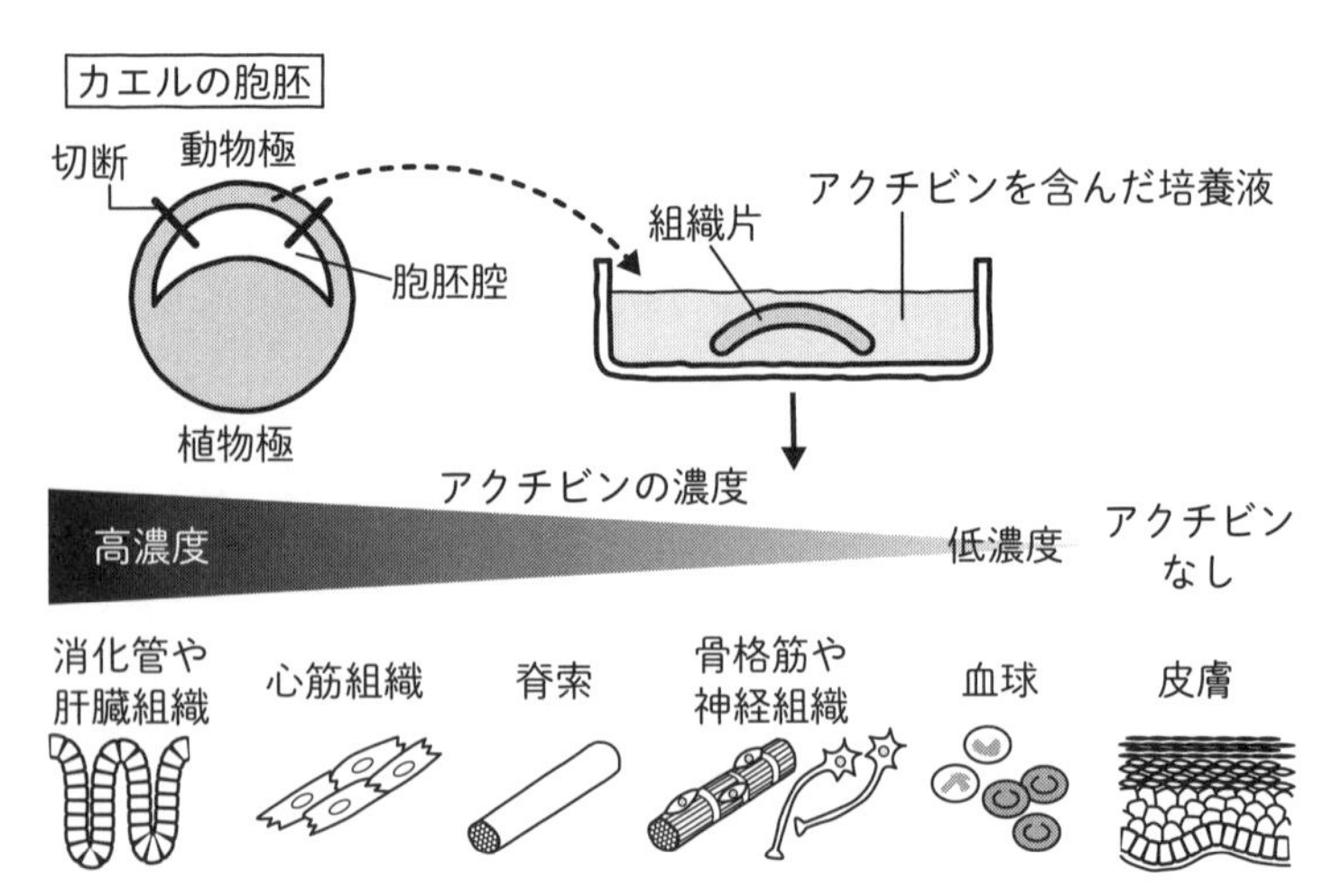

図2　細胞の分化

「現代生命科学 第3版」（東京大学生命科学教科書編集委員会／編）、羊土社、2020をもとに作成。

た細胞が別々の器官とか組織に変わっていきます。これを分化といいます。最初に、両生類で興味深い研究が行われました。**図2**はカエルの胞胚を使った実験の結果です。胞胚の動物極側を切りとり、シャーレの中に入れて、そこにアクチビン溶液を加えます。アクチビンは増殖因子の一種です。すると、組織片がアクチビンの濃度によって、心筋組織や脊索、神経組織など、いろんなものに変わることがわかりました。分化はこのような誘導物質によって起こることが明らかになってきたんですね。

　発生で私たちの体のいろんな臓器ができるのは、働く遺伝子がちがうからなんですね。例えば、心筋になるためには心臓の遺伝子が働けばいいわけです。神経になるためには神経の遺伝子が働けばいいわけで、**働く遺伝子を変えることによっていろんな臓器や器官ができることが**

明らかになりました。

再生医療の今

さあここから再生医療のお話にいきましょう。再生医療においては、体性幹細胞（血液の中などに存在する将来いろんなものになり得る細胞）、この後説明するＥＳ細胞やｉＰＳ細胞を使って、なくなった臓器などをつくり出すことができるようになりました。

クローンとES細胞

クローンってご存知ですか？　まったく遺伝子が同じもののことです。**図3**にクローンのつくり方が書いてあります。クローンは核移植でつくることができます。左上に書いてあるように、ネズミから核をとっちゃいます（脱核）。そこに別の細胞からとった核を入れる核移植を行うわけです。遺伝子組換えじゃなくて、核をただ入れ替えるだけなんですね。だから、まったく同じ遺伝子をもったクローンがつくれるわけです。ヒトでこんなことやっちゃ

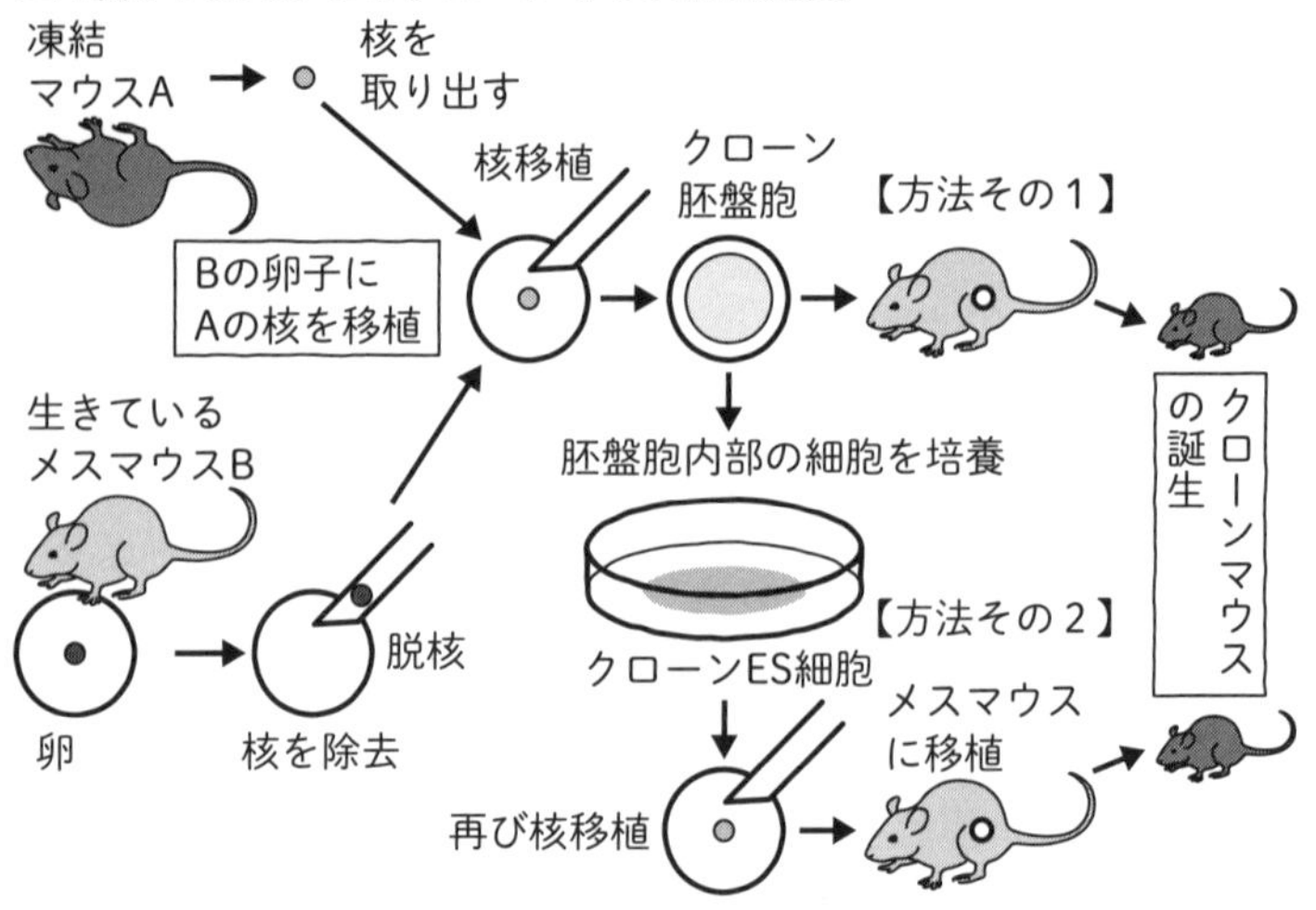

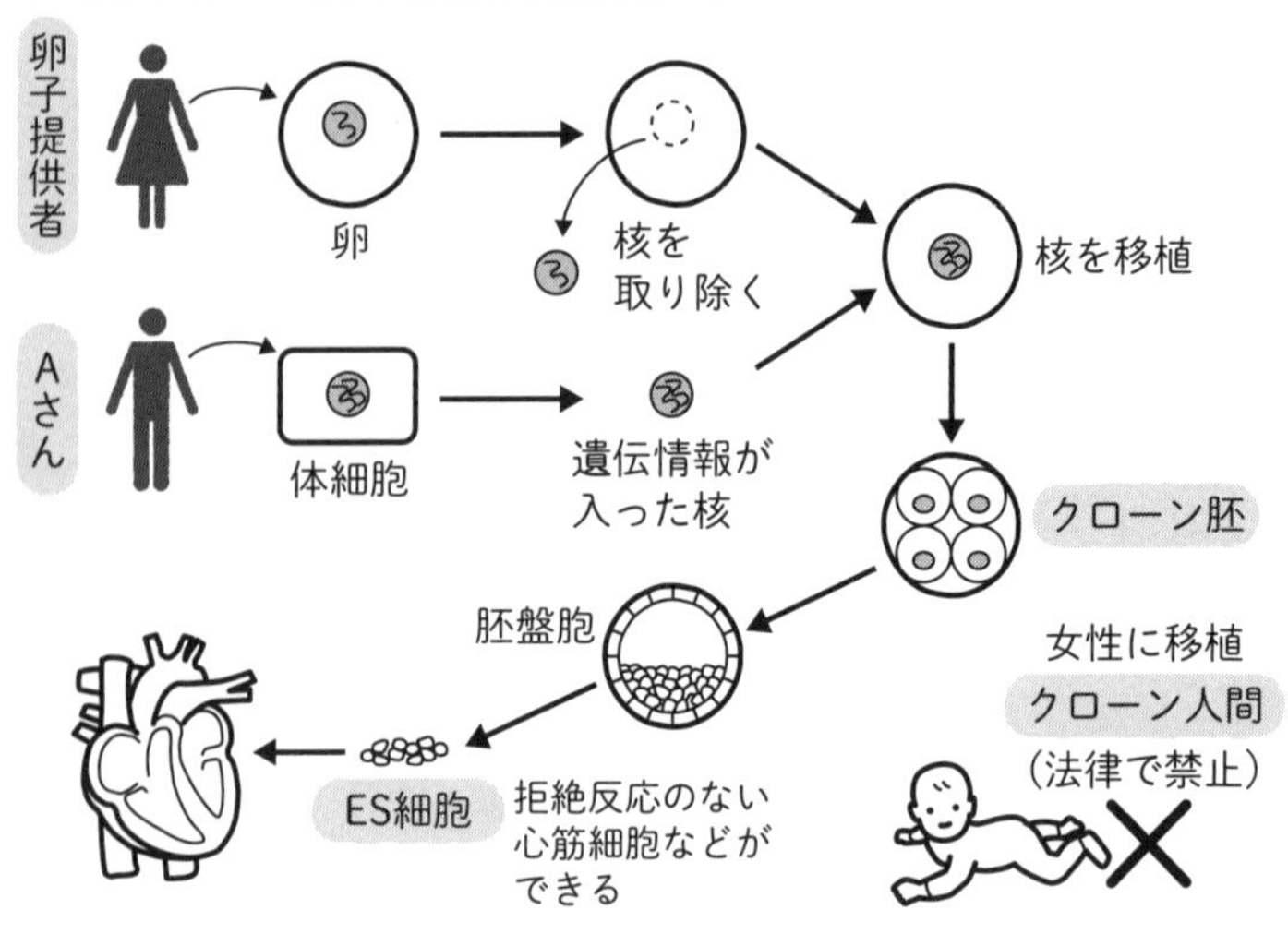

図3　クローンとES細胞のつくり方

いけません。これはちょっと注意しないといけませんね。ＥＳ細胞はクローンと同様に未受精卵から作られます（**図３Ｂ**）。

ｉＰＳ細胞は遺伝子組換え

最近はやりになっているのはｉＰＳ細胞です。なぜかというと、ＥＳ細胞は女性から未受精卵をとらないといけないので、ちょっとやりにくいわけです。ｉＰＳ細胞だったら皮膚の細胞でできます。皮膚だったらすぐに細胞がとれますよね。倫理的にもやりやすいので、今ｉＰＳ細胞が話題になっているわけです。ｉＰＳ細胞を使った再生医療は、すべてトランスジェニックです。トランスジェニックは、遺伝子組換えです。ヒトの遺伝子を直接操作しています。だから、どんなｉＰＳ細胞も遺伝子導入していることを頭に入れておいてください。

ｉＰＳ細胞の可能性

ｉＰＳ細胞とＥＳ細胞は何にでもなれて、どれだけでも増える人工多能性細胞です。ちがうのは、ＥＳ細胞は未受精卵を使用するために拒絶反応があったり倫理的な問題が出てくるわけです。ところが、ｉＰＳ細胞は、**自分の皮膚からとった細胞を肝臓にして、自分の肝臓**

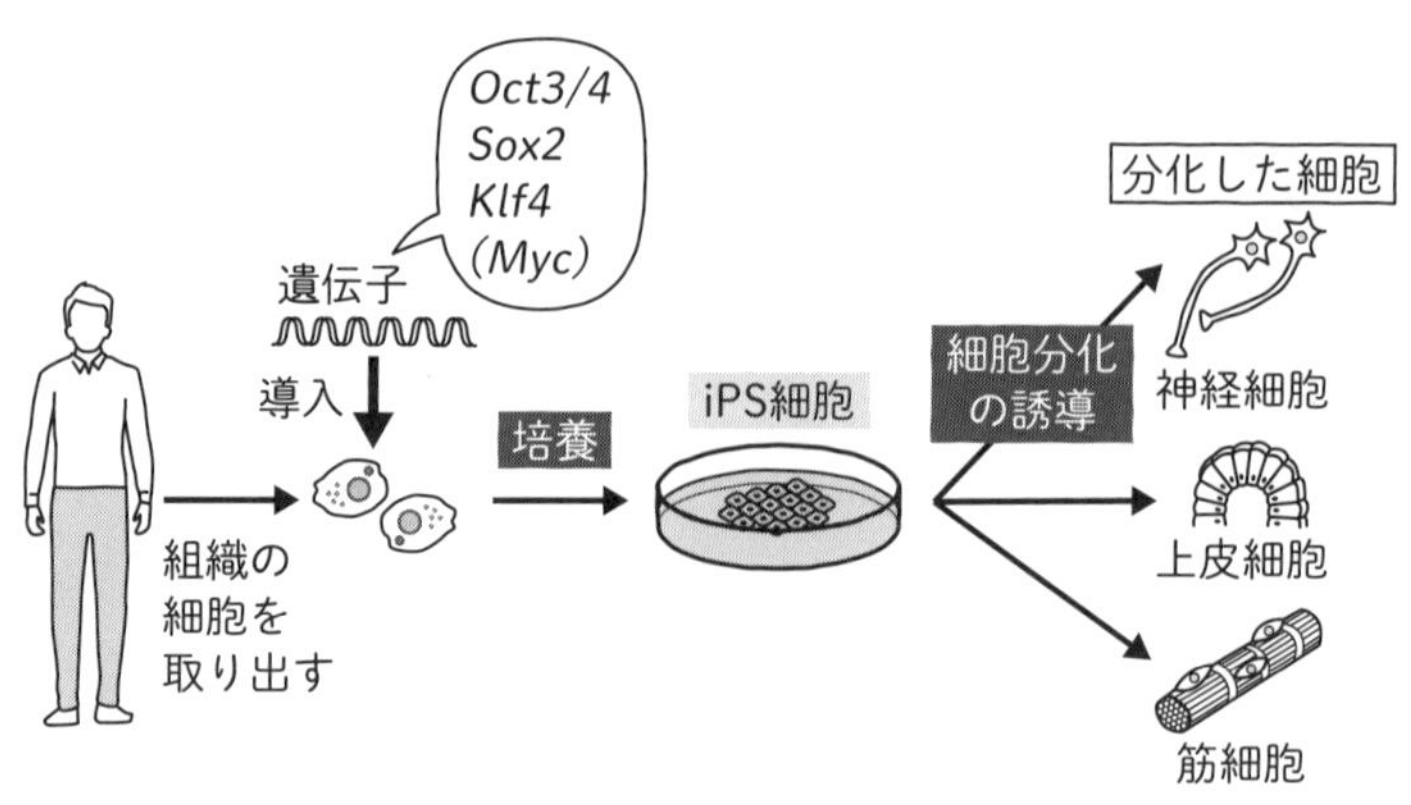

図4　iPS細胞

「現代生命科学 第3版」（東京大学生命科学教科書編集委員会／編、羊土社、2020をもとに作成。

に移植するわけですから、拒絶反応や倫理的な問題はありません。だからそういう面ではｉＰＳ細胞はいいんじゃないかと言われていて、山中先生はそれでノーベル賞をとったんです。皮膚の細胞をとって、ある四つの遺伝子を入れると、ｉＰＳ細胞になります（**図4**）。これを分化誘導すると、神経になったり肝臓になったり網膜になったりするわけです。だから足りないところを補うことができるわけですね。山中先生は発見から六年でノーベル賞をとりました。素晴らしい大発見ですね。

　例えば、皮膚からｉＰＳ細胞をつくってそこから筋肉をつくります。筋肉ができれば、筋肉に異常のある人に移植できます。神経をつくって認知症の人に入れると、ひょっとしたら認知症が治るかもしれませんね。

　ｉＰＳ細胞の利点は他にもあって、病変の起こる過程をリアルタイムに追跡できます。例えば、病気の人からｉＰＳ細胞の筋肉をつくると、病気の筋肉はどうやってできるかがわかりますよね。そうしたら、その細胞を使って病変が起こった後、元のように戻せるか、つまり薬ができるかどうかを調べることもできるわけです。できた薬の有効性や毒性の有無を調べることも可能になります。だから、ｉＰＳ細胞は人間に移植するだけじゃなくて、**実験室でも非常に有用な細胞なんです**。でも、それを人間に移植するのはちょっと困るんですよ。がんになったら困りますからね。皆さん知っていると思いますが、ｉＰＳ細胞を移植して一人でもがんになったら大きなお金がストップするので、今は、死の危機に瀕している人や拒絶のない目にしか応用していません。がんになるのが一番怖いのでやっていないんです。安全性を注意しないといけませんね。

だから、患者さん本人の皮膚を使って遺伝子を導入してｉＰＳ細胞をつくる仕事が今やられているんです。山中先生によると、**ｉＰＳ細胞のストックは日本人の約三〇％をカバーしています**。要するに本人じゃなくても拒絶反応が出ない人からもらうことができるようになっています。もう一つは、**国が指定している難病三百のうち、百五十以上からｉＰＳ細胞ができています**。今まで治療法がなかった病気の治療ができるかもしれないわけです。

ｉＰＳ細胞は危険？

このような素晴らしい研究なんですけれども、科学が進んで行くとやっぱり倫理問題が出てきます。**iPS細胞は遺伝子組換えで、ヒトの遺伝子を直接操作しています**。遺伝子を組換えているものを体に入れていいかどうかについて、さまざまな見解がありますよね。遺伝子組換え食品って聞くと、嫌だなと思う人もいるでしょう？　遺伝子組換え食品って食べれば胃で消化されちゃうんですよ。なのに問題になっているんですけれども、iPS細胞では遺伝子組換えの細胞を人間に入れるんですよ。通常は絶対にやらないようなものです。だけど、山中先生がノーベル賞をとったからよさそうだなとみんな思っているでしょう？　でも、現実はリスクのあることなんですね。遺伝子操作を行うことについて倫理面での問題をお話ししたいと思います。倫理の問題は、ある一部の人だけの意見っていうのが結構多いんですよ。だから皆さん当たり前だと思っていることも、もういっぺん考えてみてくださいね。

遺伝子組換えとiPS細胞

遺伝子組換えに反対する人

例として、遺伝子組換え食品についてお話ししましょう。遺伝子組換えについては、第6

章もご覧ください。遺伝子組換えにどんな人たちが反対しているかというと、宗教的に反対している人が結構多いんです。人間がＤＮＡを人工的に改変した、神の領域を犯したと反対しています。それが一つです。

もう一つの立場として、反科学の人もいます。反科学の人は、例えば、遺伝子組換えになぜ反対するかっていうと、あれは大企業のモンサントという会社がつくっているから嫌なんだと言うんですね。遺伝子組換え食品は大企業だけが儲かっているんで、金持ちに対する反感があります。インテリの指図になんて従いたくないというわけです。そうやって反科学へ入ってくる人もいます。だけど、遺伝子組換えが本当に危ないかどうかは調べればわかることなんです。食べて何%が病気になったのか調べればいいわけです。ほぼ調べられているんですね。遺伝子組換え食品は何十年もみんな食べていて、それが原因で病気になった人はいないんです。確率的思考をすると、遺伝子組換え食品は問題ないとわかります。

でも、反対派にはいろんな人がいることを知っておくことも大事です。覚えておいてくださいね。

なぜ反対するのか聞いてみた

遺伝子組換えになぜ反対するのか、私、いろんな会議に出て聞きました。人体に害をもたらすんではないか、食べるとアレルギーの原因になるんではないか、花粉が飛散することで意図せずに環境に悪影響を与える可能性がある、と言うんです。最大の理由は、遺伝子組換えが危険なのではなくて、安全とは言えないからと言います。たしかに安全とは言えないんですね。でも証明できないんですよ。心情的に嫌だというだけなんです。そういう人に対して科学的な議論はできないわけです。そこがなかなか難しいところで、やっぱり反対する理由は別にあるのかもしれませんね。えらそうな先生がえらそうなこと言っているのが嫌だ、さっきいった大企業だけが儲けているのが嫌だとかね、遺伝子組換えじゃない食品を高く売りたいから日本では遺伝子組換え植物を栽培させたくないという可能性も大いにあります。

iPS細胞はOKの矛盾

そこで、こういう人たちにiPS細胞は大丈夫ですか?と聞くと、iPS細胞は山中先生がやっているから大丈夫だって言うんですね。同じ遺伝子組換えのiPS細胞に寛容なんです。非常に不思議ですね。私なんかどちらかというと、遺伝子組換えは別に悪くないなと思っているんですね。安くていろんな食品がたくさんできるから、アフリカなんかの食べものがなくて困っている国には非常にいいなと思っています。ところが、反対派の人たちは、遺伝子を組換えたものを食べさせたら、チョウに害があって死んだという論文が昔あったじゃないかと言います。でも、この論文はインチキだったことが後でわかったんですが、それを認めず、間違った論文のことをずっと正しいと言い張っています。

他にも、ＥＵが反対しているからと、まったく自分の考えがなくて反対している人が結構多いことがわかってきました。ＥＵの裁判所が第６章で説明するゲノム編集食品を遺伝子組換え食品と同等に扱うと決めたんですね。遺伝子組換えが危ないから、ゲノム編集も危ないというわけです。その根拠としてあげたのが、放射線照射などの従来の遺伝子のＤＮＡ変異はＯＫであるから、というわけです。これおかしいですね。放射線を照射するとＤＮＡがごちゃごちゃに変わるんです。それを認めているんですけれども、新しいものはだめだと言ってるんですね。理由は？というと、何年も放射線照射が行われていて安全性に影響はないからと言うんです。遺伝子組換え食品は地球の半分の人が何十年も食べ続けていて、一つの問題も出ていないんです。なのにＥＵの裁判所はこんな理由で反対しているんです。理由になっていないんですね。科学的じゃないんですよ。要するに、半分以上宗教的な理由で反対しているんです。遺伝子を自然の生物に導入したプロセス自体を問題にしています。もしそうだったら、ｉＰＳ細胞はだめに決まってるんです。でもｉＰＳ細胞はいいんですね。世の中、不思議な思考をする人が多いんです。

はしかワクチンの接種

もう一つ、生命倫理の観点からはしかワクチンについて考えてみましょう。

ワクチンの予防効果

はしかは、世界中で何千万人もかかっていて何万人も亡くなっています。一九八〇年代は、一年に二千万人くらいかかって二六〇万人くらいの人が亡くなりました。今も一年に二千万人くらいかかるんですけれども、十万人ちょっとしか亡くなっていないんです。それはワクチンのおかげなんですね。ワクチンができれば、病気を予防することができるんです。よく考えると、二千万人もかかって二百万人も亡くなるというのは、死亡率では、新型コロナウイルスよりもたいへんな病気だったんですよ。それを考えるとね、新型コロナウイルスも最終的にはどうなるかまだわかりません。

ところが、はしかのワクチンに反対だという人たちが多いんです。子どもにワクチンを打たせないようにするために、ワクチン義務化を廃止しようと言うんですよ。これ大問題なんです。普通に考えると、ワクチンを打ったからはしかが急激に減ってきたんです。なのに、うちの子どもにはワクチンを打たせないって人、世の中にいるんですよ。ワクチン義務化に反対する人たちは、自分たちでホームページをつくって、フォロワーも十何万人いて、そのホームページにはしかのワクチンが危ないとか、いろんなワクチンが危ないという科学論文だけを配信しているんです。こういうグループが世の中にいることは知っていてくださいね。

病気が広がらない接種率

問　**一般的に、ワクチンをどれくらい打てば国内での感染を抑えられるでしょうか？**

今、日本のはしかのワクチンの接種率は九十数％です。日本は結構打っています。九五％以上接種すればだいたい大丈夫で、その病気が広まることはないんです（**図5A**）。ところが、九五％以下だと広まる可能性は十分あります（**図5B**）。これが一般的なワクチンの考え方になります。だから、**接種目標は普通九五％以上**なんです。だけど、ワクチンに反対する人がやっぱり何％かいるんですね。

はしかワクチン接種の賛否、これ特に先進国なんですけれども、はしかワクチン接種に断

A

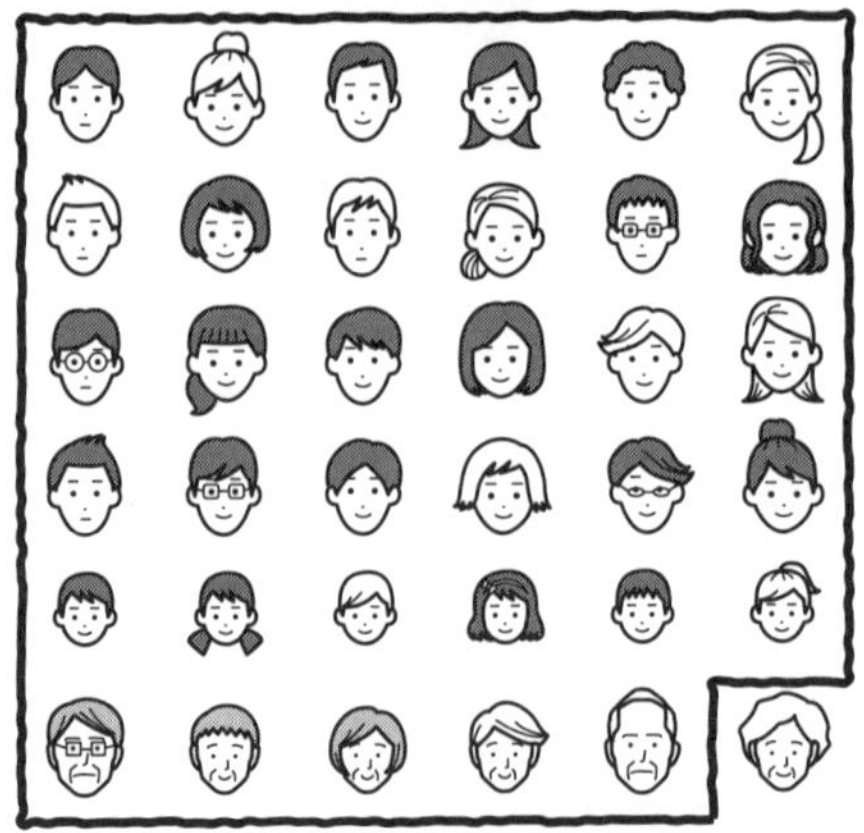

B

図5　ワクチンの接種目標

固反対する人はどうしても数％いるかもしれません。だけど、一般のアメリカ人の三分の一は躊躇するんですよ。原理的に反対ではないけど、みんなが反対しているから嫌だなという人が三分の一くらいいるんです。そうしたら何が起こったかというと、はしかが大流行しちゃったわけです。こういう人がワクチンを打たないと接種目標の九五％を下回ってしまい、病気が広まってしまいます。

どんな医療にも副作用はある

そこで、ＷＨＯは二〇一九年に、はしかのワクチン接種に反対することは、グローバルヘルスに対する挑戦であると言ったんですね。はしかのワクチンを打つのが当然なのに、打たない人がいるなんてとんでもないと発表したんです。でもやっぱり反対派の意見も聞かないといけません。反対派の意見を聞いたらね、ワクチンの中に何が入っているかわからない、ワクチンで副作用があるから、と言うんです。後で言いますが、どんな医療にも副作用が出てくるんですよ。特に新型コロナウイルス接種後の副反応は免疫反応の結果出てくるんです。出るのが当たり前でしょう？　それよりもいいことがあるからワクチンを打つわけです。そういう考え方ができない人がいることを覚えておいてくださいね。

医療と教育の問題

でもね、事情があるんですよ。例えば開発途上国のイエメンやベネズエラではしかが流行したのは、医療が行き届いていないからなんです。ところが先進国はそうじゃないんです。先進国は、ポルトガルやスウェーデンって接種率九五%以上でやっぱりちゃんとわかってるわけですよ。ワクチンへのアクセスが簡単で、教育が行き届いているとみんなワクチンを打つんですが、アメリカの一部なんかではワクチンを打たない人が結構多いわけです。イギリスでもロンドンの低所得者層の地区でワクチンの接種率の低下が起こりました。調べてみると、三分の一の子どもの住所が変わっていて連絡がつかなくなっていたんです。やっぱりこういう場所では感染症がはやることがわかってきました。

ワクチンのせい？

まとめていきますよ。人間には信念があるんで、信念を変えさせることはなかなか難しいんです。ワクチンは安全だと、普通は考えるわけです。ワクチンを打っても普通は何も起こりません。それでいいかとみんな思うんですけれども、たまに何百人、何千人に一人がワクチンを打ったら病気になるんです。医療ってそういうもんなんですよ。そういうときはしょうがないと諦めるしかないんですが、問題になっているのはワクチンを打ったときに打った子どもが自閉症になったような場合ですね。因果関係があるかわかりませんよ？　もともと自閉症になりやすかったかもしれないし、ワクチンを打ったからかもしれないんだけれども、いずれにしろワクチンを打った後、自閉症になった場合、ワクチンは「安全ではない！」と大きく広がっていくわけです。大多数の人がワクチンのおかげではしかにかからなかったとしても、それはわからないわけでニュースになることはありません。自閉症にならないのが普通なんですけれども、たまたま起こった場合はその意見が広まって、大多数が接種しなくなってしまうわけです。そうすると深刻なはしかが流行します。これは代償ですよね。

リスクを上回るメリット

実際に、ニューヨークの正統派ユダヤ教徒や南カルフォルニアの私立学校とか、ミネアポリスのソマリア移民の人たちは、いろんな理由でワクチンを打たない人が多くいて、結果的にはしかが大流行しました。でも一般的には、ワクチンはリスクを上回るメリットがあるんです。これ確率で計算すればいいわけです。でもそういうことがわからないんですね。どんなエビデンスでも確率なんです。非喫煙者でも肺がんになることがあります。喫煙者でも肺がんにならないことがあるでしょう？　でも、喫煙者が肺がんになる確率の方が非喫煙者が肺がんになる確率より高いわけで、タバコを吸わない方がいいということになります。

ワクチンの場合もそうですね。ワクチン接種後に自閉症が判明した場合、そのコミュニティーはワクチンが自閉症を引き起こしたと結論しがちになりますね。それは犯人を見つけないとお金をもらえないからかもしれません。理由がわからないときは賠償金目的に何かに責任を押しつけたがります。これはよくあることです。本当はわからないのが正しいですね。たまたまそうなったんです。たまたまそうなったんじゃ何も起きないから、犯人探しをすることがよくあるわけです。

インフルエンザも同じですね。ワクチンを接種してもインフルエンザになることもあるし、打たなくても病気にならない場合もあります。でも、たくさんの人を集めると、やっぱりワクチンを接種した方が打たない人に比べてインフルエンザにかかりにくいわけです。これ確率の問題なんですよ。健康上メリットがあるからみんなワクチンを打ってるんですね。

責任を持って選択しよう

はい、今回の結論、大事なところです。**どんなエビデンスでもそれは確率で与えられるものなんです**。確率がわからない人は損をすることになります。でも、このようなことが理解できない人がどの国でも半数いるんです。なので結論としては、反ワクチン派はすぐれたエビデンスを学ぶことができないんですね。社会の損失になります。大事なのは、**ワクチンを打たない人がいると病気が広まっちゃうわけですよ**。公共の福祉に反するわけです。だから強制的に打たせなきゃいけない、そういう国がいっぱい出てきたわけです。

そこで、皆さんはどう考えますか？　よく考えてみてくださいね。まず大事なことは、**必ず事実をちゃんと自分で理解すること**です。ワクチンを打つと何%副作用が出るか、ワクチンを打たないと何%の確率で感染するのかは必ず理解してくださいね。二番目、大事なことは、それで**打つか打たないかはあなた自身で決めてください**。当然ですね。でも、打たないと他の人に迷惑をかける恐れがあります。国によっては罰を食らう恐れがあります。それでいいですか？ということですね。はしかワクチンの安全性や副作用の確率はきちっと皆さん知っていないといけないわけです。

だから反対している人、反対している本人はいいかもしれないけど、やっぱり選択するには責任が伴います。他人を巻き込んで公共の福祉に害を与えている恐れが十分あるわけです。そういうことをしっかり頭に入れておいてくださいね。

ワクチンをみんなが打つには

新型コロナウイルスが今パンデミックになっていますが、この現状では、さすがにワクチンに反対する人はいないと思うんですけれども、ひょっとしたらワクチンを打たないことを選択する人もいるかもしれないですよね。どうしたらいいかというと、ワクチンには必ず副作用があります。ワクチンだけじゃなくてね、すべての医療行為には副作用があるんですね。だからメリットとデメリットを天秤にかけなきゃいけないわけです。

ワクチンの接種率を上げるにはどうしたらいいかというと、いろんな方法があります。簡単な解決法は法律でワクチンの接種を決めてしまえばいいわけです。それが一つの方法ですね。もう一つは、よく教育してワクチンが重要ですよと教えるんですけれども、これ難しいですね。どれだけ教育してもどの国にも半数近く反対する人がいるわけです。アメリカのある地域では、接種しなかった子どもを学校に入れなかったり、親に対して罰金をとったりするところもあるわけです。そうしないと、公共の福祉全体に害が及ぶのでそうせざるを得ないんです。でもそうしたくないですよね？　普通はやっぱり教育と対話でこういうことがわかるようにならないといけないわけです。

今度の新型コロナウイルスだけじゃなくて、例えば非常に死亡率が高かったＭＥＲＳは死亡率が三割超えていたんですね（→第０章）。そんな病気がもしはやってきたら、ワクチンをつくらないとこのままでは対応できません。そこにワクチンに反対する人がいたらとんでもないことになるわけです。だから今の時点でいろんなことを考えておかなきゃいけないことがわかります。

はしかワクチンや子宮頸がんワクチンに反対する人が多いのはなぜでしょうか？

結果論ですが、反対する人は実は高学歴の人や女性にも多かったんです。理由を考えてみましょう。理由は多分こうじゃないかな？ということが今わかっています。特に副作用とかリスクの方に目がいって、メリットの方にあまり目がいかないんです。確かに、ワクチン接種してもメリットって何にもわかんないんですよ。病気にかからないというだけで普通の人はまったくメリット感じないんですね。特にワクチン接種を嫌う人は、おもしろいんですけれども、自分だけは大丈夫だからワクチン打たなくてもいいとみんな言うんです。自分だけ自信があるんです。不思議ですね。高学歴な人には独身が多くて、自分が働けなくなったときのリスクを過大評価するんです。女性がなぜワクチンを嫌うかというと、子どもに害が出ることがみんないやなんですね。だから副作用ゼロを求める傾向が大きいわけです。でも、先ほども言いましたが、副作用ゼロってないんですよ。**すべての医療行為に副作用があるんです。**

そこで結論です。もうこれで終わりますよ。医療は、リスクを超える利益を得るためのトレードオフなんですね。手術ってそうでしょう？　手術には必ず危険があるけれども手術すれば治ることがあるから、みんな手術するんです。多分利益があるんですよ。ところがワクチンはほとんどの人にとって作用が感知できないわけです。ワクチンのおかげで病気にかからないんだけれども、自分には何も起きてないのでわからないんですね。副作用が起きた人だけが損をしているように感じるわけです。だからワクチンを拒否するんですよ。副作用起こった人がかわいそうだと思うと、必ず犯人探しが起こるんですね。でも、これはちがうんですよ。こういう犯人探しをしちゃいけないんですね。副作用が生じる人は必ず出るので、その対応策を考えないといけません。

副作用に対する解決策を考えてみよう

最後の質問になります。これみんなわかりますか？　ワクチンは必ず副作用が出ます。だから、医療従事者も製造者も副作用に関する医療訴訟から免責するわけです。当然です。こうしないといけません。だけど、副作用が出た人は交通事故と同じでかわいそうなので、副作用を生じた人を救うために、全員からワクチン費用を積み立てて補償制度を確立するわけです。こういう解決策があるんですね。はい、今回のお話はここまでにします。

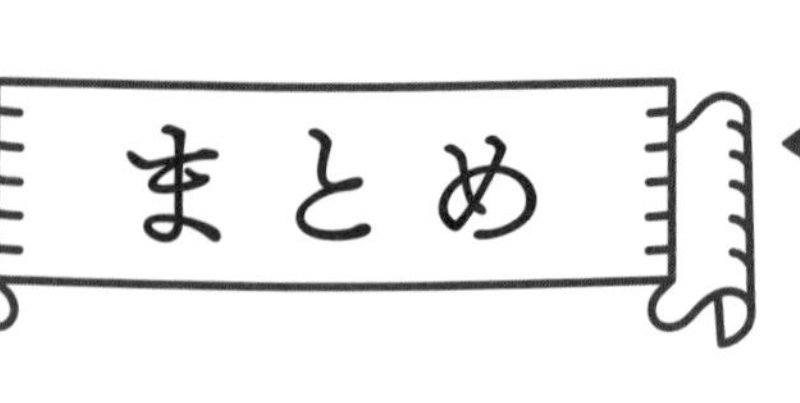

- iPS細胞の研究が進めば、今まで治療法がなかった病気の治療法ができるかもしれません。
- iPS細胞と遺伝子組換え食品は、どちらも遺伝子を導入する技術が使われている点は同じです。
- どんな医療にも副作用があり、エビデンスを確率論で考えることが大切です。
- ワクチンを打たない人がいると、病気が広まってしまいます（接種目標は九五％）。

第5章

環境と生物、放射能

生物はどこから来た？

今回は、環境と生物についてお話をしたいと思います。昔、ダーウィン（一八〇九～一八八二）が世界一周をしてその途中でガラパゴス諸島を見つけました。そこにおもしろい生物がいることから、進化論を唱えます。今回はそういうお話からしていきましょうか。

図1は南アメリカです。海の先に火山でできた十数個の島で構成されたガラパゴス諸島があります。そこにはゾウガメやイグアナといった、他ではあまり見かけない特殊な生物がいることがわかっています。ゾウガメはスペイン語でガラパゴっていうんですね。ここからガラパゴスという名前がつきました。

これらの生物はどうやってガラパゴス諸島に来たんですか？

と聞くと、みんな意外と答えられないですね。ガラパゴス諸島は何もなかったところから火山が爆発してできたわけですから、もともと生物はいません。とすると、どういうことになりますか？　海を泳いできたのか空を飛んできたのかということが思いつきます。

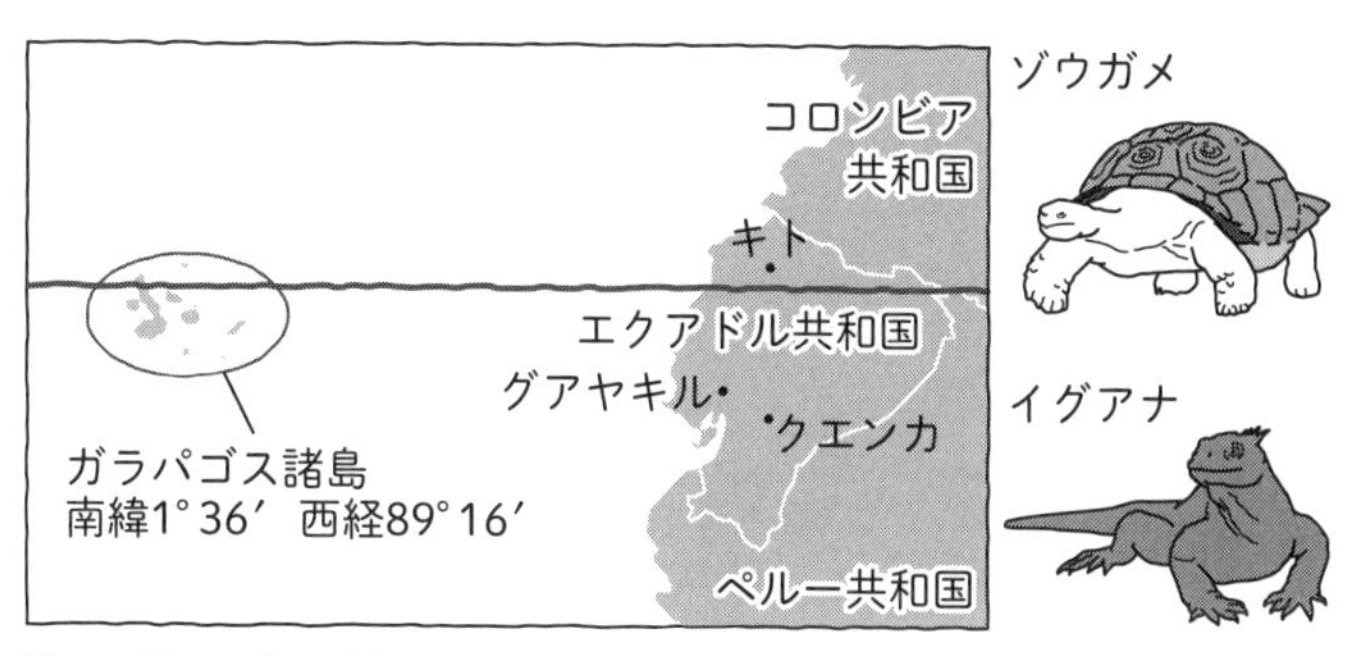

図1　ガラパゴス諸島

昔、ビーブっていう人がゾウガメを海に放り込んだところ溺れてしまいました（かわいそうですよね。今こんなことできませんよ）。こういうことがあって、ゾウガメは泳げないことがわかりました。じゃあ、生物はどこから来たのかっていうことが問題ですよね。じゃあ、空を飛んできたのかというと、一番近い大陸とは千キロ離れているので、飛んできたわけがありません。とすると、結論は一つしかありませんね。**図2**がヒントです。

①グアヤ川沿岸の動植物がガラパゴスに似ています
②フンボルト海流が流れています

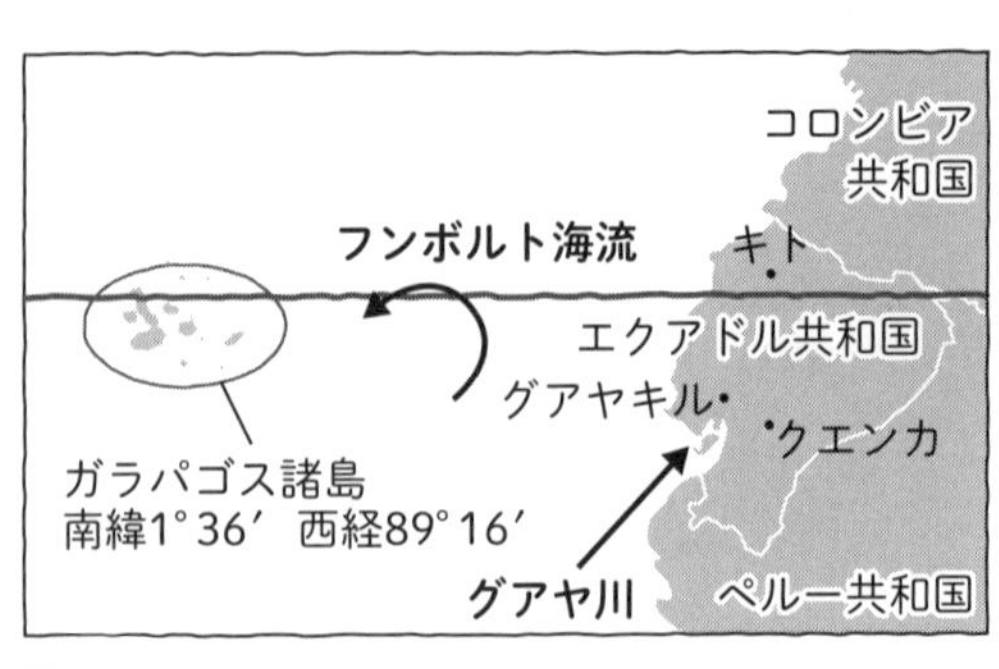

図2 ヒント

わかりましたか？ グアヤ川沿岸の動植物の種とか卵がフンボルト海流に乗って流れ着いたっていうのが正解になります。洪水のときに何かに乗って流されてきたんです。こういうふうに知識をつなぎあわせていって新しいものをつくり出す、論理的思考力が非常に大事です。どういう場合でも頭を働かせないといけません。実際に、グアヤ川の流木群がガラパゴスまで到着した例があり、確かにそういうことが起こることが後でわかりました。

環境に適応したものが生き残る

それでは、環境がどういうふうに進化に影響を及ぼすかを見ていきましょう。ダーウィンはガラパゴス諸島にいろんな形のくちばしをしたフィンチという鳥が住んでいることを見つけました（**図3**）。それぞれの島によって住んでいる種類

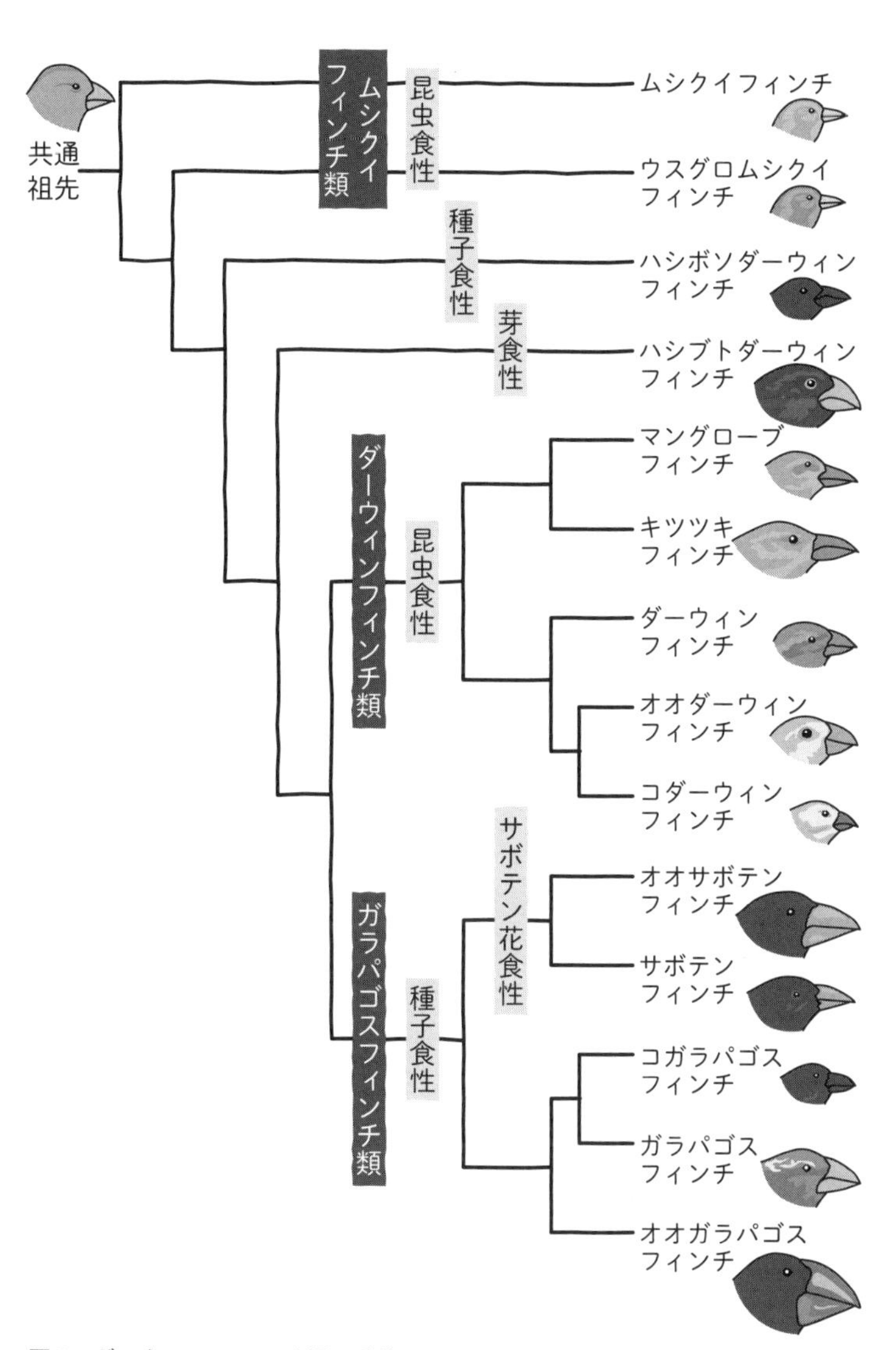

図3　ダーウィンフィンチ類の系統

がちがうわけです。よく見ると、くちばしの小さくて細いフィンチは小さくてやわらかい種を食べています。くちばしの大きくて太いフィンチは、大きくてかたい種を食べていることがわかりました。つまり、**植生との関係で適応した者が生き残ったんではないか**という適応放散の考え方になります。ダーウィンが考えた進化の一つの道筋です。つまり、環境への適応が進化をもたらすことになります。

ところが、問題はここからです。実際調べてみると、**くちばしが大きいフィンチも小さくてやわらかい種を食べていたんですよ**。そりゃそうですよね。小さくてやわらかい方がおいしいに決まっていますから、無理して大きくてかたいのを食べる必要ないわけです。理論通りいってないじゃないかと思うかもしれませんが、ちがってたんですね。島が干ばつに襲われたときに、大きいくちばしのフィンチは大きくてかたい種を食べはじめたんです。**大きいくちばしのフィンチは、普段は小さくてやわらかい種を食べているんだけれども、食べものがなくなってきたときにはやっぱり大きくてかたい種を食べることがわかってきました**。だから、きちんと観察しないといけないということになります。

どんな個体が生存に有利か？

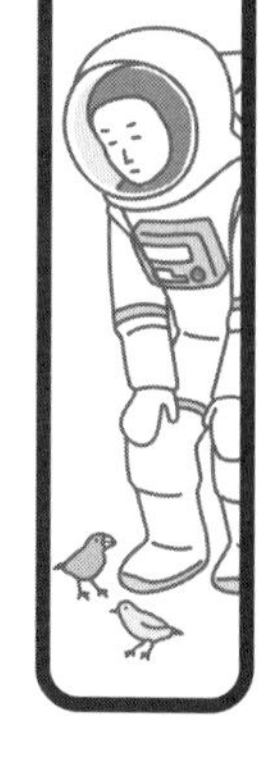

そこで、ガラパゴス諸島で島ごとにフィンチのくちばしの大きさを調べました。おもしろいことに、ピンタ・マルキーナ島には中間型がいなかったんですね。大きいくちばしのもの（ガラパゴスフィンチ）と小さいくちばしのもの（コガラパゴスフィンチ）に分かれていることがわかりました（**図４**）。これを分断選択といって、いろんなくちばしの個体がいても中間型は不利で、両極端の方が有利で生き残るということです。これは、一つの島に二種いる場合です。

ところが、ダフネ島やロス・ヘルマノス島ではそのうちの一種しかいないわけです（**図４**）。一種しかいないと、なんとすべて中間型になることがわかりました。中間型になった方が両方食べられるわけです。つまり、**一種しかいない場合は中間型になるけど、二種いた場合は分かれてそれぞれ得意なものを食べる**ことがわかってきました。

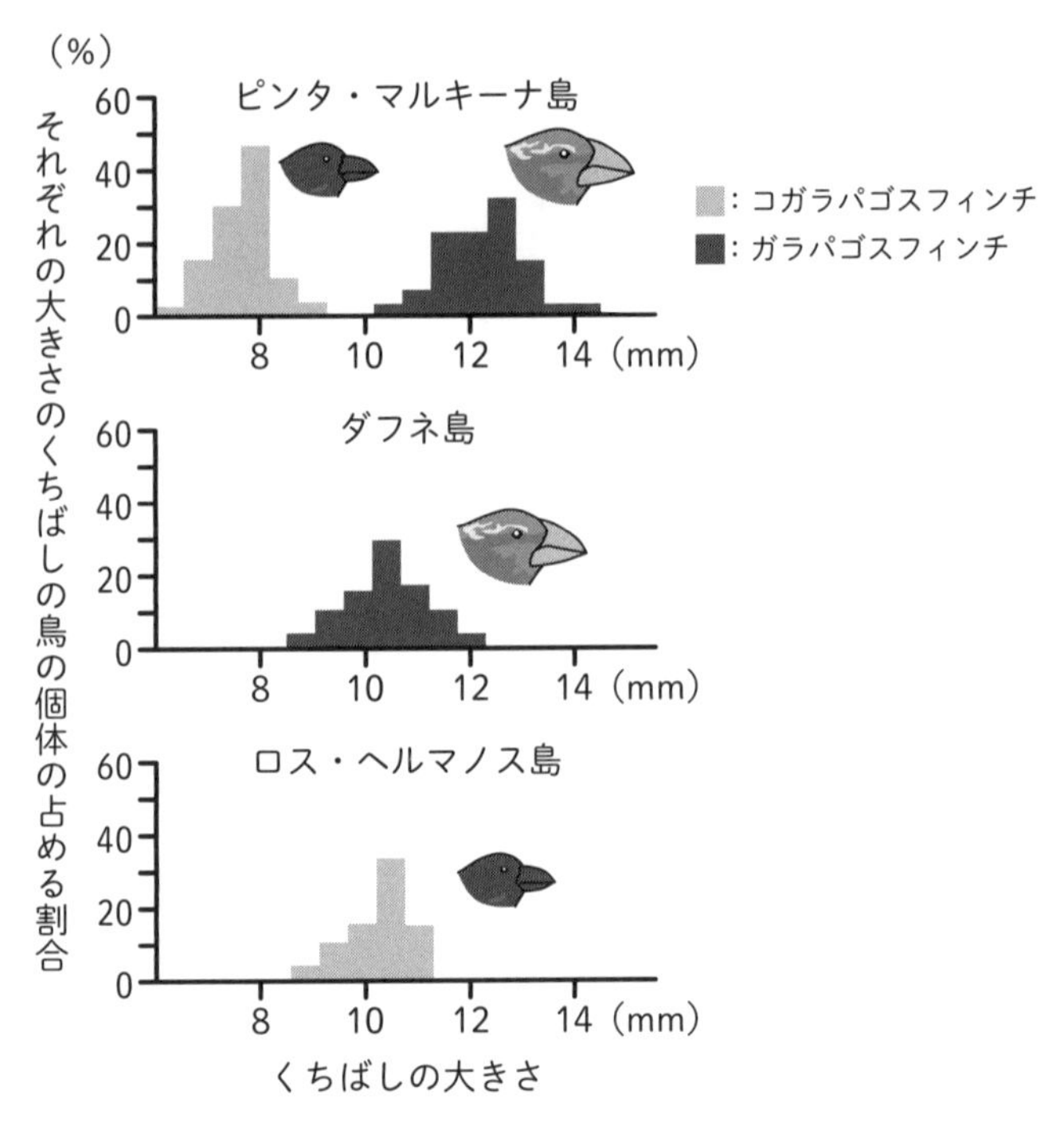

図4　島ごとのくちばしの大きさ

ヒトも環境に適応？

このようにいろんな環境への適応があります。これヒトの環境への適応なんですが、平均気温が高いところに住んでいる人ほどホットな香辛料を好むことがわかりました。インドとか暑いところではカレーがよく食べられているけれども、寒いところではあんまり食べられていないですよね。寒いところで食べた方があったかくていいんじゃないかと思うんですけれども、そうじゃないんですね。暑い地方の方が細菌が繁殖しやすいので、細菌を殺す作用がある香辛料を好むようになったんじゃないかなと考えられるわけです。おもしろい環境への適応になります。

食べ物の変化への適応

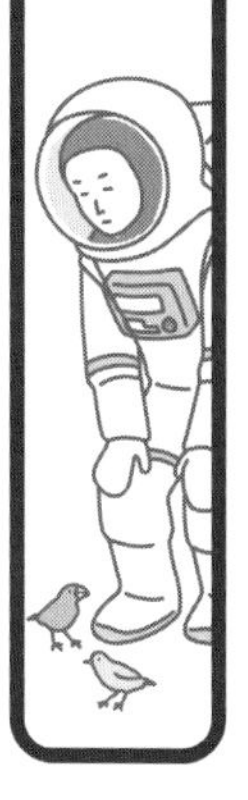

口吻の長さ

環境への適応って他にもいろいろあって、**図5**はカメムシなんですけども、カメムシは口吻を果実の中に突っ込んで、中の種を食べます。左側のまるっこい果実だったら種まで口が届かないから、長い口吻が必要なんです。ところがあるとき、この植物自体が小さくなって右のようになりました。植物自体が小さくなると、短い口吻をもっている方が適応力が強くなって、こっちがだんだん生き残るようになりました。こういう食べものの変化に対する適応もあります。

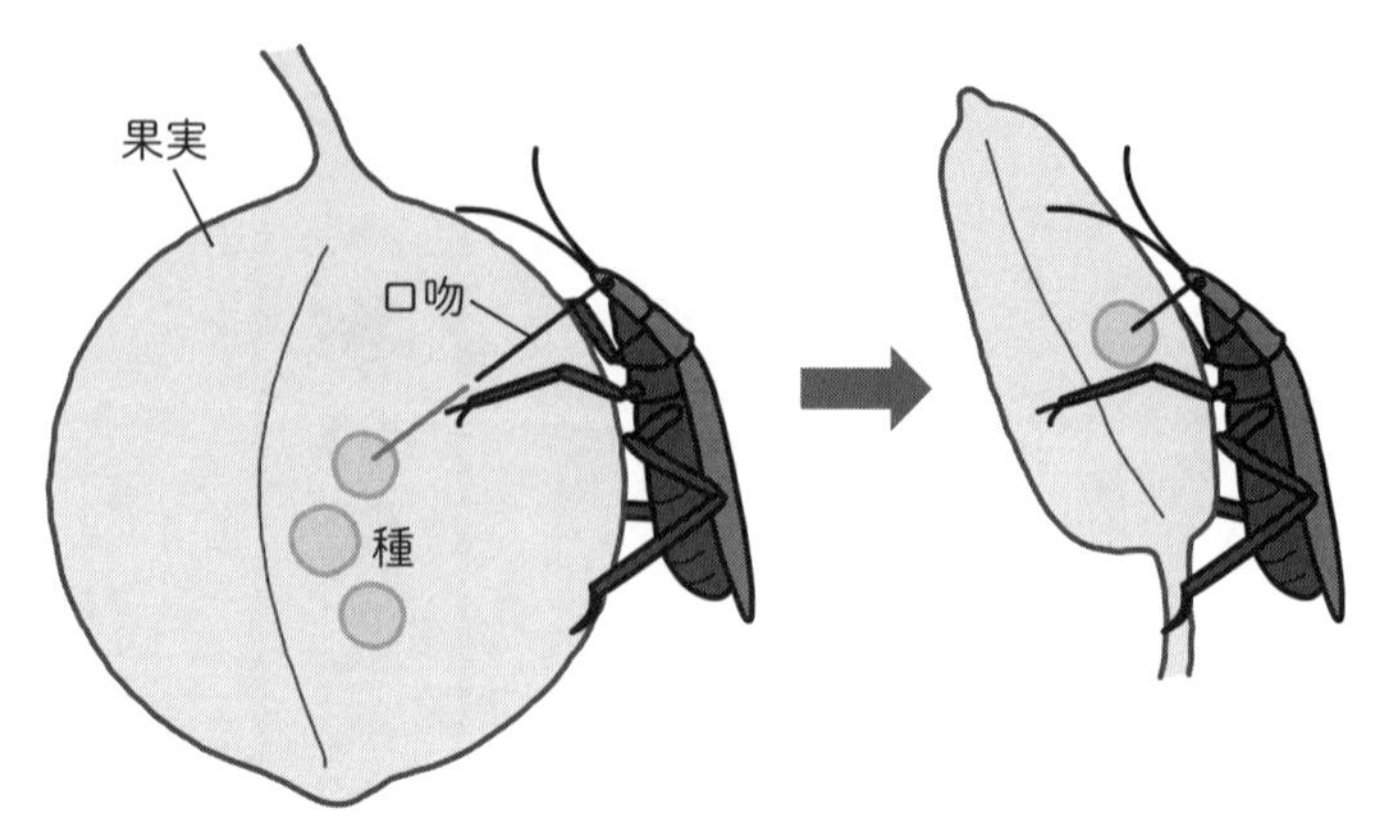

図5　環境への適応

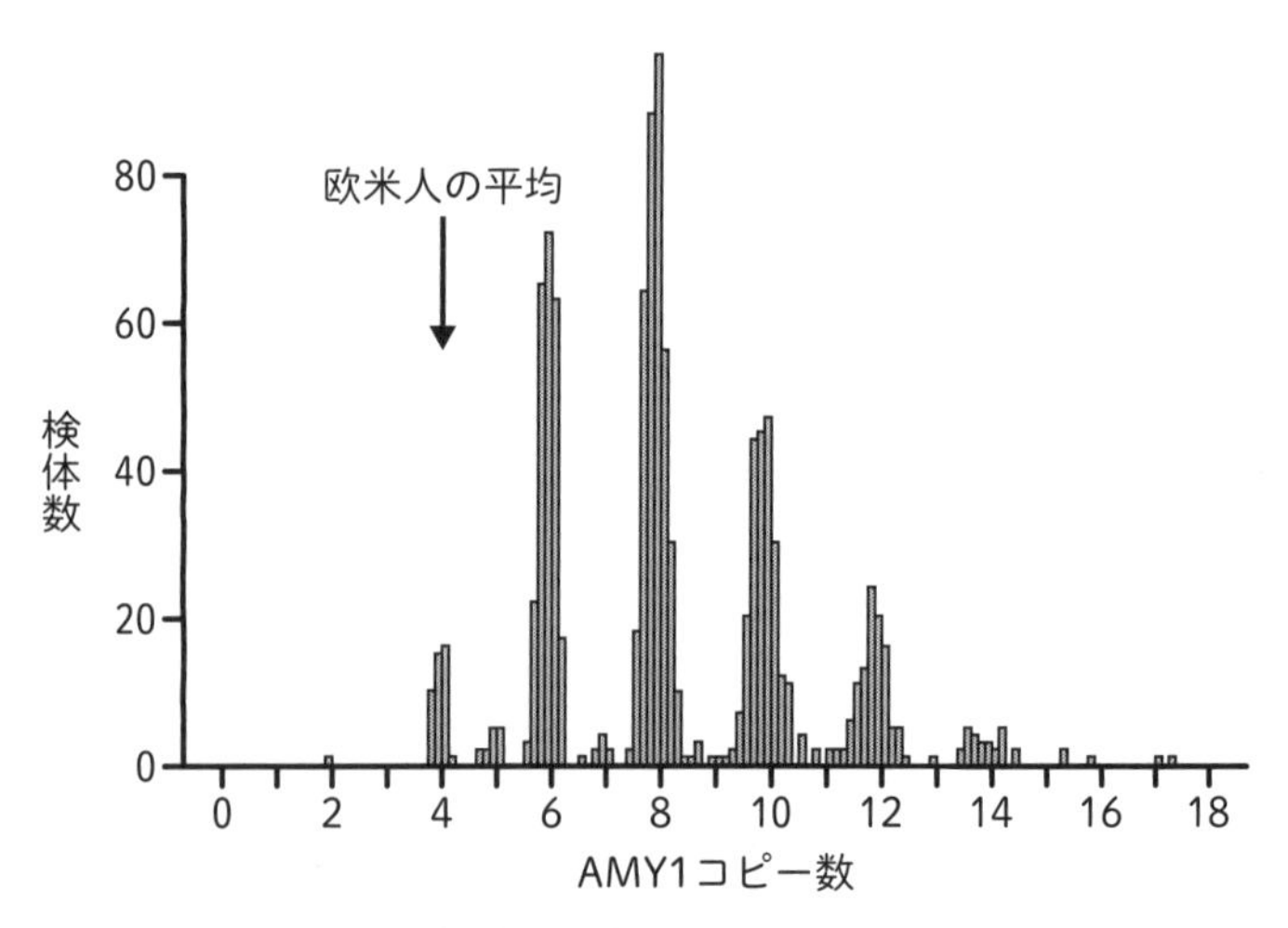

図6　日本人のアミラーゼ遺伝子の多型

Nagasaki M, et al：Nature communications, 6：8018, 2015 をもとに作成。

アミラーゼ活性

文化による遺伝子淘汰にも有名な例がいろいろあります。米（高デンプン食）をたくさん食べる地域の人たちとそうじゃない地域の人たちは、アミラーゼ（デンプンを分解する酵素）の遺伝子の数すらちがうことがわかってきました。

アミラーゼ活性が高いとインスリンが分泌されなくなって、太りにくくなるのです。**図6**は日本人のアミラーゼ遺伝子の多型で、アミラーゼ遺伝子がどれくらいあるかを示したものです。米をたくさん食べる日本人は、欧米人に比べてアミラーゼ遺伝子をたくさんもっていることがわかりました。米をたくさん食べる地域では、たくさん遺伝子をもっている人の方がアミラーゼ活性が高くて太りにくく、生き残る確率が高くなったということになります。

たまたま起こる進化

たまたまそうなったという例もあります。**図7**のようにいろんな種のカエルがいて、たまたま種Aのカエルが減ったり、種Bのカエルが増えることもあり得るわけです。これを**遺伝**

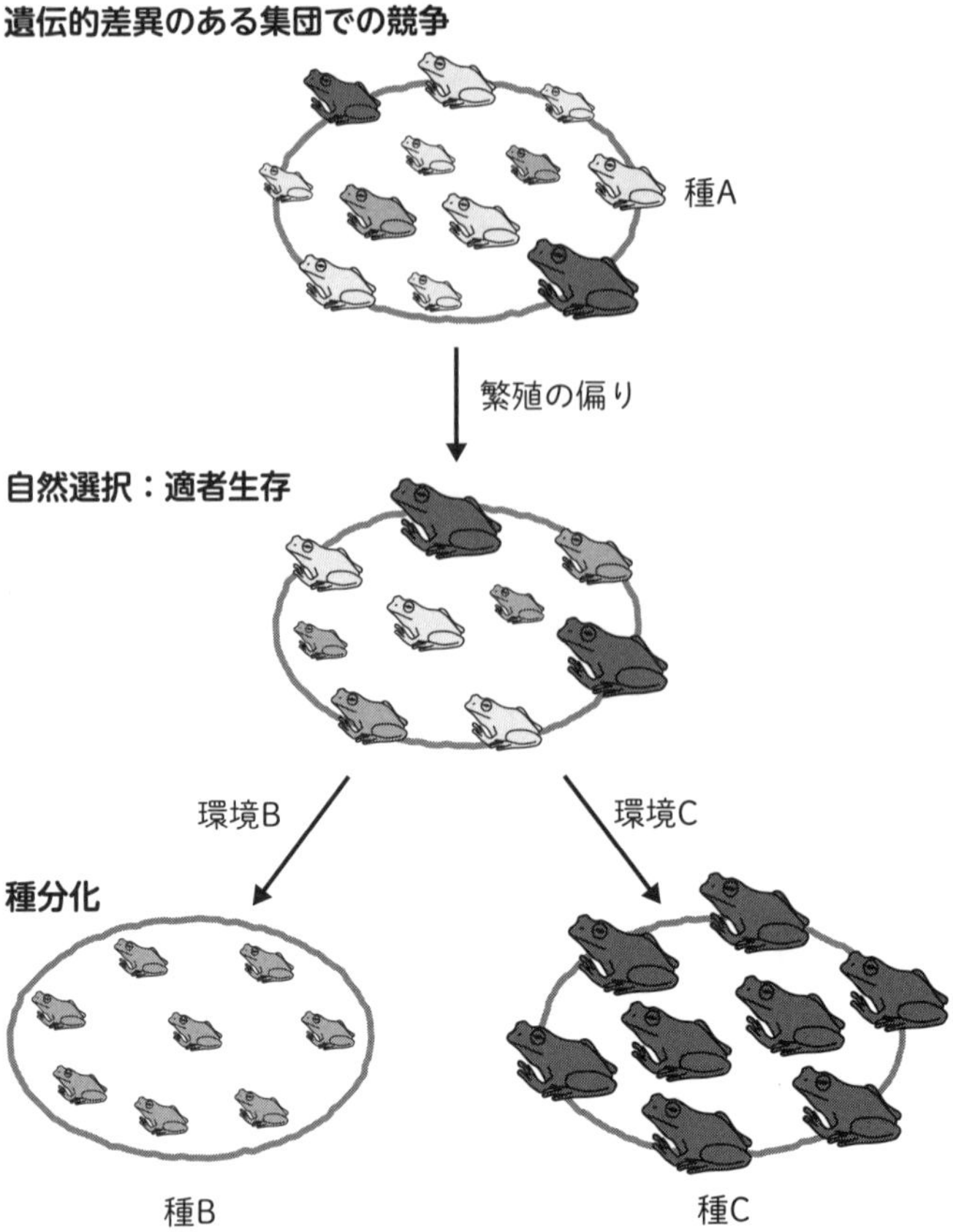

遺伝的差異のある集団での競争

種A

繁殖の偏り

自然選択：適者生存

環境B

環境C

種分化

種B

種C

図7　遺伝的浮動と自然選択説

的浮動といいます。遺伝的浮動によって場合によっては割合が変わってきます。割合が変わるとある年、特別に特殊な環境で種Ｂのカエルだけが生き残るような環境があった場合にはそれだけになっちゃうわけですね（左）。逆に言うと種Ｃのカエルだけが生き残るような環境になると、それだけが生き残ります（右）。こういう適者生存で進化が起こることを自然選択説というんですが、これはたまたまそうなったわけですよ。遺伝的浮動があって左へ行くか右へ行くかが決まるわけです。

干ばつによる生態系の進化

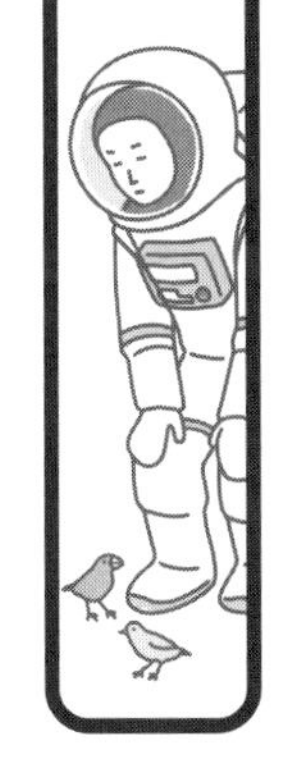

例えば、ある島で干ばつが起こりました。干ばつが起こると、植物層に影響を与えます。それは当然ですね。問題は植物をえさとする鳥の進化にも影響があったんです。

ガラパゴスにあるダフネ島で、フィンチの数が島全体で干いたのが環境の変化で百八十に減っちゃいました。数が愕然と減ったわけです。どんなふうに減ったかというと、くちばしサイズが変わる減り方をしたんです（**図8**）。もともと中型の地上フィンチが住んでいたんですけれども、干ばつがあったときにくちばしの大きなフィンチが増えました。大きくてかたい種が食べられないくちばしの小さ

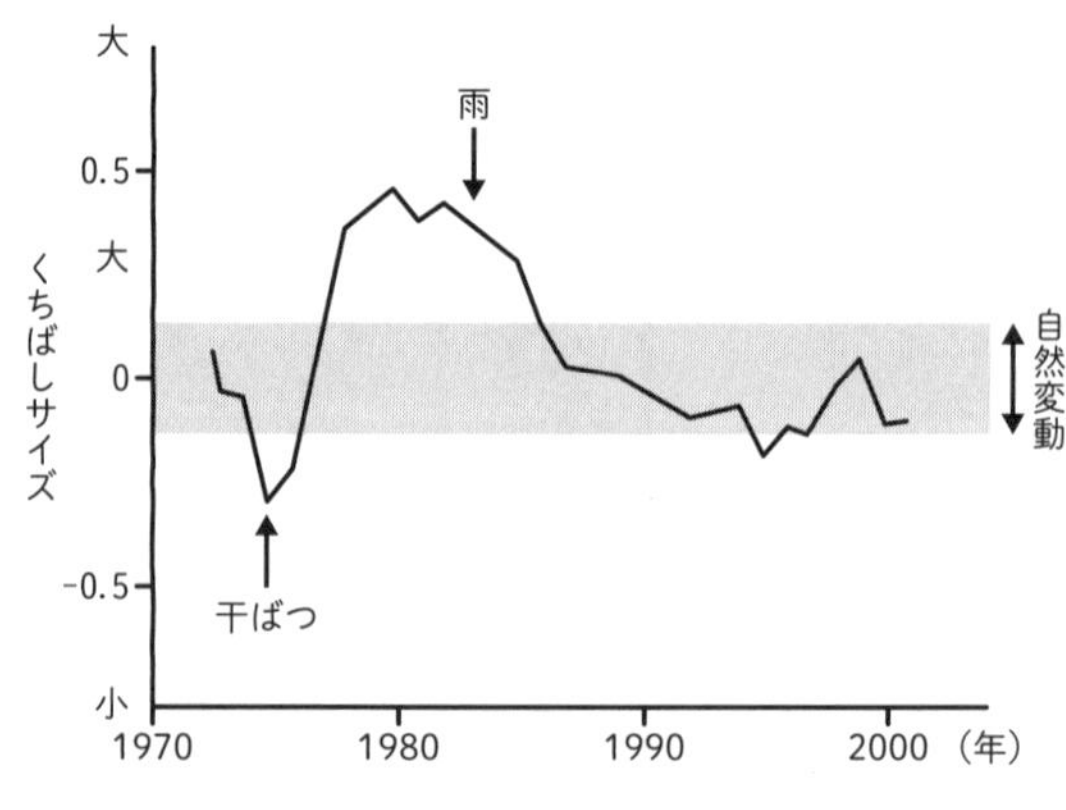

図8　くちばしサイズの変遷

「ケイン生物学 第5版」(上村慎吾／監訳)、東京化学同人、2014をもとに作成。

なフィンチは死んでしまったんですね。そのあと残ったくちばしの大きいもの同士の子（くちばしは大きい）が生まれたんですね。**数年単位で劇的に進化が起こっている**わけです。そのあと、雨がたくさん降って植物も増え、やわらかい種がたくさんできると、くちばしも大きい必要がなくなり、小さくなっていったんです。何万年もかかるんじゃなくて意外と短い時間で、こういう進化が起こる可能性があることが明らかになりました。雨が降ると干ばつに耐性のある大きな植物を食べることができる種が生き残るようになってきたわけです。

生殖隔離が起こる

今度は、ショウジョウバエのお話です。ショウジョウバエは糖分があれば育つんですけれども、でんぷんをえさにして育てたショウジョウバエと、マルトース（麦芽糖）をえさにして育てたショウジョウバエを同じところで飼育するとどうなるかという実験を行いました。結論は簡単で、でんぷんで育てたメスは、でんぷんで育ったオスを選ぶ傾向があります。逆もそうで、マルトースで育ったメスはマルトースで育ったオスを選ぶ傾向があることがわかりました。結論としては、ショウジョウバエは自分と同じエサで育ったショウジョウバエと交尾するのを好むことがわかったんです。匂いかなんかあるんでしょうね。

このように**場所を変えず同じところにいても、同じタイプ同士が生殖する**ことを生殖隔離といい、生殖隔離が非常に上手く起こった例になります。

遺伝子発現の変化

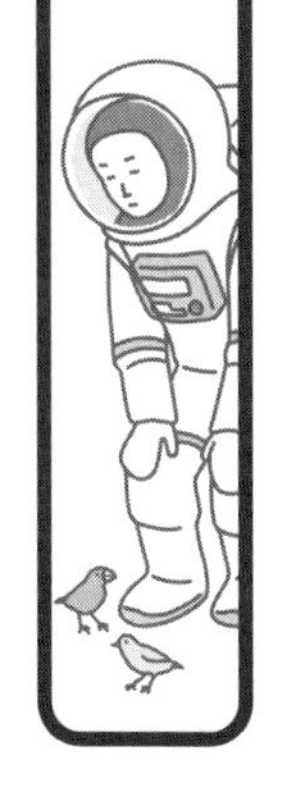

これ大腸菌になるともっとすごいことが起こるんですよ。大腸菌も糖を利用します。**図9**のようにラクトース（乳糖）からアラビノースに糖を切り換えて、大腸菌の遺伝子発現を調べました。ラクトースで育てると、ラクトースを利用できる大腸菌が増えました。つまり、ラクトース分解酵素の遺伝子がオンになります。周りにラクトースがあるとラクトースを利

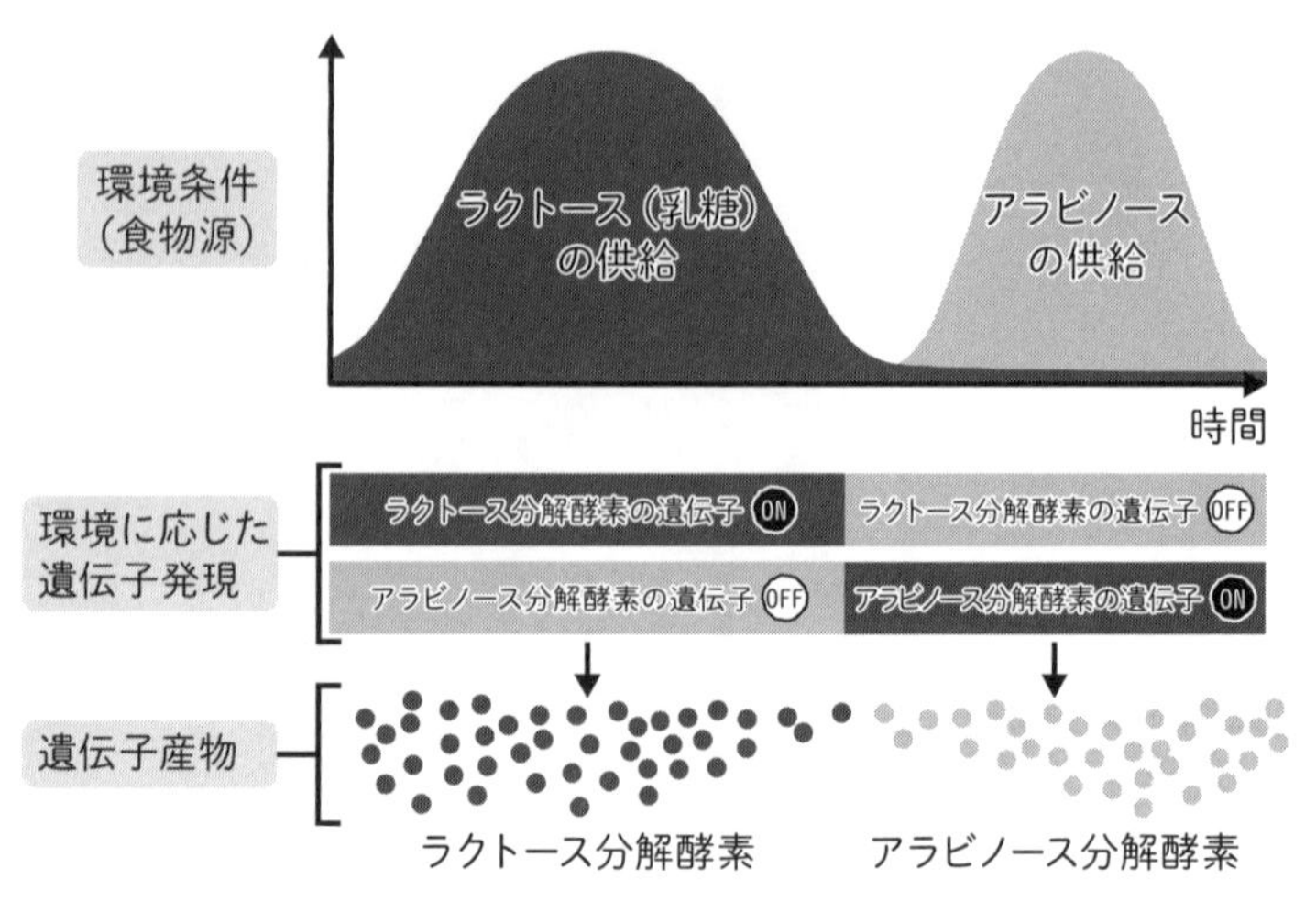

図9　環境変化に適応した遺伝子発現
「ケイン生物学 第5版」（上村慎吾／監訳）、東京化学同人、2014をもとに作成。

用しなきゃいけないためにラクトースを利用できる酵素の遺伝子がオンになるんです。アラビノース分解酵素の遺伝子はオフになります。ところが周りにアラビノースしかなくなると、アラビノースを利用せざるを得ないから、アラビノースを利用する遺伝子がオンになって、ラクトースを利用する遺伝子はオフになります。このように**環境条件によって遺伝子のオン・オフが決まることがわかってきました**。これは、なぜ環境によって進化が起こるかという簡単な説明ですよね。環境は結構大事なことなんですね。

人類の増加

　ここまでいろんな生物の進化と環境について勉強しましたけれども、もっとグローバルな地球の環境のお話をしましょう。三億年前、地球の全陸地はつながっていたのにそれがだんだん分かれてきて今の地球みたいな形になったんですよ。大陸は動いていることをどこかで習ったかと思います。そうするとね、そのなかに住んでいる人類の人口はどうなるんだろう？ってやっぱりちょっと気になりますね。

　すべてこれで説明できるんじゃないかといわれています。ショウジョウバエをびんの中で飼います。食べるものは一定しかないとすると、ショウジョウバエは最初はどんどん増えるんですけれども、あるところでプラトーに達してそれ以上増えなくなります。人間もそうじゃないかと考えたんですね。人間の数もだんだん増えていくんだけど、どっかで食べものがなくなると一定になって、ショウジョウバエみたいなるんじゃないかという予想です。じゃあ今どれくらいになっているかというと、二〇二〇年でだいたい七八億人くらいになっています。ぐんと増えてるところで、まだプラトーに達していないんですね。このままいくと地球上の人口は九十億人とか百億人を超えるんじゃないかと予想されています。そのためには食べものを増産しないといけませんね。そういうことが長期的な問題になります。そこで、ゲノム編集食品が注目されています。ゲノム編集食品については第6章をご覧ください。

地球温暖化

地球の環境は二酸化炭素が増えて悪くなっていますね。地球上の二酸化炭素濃度は直線上に増えています（図10A）。困りましたね。一年おきにギザギザに増えています。北半球の夏（六、七月頃）の二酸化炭素排出量を見ますと、光合成の方が盛んで、二酸化炭素排出量が下がります。逆に、冬は上がって、上がって下がってをくり返して上がっていって、今では四百ppmを超えています。ところが二酸化炭素の濃度を、もっと長い何万年単位で測定すると、上がったり下がったりしているんですよね。これ以上増え続けるかどうかはわかりません。

地球の気温は何で決まるかというと、地球の軌道で決まります。軌道は太陽の周りを回る経路のことです。すなわち、氷河期が来るかどうかという単位でみると、地球の気温と二酸化炭素濃度はだいたい比例しています。そうすると、地球温暖化って本当に起こっているんですか？　気温が高くなっているのは、間氷期なんじゃないか？と言い出す人がいるんです。だけど、大気中の二酸化炭素濃度が上がっていることは確かですよね（図10A）。産業革命によって大気中の二酸化炭素濃度が上がっているので、温暖化が起こっているんじゃないか

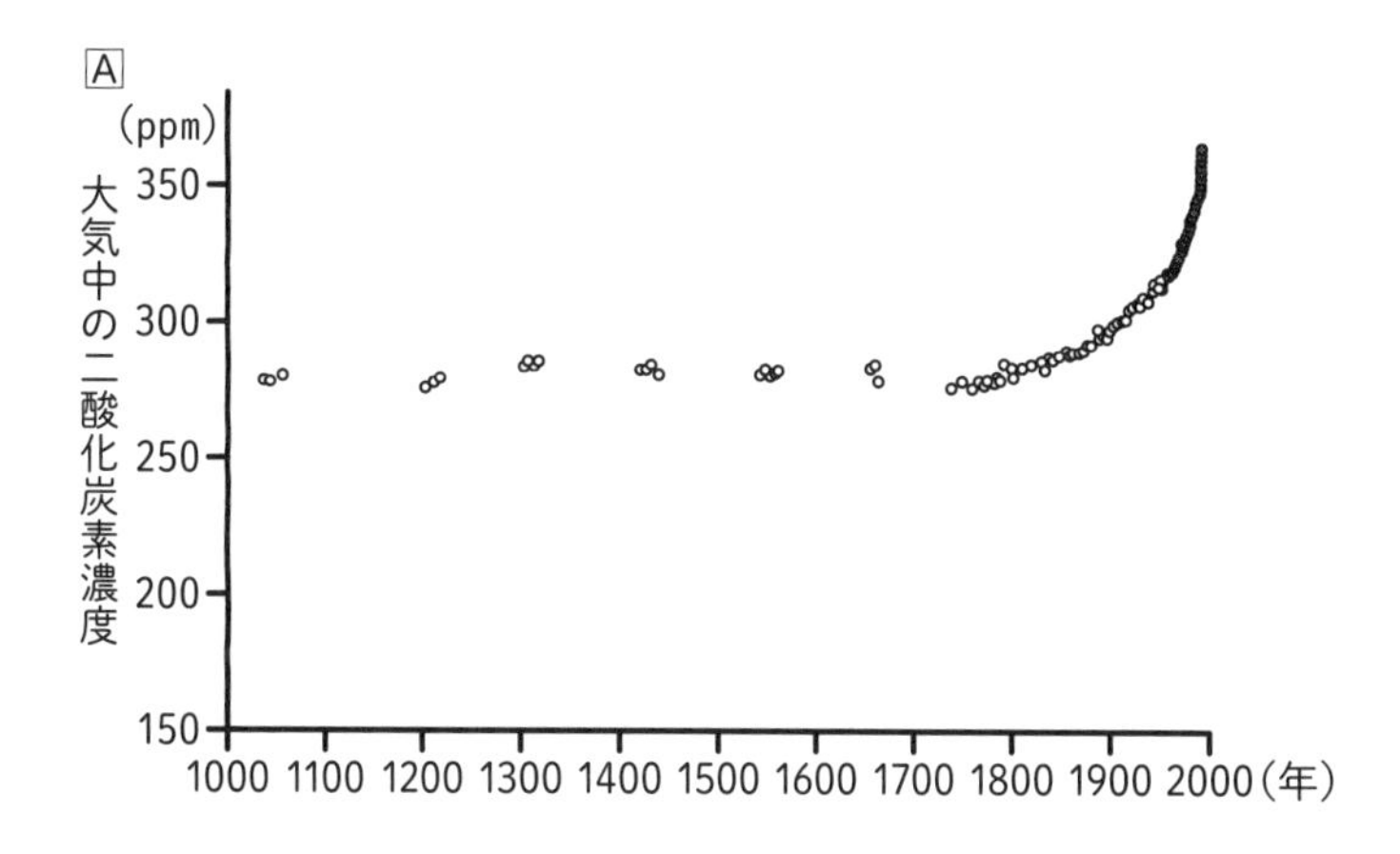

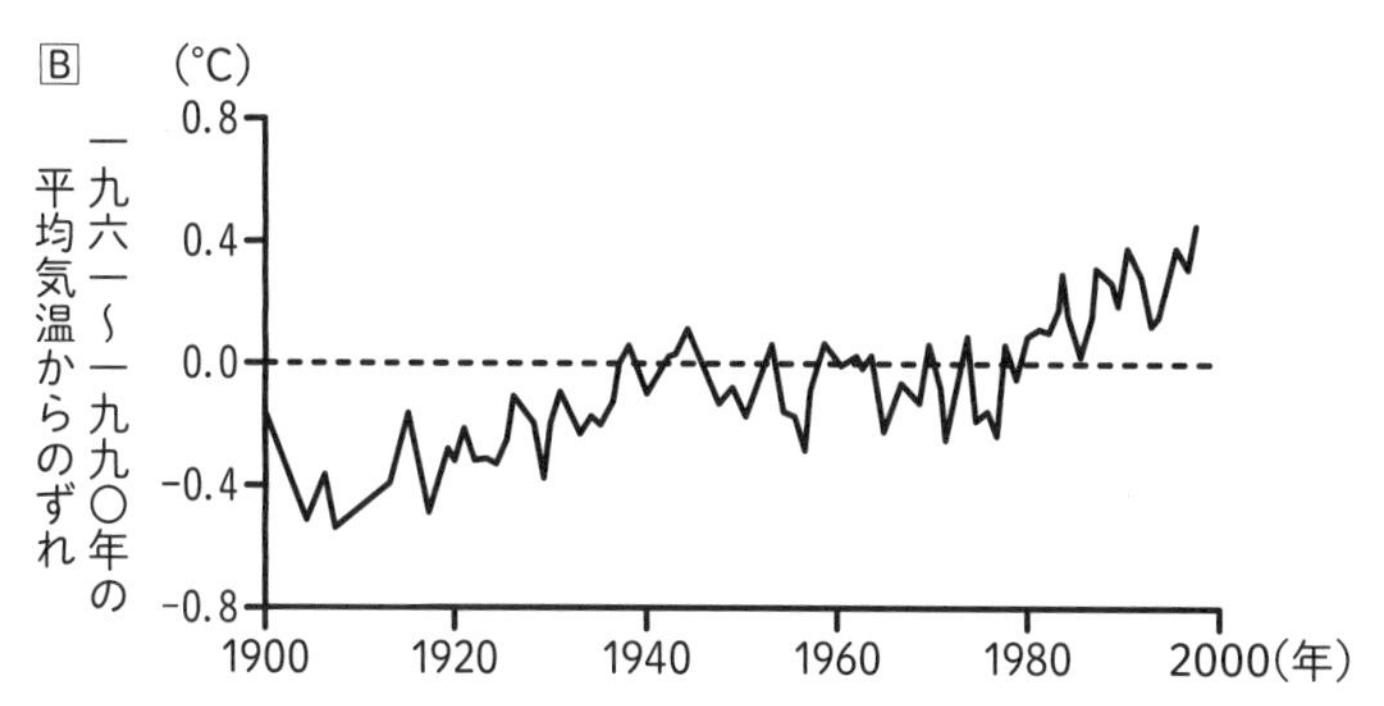

図10　二酸化炭素濃度、気温の変化

IPCC第三次評価報告書をもとに作成。

とみんな考えているんですね。

地球温暖化の理由は何ですか？

といったら、人間の経済活動です。だから地球温暖化は私たち人間がいい生活をした、その報いが今起こっているわけで、しかたないことなんですよね。温暖化が悪いと言って昔に帰れと言う人はいないと思うんですけれども、昔に帰ることはできないんですよ。これだけいい生活を享受しているのは、科学が発展するだけじゃなくて、いろんなものができるようになって、人間の活動があるからこうなったわけで、温暖化は元に戻せという議論は少しおかしい議論になります。平均で見ると地球温暖化はじわじわとどうも起こっているらしいというのが正しいですね（**図10B**）。都市別で見るとほとんど変わっていないんですけれども、平均して見ると温暖化は起こっています。

そこで問題を出しますよ。地球温暖化で何が困るかというと、海面上昇が起こって、例えば南太平洋のツバルという国は国全体が水没しちゃうんじゃないかと問題になりました。このまま進むと北極海の氷が溶けて、日本もほぼ水没するんじゃないかと怖がっている人もいるんです。

でも、海面上昇の原因は北極海の氷が溶けるからじゃないんです。じゃあ、なぜですか？

わかりますね。コップに入れた氷が溶けても水面の高さは変わらないでしょう？　北極海の氷が溶けても水面の高さは変わらないんです。水面が上昇する理由は、実は極地の氷が溶けるからなんですね。グリーンランドとか南極の陸上の氷が溶けることが原因なんですね。これが三分の二の理由です。

残り三分の一の理由は何ですか？

南極じゃないんです。答えは水温の上昇に伴って、水の体積が増えているからです。気がつきましたか？　水って温度が高くなると体積が増えますよね。ほんのちょっとなんだけれども、それが海全体だと結構増えるわけです。グリーンランドには三キロメートルくらい氷が積もっていて、グリーンランドはその重さでぐっと沈んでいるんです。グリーンランドの氷が解けると、二千メートルくらいの山ができると考えられています。でも北極海の氷は今は海になっているんです。氷が解けていることは確かなんですよ。はい、そこで問題です。地球温暖化の原因は石炭や石油を燃やしているからと皆さん言うんですけれども、

化石燃料の消費を今すぐゼロにしても、今後何世紀も地球の気温は上がり続けると予想されています。その理由は何ですか？　二酸化炭素の排出を全部抑えても、やっぱり地球の気温は上がり続けると考えられているんですね。それはなぜでしょうか？

それは、すでに大気中に二酸化炭素があるからなんですよ。**石油を使うのをやめても、何世紀も温室効果がずっと続く**ということを頭に入れておいてください。

酸性雨

昔、酸性雨というのが話題になりました。雨が酸性になって、木が枯れるんじゃないかと言ってたんです。でも、嘘だったんです。今どこを探しても酸性雨という言葉は出てきません。あれね、環境問題の汚点の一つなんですね。環境ホルモンと酸性雨は間違いだったんです。だから教科書から両方ともとられてしまいました。自動車の排気ガスで二酸化硫黄濃度が上がって水に溶けると硫酸ができるから、雨が酸性の酸性雨になると言われていました。雨が酸性になると木が枯れます、などというCMをよくやっていたんです。でも、水のpHと雨のpHは同じです。だからほとんど雨が酸性になっていないことがわかりました。

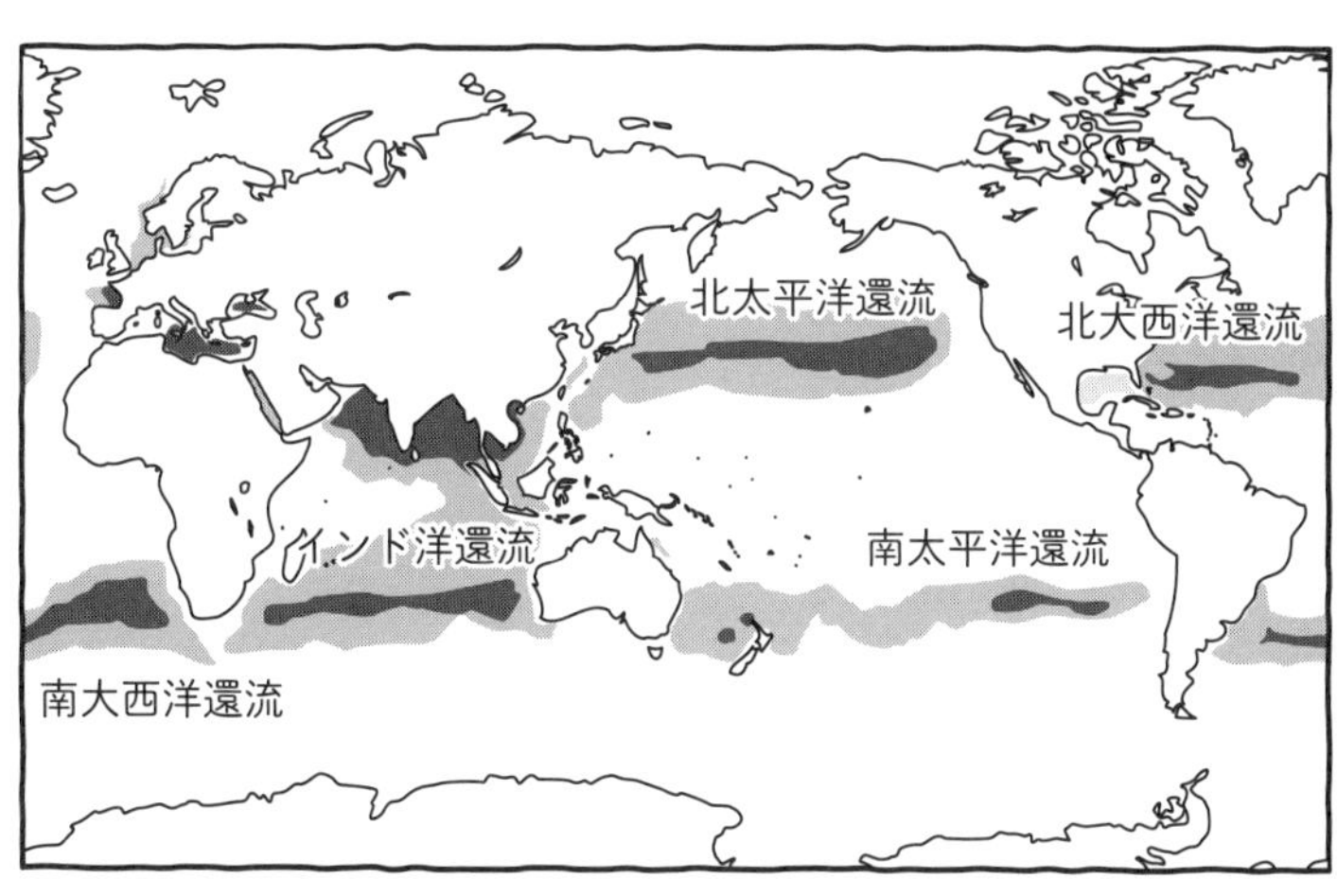

図　世界の海を漂っているプラスチックの分布密度

「地球をめぐる不都合な物質 拡散する化学物質がもたらすもの」（日本環境化学会／編）、講談社、2019より引用。

マイクロプラスチック

今いろいろ問題なっているのはマイクロプラスチックですよね。ゴミ袋をなくしましょうって運動が行われているのご存知だと思います。マイクロプラスチックは処理できないんですね。マイクロプラスチックがどれくらいあるか、いろんな海を測定すると、広域に分布していることがわかってきました（**図**）。ほぼ世界のすべての海にマイクロプラスチックが存在していることがわかります。

そのマイクロプラスチックを食べたペンギンが死にそうになっています。何とかしないといけませんね。ゴミ袋を減らすのはいいいんですけれども、ゴミ袋だけじゃなくてプラスチックでできているものすべてについていろいろ考えなきゃいけません。もっと困るのは、いわしから検出されたマイクロプラスチックです。魚を解剖するとプラスチックの破片やマイクロビーズの破片が検出されているんです。これ怖いですね。

例えば、フリースを洗濯機で洗うと一回で二千本の小さなプラスチック線維が水に流れていくんですよ。それが積み重なったらたいへんなことになりますね。特に、ナノプラスチックとよばれているもっと小さなもの（特に、球状ではなく針状のもの）が危険と言われています。一見プラスチックが含まれていると思わないものでも、廃棄に注意しなければならないことをぜひ知っていただきたいと思います。

放射線の強さと除染

今、大学生に一番気になっている環境問題はなんですか？と聞くと、圧倒的に放射線なんですね。最後に、放射線ってどれくらい危ないかという話をしましょう。放射線は、福島第一原発の事故のときに話題になったと思います。除染作業が行われましたが、除染は放射能

をなくすことじゃなくて、薄めることなんですね。除染して薄めた水の中に放射能がいっぱいありますから、逆に言うと、除染は放射能を薄く広めることになります。もともと放射能がなかったところにも放射能をわざと放置することと同じことなんです。安全な量の放射能をもつ物質だったら薄めて捨てればいいわけですが、放射線がどれくらい危ないかわからない限り、除染は本当にいいかどうかわかりません。今どんなところでも放射能は薄めて捨てています。つまり濃度規制なんです。だったら、どの強さの放射線をもつ物質が危ないかというのをきちっと決めないといけないんですけど、その研究が少ない、足りていないのが問題なんです。

放射線の何が危ない？

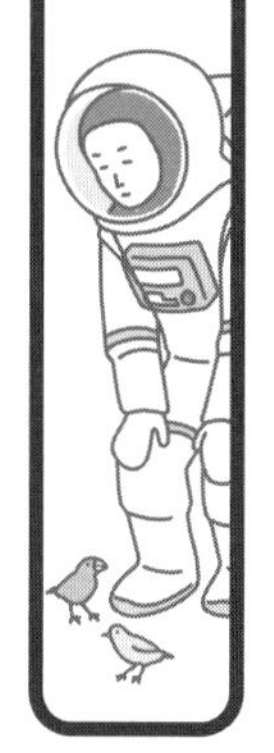

なぜシールドが必要かわかりますか？　何が危ないんでしょう？

放射線を防ぐために、シールドしますよね。

これはぜひ知っておいてくださいね。放射線自体が危険なのではなくて、**放射線と反応した水分子が危険な物質をつくるんですね**。反応性の高い活性酸素をつくって、それが自分自身のDNAとかタンパク質と反応して、がん変異が起こってがんになるわけです。放射線が人間に当たると、人間の体にある水から活性酸素が出てその活性酸素が体の中のいろんな成分を変えていきます。これが発がんの原因だということはぜひ覚えておいてください。

だから、放射線治療といって、強い放射線はがん細胞を攻撃すると聞いたことあると思うんですけれども、がん細胞に放射線を当てると、当然その周りの正常な細胞も壊れていきます。がんだけが死ぬわけじゃないということは大丈夫ですよね？

どれくらい広がっている？

じゃあどれくらいの放射能が世界中に溢れているかというのは、ご存知でしょうか（**図11**）？　一九六〇年くらいに、米ソが大気圏核実験を何度もやっていて、世界中の空気に放射能が混ざってたんですね。かなりの数の放射能が世界中に均等にばらまかれていたんです。これが核実験を止めたことによってだんだん減っていきます。

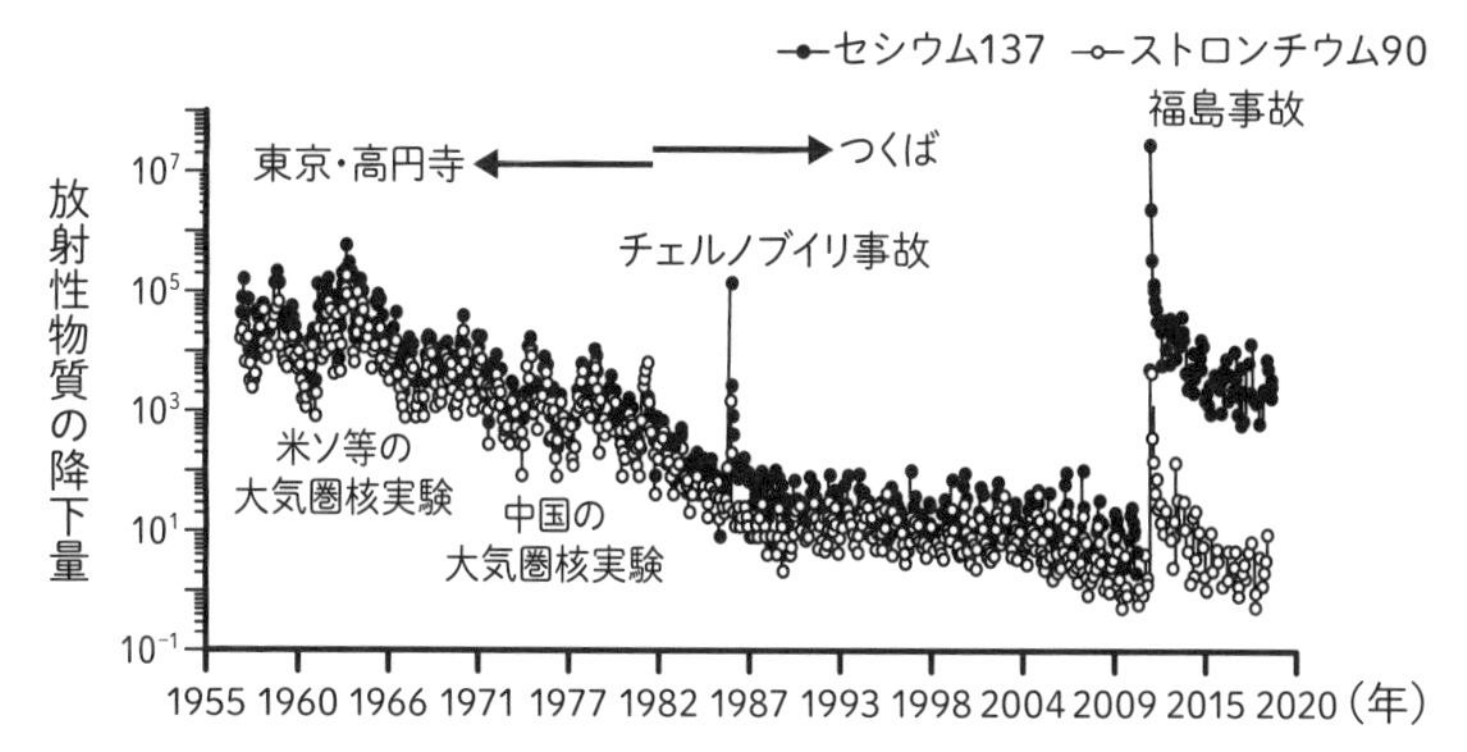

図11　放射性物質の下降量の変遷

気象研究所「環境における人口放射能の研究（2018年版）」をもとに作成。

ところが、ある年にソ連のチェルノブイリで原発事故が起こりました。そのときは世界中の空気中の放射能もバンと上がったんですね。でも一発だけだったんでまた下がってきて、影響はその後ほとんどなくなりました。そこに福島第一原発の事故が起こったわけです。そうすると、**図11**に書いてあるようにバンと上がって、それが下がりはじめて今はかなり以前のレベルに近づいています。

放射能は何を測っている？

このように放射性核種が話題になりましたが、土の中に残っている放射線の測定に今使われているのは、セシウムとストロンチウムとトリチウムだけなんです。

何で三つだけが話題になっているんでしょうか？

これくらい知っていてくださいね。セシウムの量がどれくらいで、植物にどれくらい入ったら危ないか話題になったでしょう？　セシウムはなぜ話題になったかというとね、セシウムが入っているものを食べると、筋肉にセシウムが溜まっていくからです。だから困るんです。

ストロンチウムは骨に蓄積します。体に蓄積するものって危ないですよね。いくら食べても排泄されるものだったらあんまり問題ないんです。

トリチウムはなぜ問題かというとね、他のものに比べて圧倒的にたくさん放出されたんです。だからどれくらい残っているか興味がありますよね。もう一つは、セシウムとストロンチウムはカウンターで測定が楽なんです。どれくらい残っているかすぐわかります。ところが、トリチウムは特別な機械がないと簡単に測れないんです。だから一般の人は業者の人にトリチウムを測ってもらいます。

もう一つ大きな理由があって、たくさん放出されても、一年後になくなっているんだったら問題ないんです。ところが半減期が長い放射能は、ずっとそこに残るから困るんですね。トリチウムは半分になるのに一二年かかるんです。ストロンチウムは二九年、セシウムは三〇年かかるんですよ。だからセシウム、ストロンチウム、トリチウムは問題になるんですね。

シーベルトって何？

放射線は、原発で作られる人工放射線と自然放射線があります。放射線には単位があって、その放射性核種がもっている放射線の放出能力のことをベクレルといいます。ところが何シーベルトだと危ないとかね、みんなシーベルトで説明するんです。このシーベルトというのは何かというと、人体に対する影響のことです。だから百ミリシーベルトが危ないとかね、一ミリシーベルトが危ないというときは人体への影響を調べています。さて、何シーベルトだと危ないんでしょうか？

危ないのはどこから？

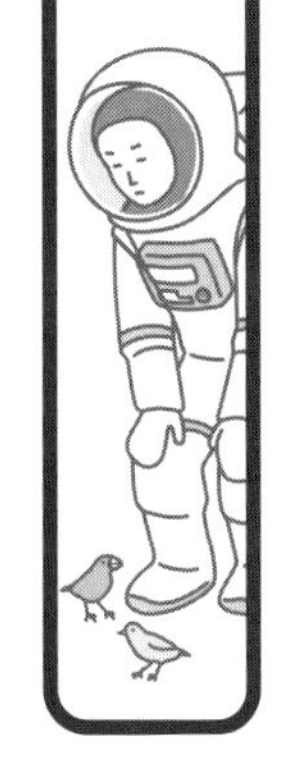

そこで、放射線どれくらいあると危ないかというと、百ミリシーベルトがラインだと思ってくださいね。一年間に浴びる放射線の量が百ミリシーベルト以上だとがんになる確率が少

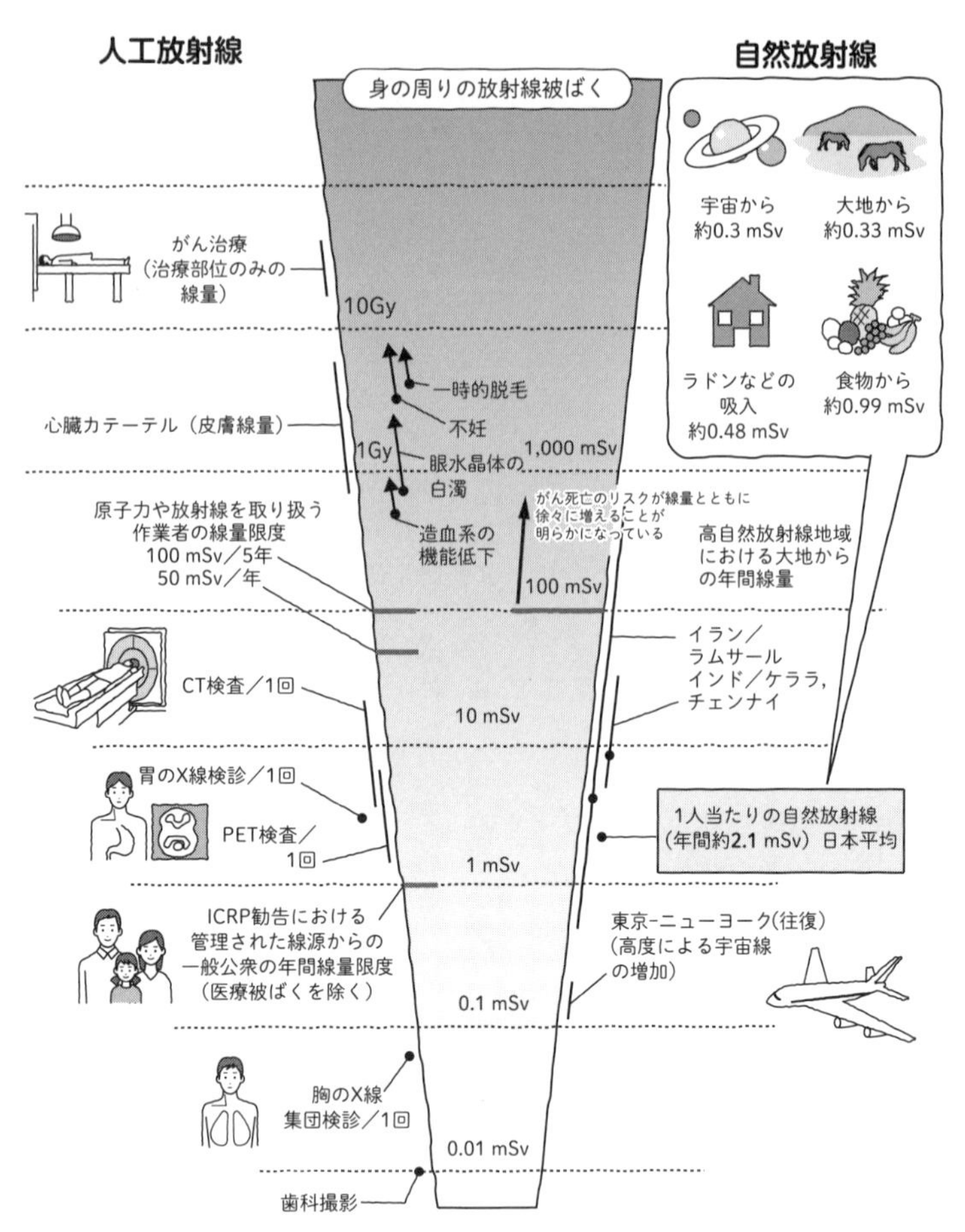

図12　身の周りの放射線

mSV：ミリシーベルト。放射線医学総合研究所「放射線被ばくの早見図」より引用。

し上昇すると言われています。放射線には**図12**のように人工的なものと自然のものがあって、人工放射線にはＸ線検診やＣＴ検査があります。ＣＴで検査すると十ミリシーベルトくらい浴びることはわかっていますし、がん治療だとものすごい量浴びるんです。でも、治療のメリットがあるから浴びるわけですね。

自然放射線は、大地や食物から放出される放射線のことです。岩でできているところは放射線が多くて、後で詳しくお話ししますが、特に多いところでは百ミリシーベルトを超えることもあり得るわけです。また、宇宙へ行けば行くほど、地球から離れるほど高い量の放射線を浴びます。だからパイロットは一般の人よりかなり多くの放射線を浴びていることがわかっています。

大地からの放射線量

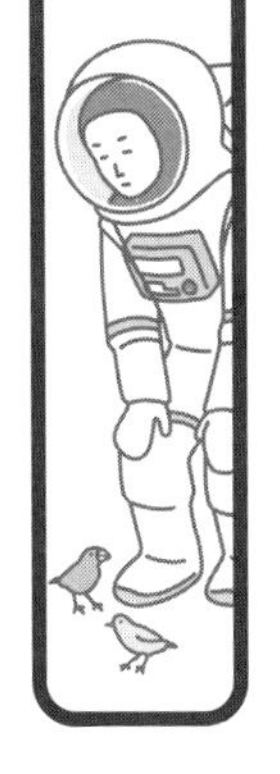

日本の自然放射線量

そこで、日本ではどうか見てみましょう。**図13**を見ると、日本だと関東はローム層という

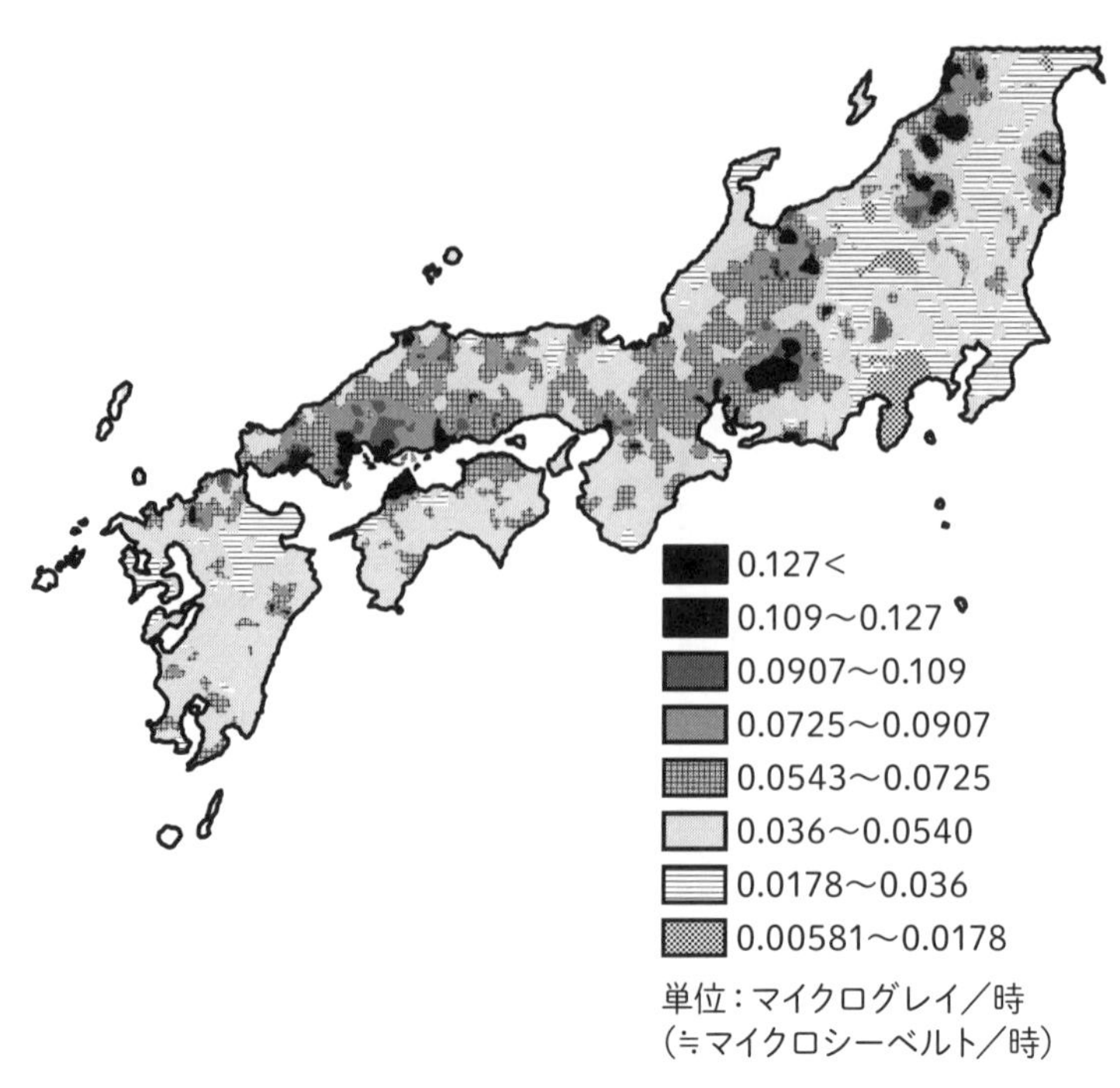

図13　日本の大地からの自然放射線量

1999〜2003年試料採取、2004年発表。日本地質学会ホームページをもとに作成。

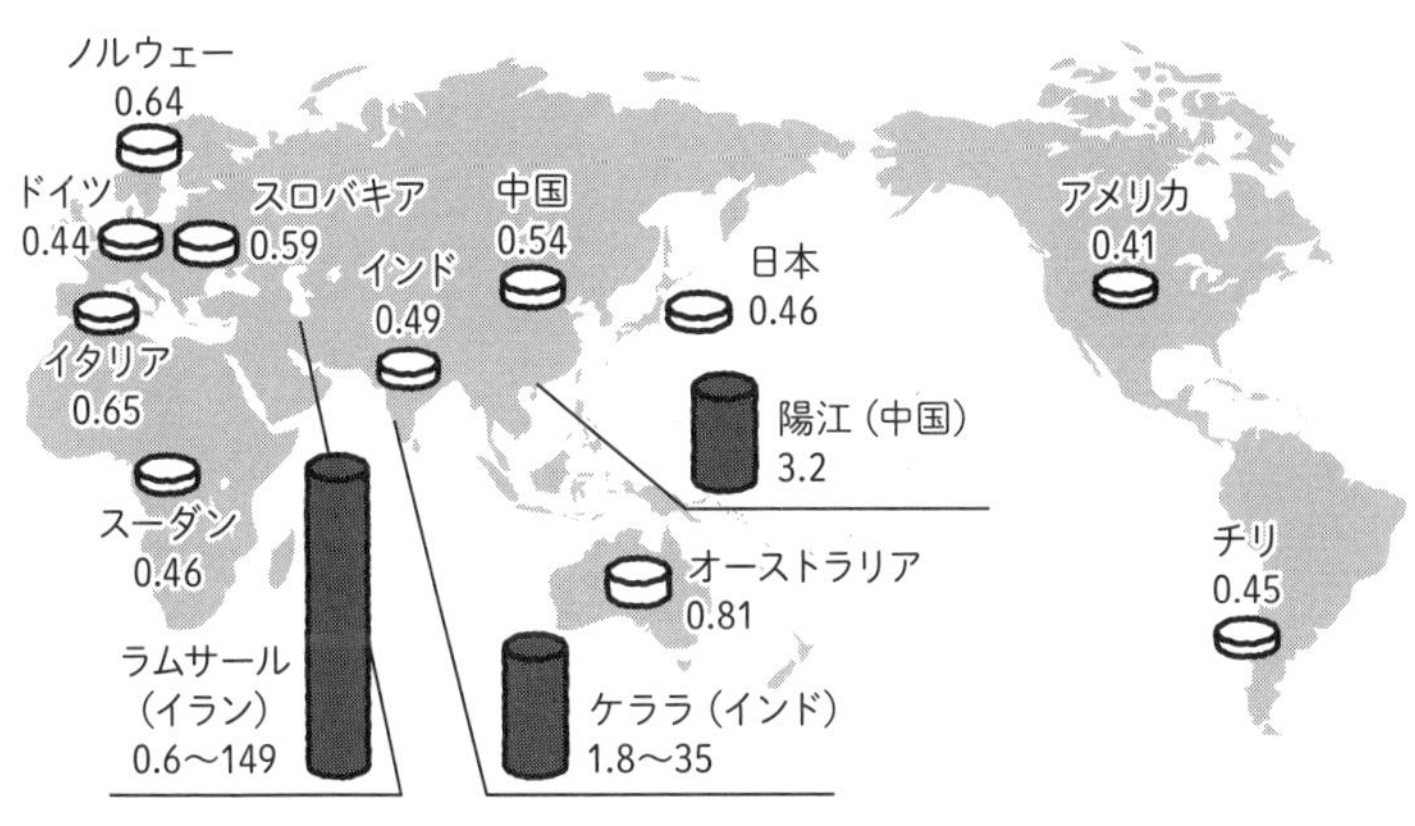

図14　世界各国の大地からの年間平均自然放射線量

単位：ミリシーベルト。国連科学委員会報告書から作成。電中研ニュース451号（2019年1月）より引用。

火山灰でできていますから岩があまりないので、放射能が少ないのです。ところが、中国山地は全部岩でできています。岩でできているところはもともと放射能が多いんです。そこに住んでいるだけで放射能をいくらか浴びていることがわかっています。皆さんの住んでいるところがどれくらいの放射能かということがおわかりかと思いますが、そんなに大したことはないんですね。多いところだと、年間で一ミリシーベルトくらいになります。

世界の自然放射線量

これ世界だとどれくらいかというと、日本の平均がだいたい〇・四六ミリシーベルト、アメリカが〇・四一ミリシーベルトです（**図14**）。ところがインドのケララというところ、これ西インドの方でデカン高原の近くなんですけれども、最高三五ミリシーベルトです。イランのラムサール（ラムサール条約という湿地の生態系を守る国際条約が制定されたところ）で一四九ミリシーベルトです。ひどいですね。こんなにたくさん浴びる場所もあります。平均すると、年間およそ二・四ミリシーベルトの自然放射線にさらされているというのが一般の見方です。何もしていなくても二・四ミリシーベルト浴びているんです。だったら一ミリシーベルトが危ないって誰かが言ってるんですけど、そんなの無視すればいいですよね。当然ですね。だけど百ミリシーベルト以上だとがんになる確率が少し上がります。何%とかね。百ミリシーベルト以下だとがんはほぼ影響ないと考えられています。

宇宙飛行士は危険？

放射線量はこのように住んでいる場所によってもちがうし、細かく言うとどこをCT検査するかでも変わってきます。胸部や頭だと二、三ミリシーベルト、胸だと五ミリシーベルト、腹部だと一五ミリシーベルトくらい浴びます。パイロットは一年に三ミリシーベルト浴びていますね。東京―ニューヨーク間の往復では〇・一九ミリシーベルトくらい浴びます。宇宙飛行士は宇宙船内でも百ミリシーベルト浴びています。船外活動すると一気に五百ミリシーベルトまで行きます。百ミリシーベルトでがんになる確率がちょっと増えるのに、五百ミリシーベルトも浴びているんです。だから世の中で放射線を浴びる一番危険な職業は宇宙飛行士になります。ということは絶対に教科書には書いてありません。小学校の理科の教科書になんて書いてあるかというと、将来なりたい職業は、一番は宇宙飛行士、お医者さんって出てくるんですね。宇宙飛行士とかお医者さんは、一番放射線を浴びやすい、なんてことは教科書には書いてないわけです。でも、宇宙飛行士が一番放射線を浴びていることははっきりしています。

異なる見解

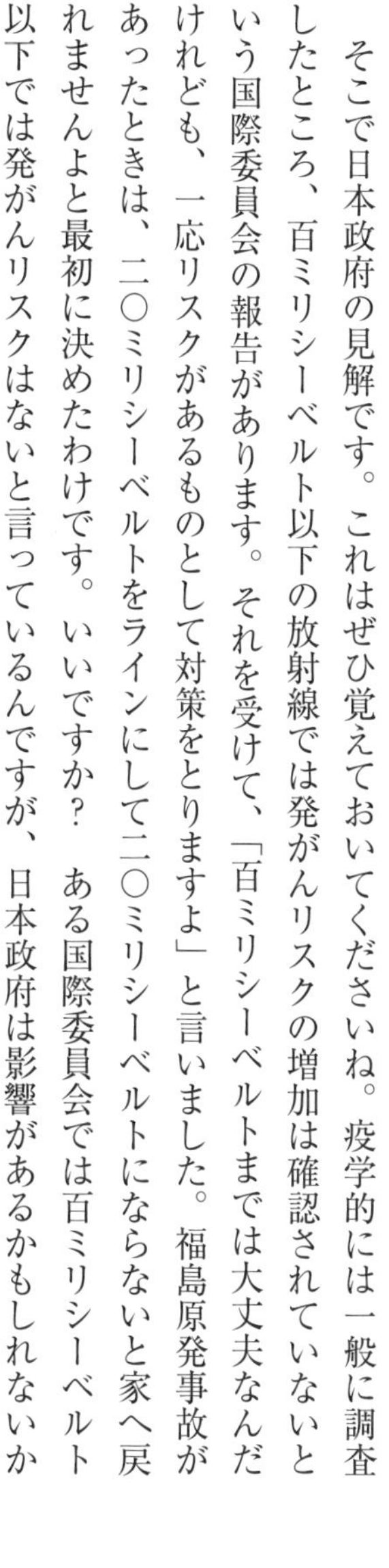

そこで日本政府の見解です。これはぜひ覚えておいてくださいね。疫学的には一般に調査したところ、百ミリシーベルト以下の放射線では発がんリスクの増加は確認されていないという国際委員会の報告があります。それを受けて、「百ミリシーベルトまでは大丈夫なんだけれども、一応リスクがあるものとして対策をとりますよ」と言いました。福島原発事故があったときは、二〇ミリシーベルトをラインにして二〇ミリシーベルトにならないと家へ戻れませんよと最初に決めたわけです。いいですか？　ある国際委員会では百ミリシーベルト以下では発がんリスクはないと言っているんですが、日本政府は影響があるかもしれないか

らそのラインを下げましょうと言って、最初はラインを二〇ミリシーベルトにしたわけです。ところが、今度は別の国際委員会が年間の被ばく限度は一ミリシーベルトだと決めたんですよ。誰が決めているんですか？というと、放射能大嫌いという人が集まって決めているんですね。その放射能大嫌いという人はどんな人かというと、〇・一でも〇・〇〇一ミリシーベルトでも放射能があるといやだという人です。そういう人は放射線はどんなに少量でも危ないと言っているんだけど、不思議なことに、X線技師とか職業人は一〇とか二〇ミリシーベルトでもいいですよって言ってるんですね。適当なんですよ。ある委員会では百、ある委員会では一ミリシーベルトがラインだと言っているんです。

こんなのって科学ですか？　これ科学じゃないんですよ。みんな好き勝手に決めているんです。なので、好き勝手に言っている人は、証拠は何もないのに低線量被ばくが危ないという論理を振りかざします。がんやその他の病気が増えたというデータはありません。普通は、一とか二ミリシーベルトというのは気にしなくていいというのが常識的な考えで、当たり前なんですね。日本にただ住んでいるだけで平均二・一ミリシーベルトは自然放射線を浴びているんです。なのに、一ミリシーベルトでも不安があると言っているんです。〇・一ミリシーベルトでも不安があると言う人もいます。理由は？って聞くとね、「危険がないとは言えない」と言うんです。こういう言い方をする人は必ずいるんですけれども、科学的証拠じゃないんです。その人の気分で言っているんですね。だから対策をとる必要があると言っているんです。そういう科学的じゃない人が集まっている委員会は、一ミリシーベルト以上はすべて危ないと言っています。そんなこと言ってたら世界中の人みんな危ないんですよ。だから、世の中には一ミリシーベルトでもいいという人や百ミリシーベルトでもいいという人がいて、放射能に関してはさまざまな意見があること、ぜひみんな覚えておいてくださいね。

いろんな見解があって誰が決めるかというと、あとは政治が決めるんですね。これは科学じゃないんですよ。皆さんどう考えます？　何が正しいと思います？

放射能をどう考えるか

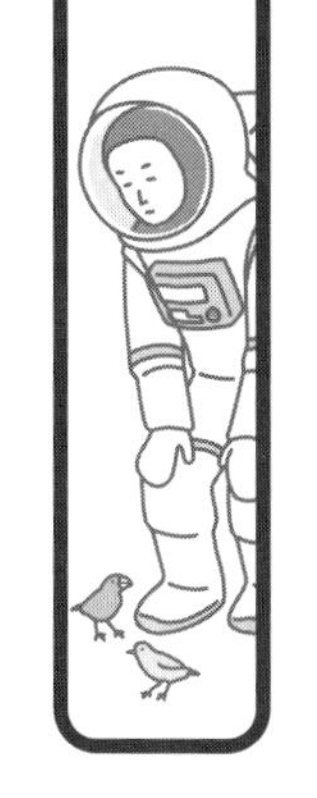

私の見解です。もし、宇宙飛行士ががんになったら放射能は危ないです。宇宙飛行士がお年寄りになるまで元気で生きていたら放射能はまったく問題はありません。このようなことを言うと、実験で証明しろと言うんですよ。じゃあどんな実験したらいいかというと、一度放射線を浴びた人ががんになるかどうか調べればいいんですね。でも、これが難しいんです。あるとき放射線を浴びて何十年後かにがんになるかならないか調べることはできるんですよ。でも、調べた結果が放射線を浴びたせいなのか、その人の生活習慣が悪かったのか、説明で

きないんです。だから、現実には説明できないことを要求しているわけです。放射線を一回浴びたらがんになるかどうかというのは、非常に厳密な実験を行うことが難しいんですね。その人はタバコを吸ってるのかもしれないし、パチンコしているかもしれません。でもそういう生活習慣を全部調べることができないわけです。だから、放射線を浴びてがんになるかならないかという因果関係を調べる実験は現状は難しいんです。動物実験をやるしかないんですけど、動物と人間は明らかにちがうんです。結果的に、放射能が安全かどうかというのは、その人の個人的な見解しか出しようがないというのが現状になります。生命科学のなかにはこういう問題が多いんです。それを考えずに**ただ人の言うことを信じるか、自分で考えて行動するか、それは大きなちがいです**。

私たち人間は、いやおうなしに環境の影響を受けています。自分たちの健康を考えるときもいろいろな因子を考慮に入れないといけないんですね。今回のお話はこれで終わりにしたいと思います。

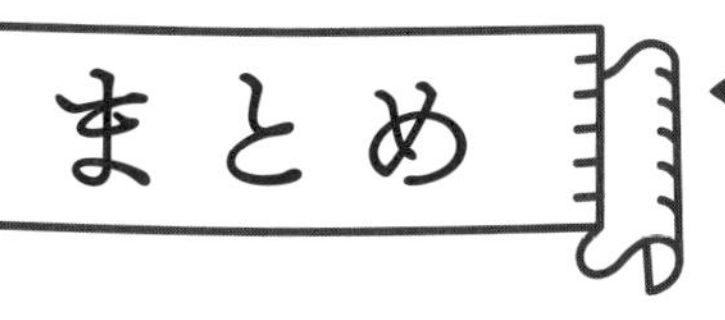

まとめ

- ガラパゴス諸島を例に、生物がどうやって環境に適応してきたのかを紹介しました。環境によって生存に有利な個体が変わり、偶然にも左右されて進化してきたことがわかります。
- 人類を取り巻く地球温暖化や放射能などの環境問題を取り上げました。
- よく話題になる放射線について、何が危ないのか、データを示しながら説明しました。自分はどう考えて行動するべきか考えてみてください。

第6章

ゲノム編集の最新事情

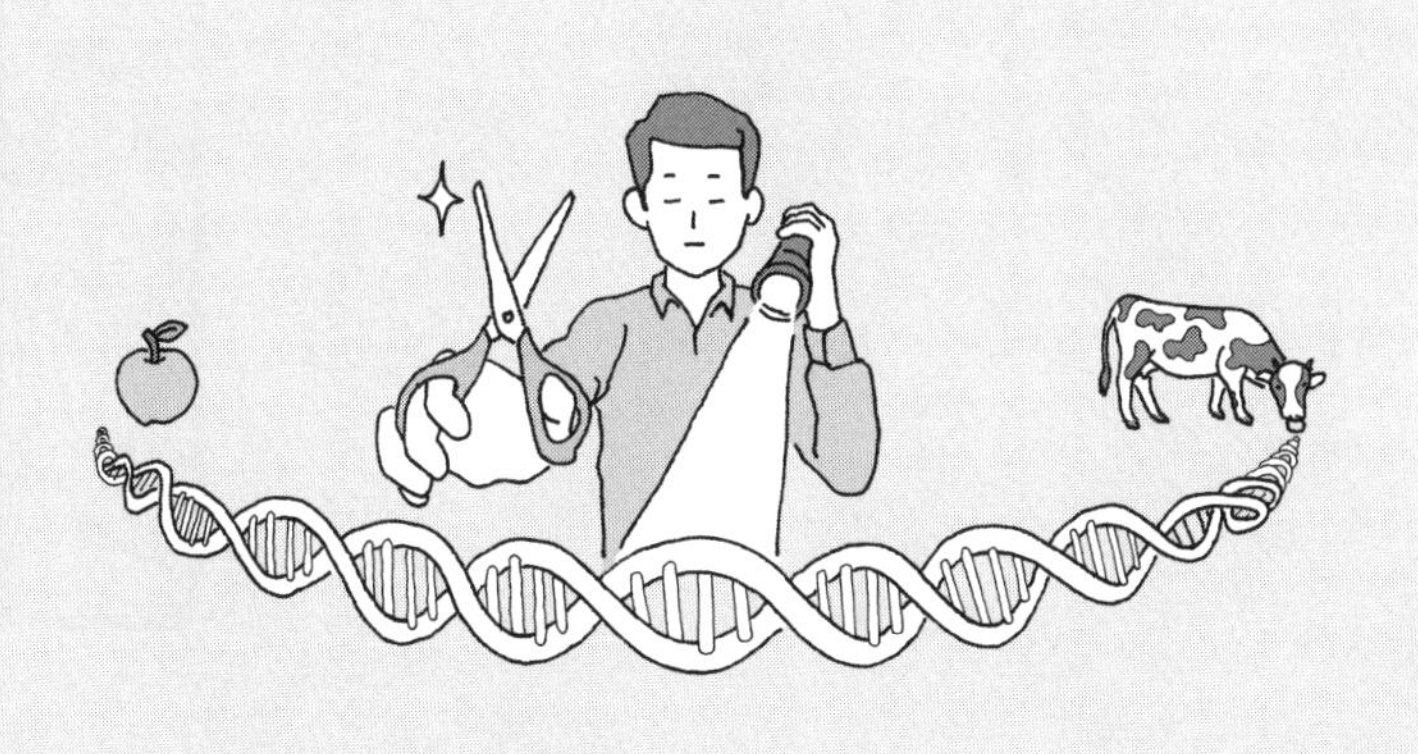

ゲノム編集食品のニュース

　生命科学の大きな話題の一つである、最新のゲノム編集のお話をして、最後にしたいと思います。二〇一九年の一月、「ゲノム編集食品の届け出義務化を見送りましょう」という話が新聞に載りました。ゲノム編集と遺伝子組換えは何がちがうのでしょうか？　しっかり覚えておいていただきたいと思います。

　二〇一九年三月、ゲノム編集した食品が夏にも販売されるんじゃないかと話題になりました。例えば、タイとかフグの身が非常に多いお魚とか、高栄養価のトマトとか、収穫量が多いお米とか、毒性が少ないジャガイモとかですね。こういうゲノム編集をします。**ゲノム編集をした食品は安全性の審査は必要ありません**、と決まりました。今まで遺伝子組換えは非常にうるさく審査してきたんですけれども、ゲノム編集は審査しなくていいと言うんです。あとは、表示をどうするかを消費者庁が決めればいいという報道がありました。

　ゲノム編集食品は売るときに事前相談が一応必要なんですけれども、事前に届け出すればそれでよいということになっています。だから、審査は不要です。しかも外国から輸入もできるようにしていて、新しい製品が輸入されて入ってくる可能性は十分あるわけですね。

遺伝子組換えはあれだけ審査をしたのに、ゲノム編集は何で大丈夫なんでしょうか？

そこが大きな話題になりました。ゲノム編集食品には、日本でもつくられている身が一・五倍くらいになった大きなタイ、人工的に育てると共食いしちゃうので攻撃性を抑えたサバ、血圧を下げるＧＡＢＡ入りトマト、アレルギーが少ない卵、収穫量が多いトウモロコシ、ビタミンが多いイチゴ、筋肉量の多いウシ、毒がないジャガイモ…などがありますが、審査なしで販売できるわけです。

問の答えを考えるには、ゲノム編集と遺伝子組換えについて知る必要がありますね。それぞれ解説していきます。

ゲノム編集って何？

ゲノム編集が何かということはぜひ覚えていただきたいと思います。**ゲノム編集は基本的には、遺伝子をただちょん切るだけなんです**。遺伝子組換えは、他の生物の遺伝子を入れる

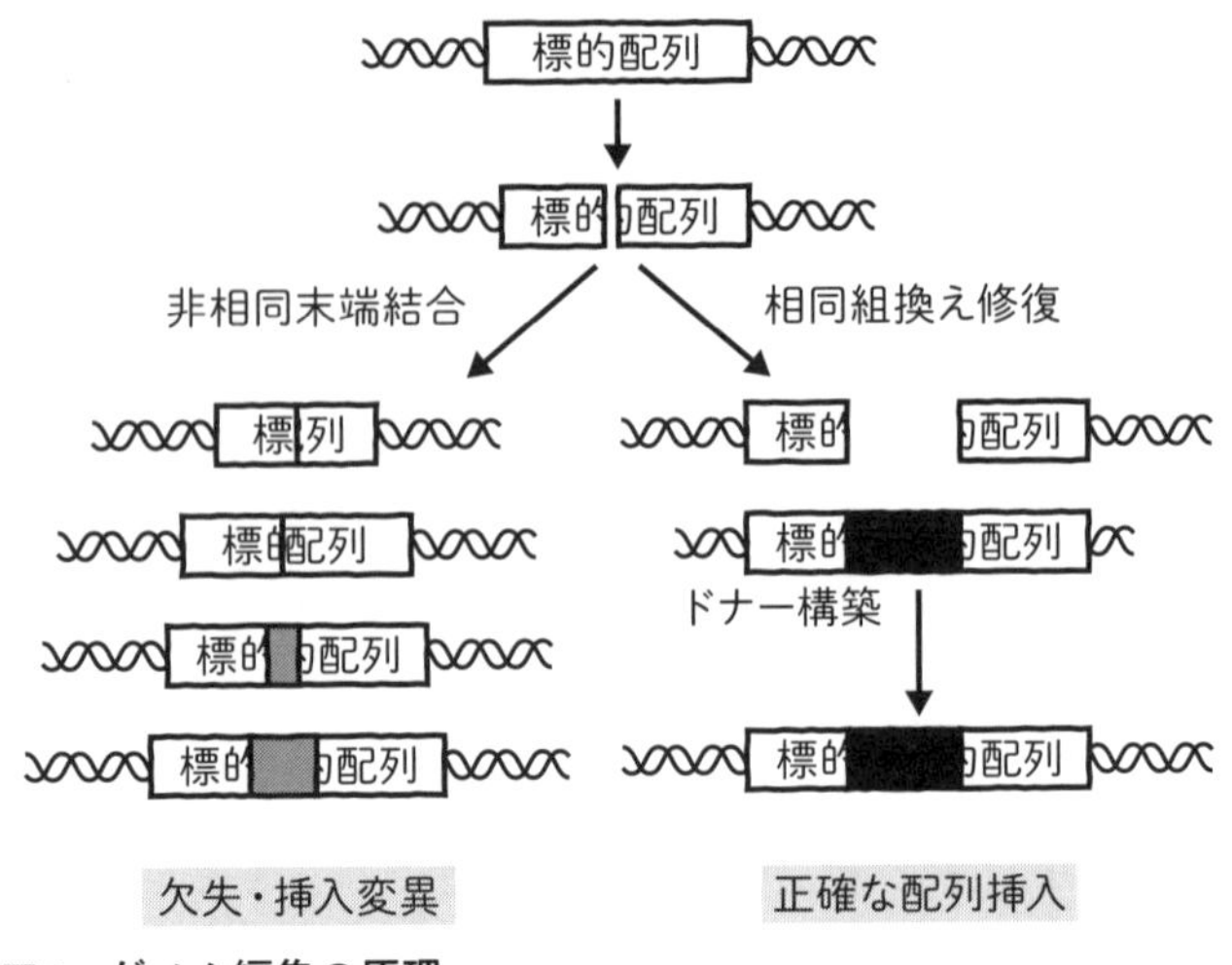

図1　ゲノム編集の原理

から厳しく審査されているんですね。それに対して、ゲノム編集はただちょん切るだけなんです。ちょん切ったら何が起こるかというと、ヒトの遺伝子も動物の遺伝子もみんなそうなんですけれども、ちょん切ったらね、またそれが元に戻っちゃうんですよ。うまいしくみがあって、いったん何かでちょん切られてもぱっと戻ります。

戻るときにそのまま戻ってくれればいいんですけれども、ちょっと削れて戻る場合と、何かが入って戻る場合があるんです（**図1左**）。標的配列と書いてある「的」と「配」がなくなって、「標列」になったり、間が抜けてたり、灰色のものが入っていたりします。これただちょん切って戻るだけですから、審査しなくていいですよね。ゲノム編集をするとDNAに欠失とか挿入があるだけで、ほとんどうなります。でも、外から黒色の配列を入れると、切れたところに入れた配列が挿入される場合があるんですよ（**図１右**）。これは遺伝子組換えと同じです。左側は切るだけなので審査は要りません。右側は外来遺伝子を入れたんですから審査は必要ですよというわけです。右側は遺伝子組換えと同じ扱いになりますから、左側を中心にお話ししますね。

遺伝子組換えとどうちがうの？

ゲノム編集と遺伝子組換えは何がちがうか簡単に説明しましょうね。ゲノム編集って何かというと、ある特定のところの遺伝子をちょん切るのがゲノム編集です（**図２A**）。**決まったところを改変する**んですね。ところが遺伝子組換えは、**異種生物の遺伝子を入れる**んです（**図２B**）。だから問題が起こるんですね。

例えば、**図２B**の九番染色体に遺伝子組換えが起こったんですけど、遺伝子を入れるときはどこに入るかわからないんです。ここが遺伝子組換えの一番大きな問題点です。九番にたまたま入ったんですけれども、ひょっとしたら三番の方に大事な遺伝子があってその真ん中に入ったら大事な遺伝子が潰れてしまいますよね。そうなると困ります。だから遺伝子組換

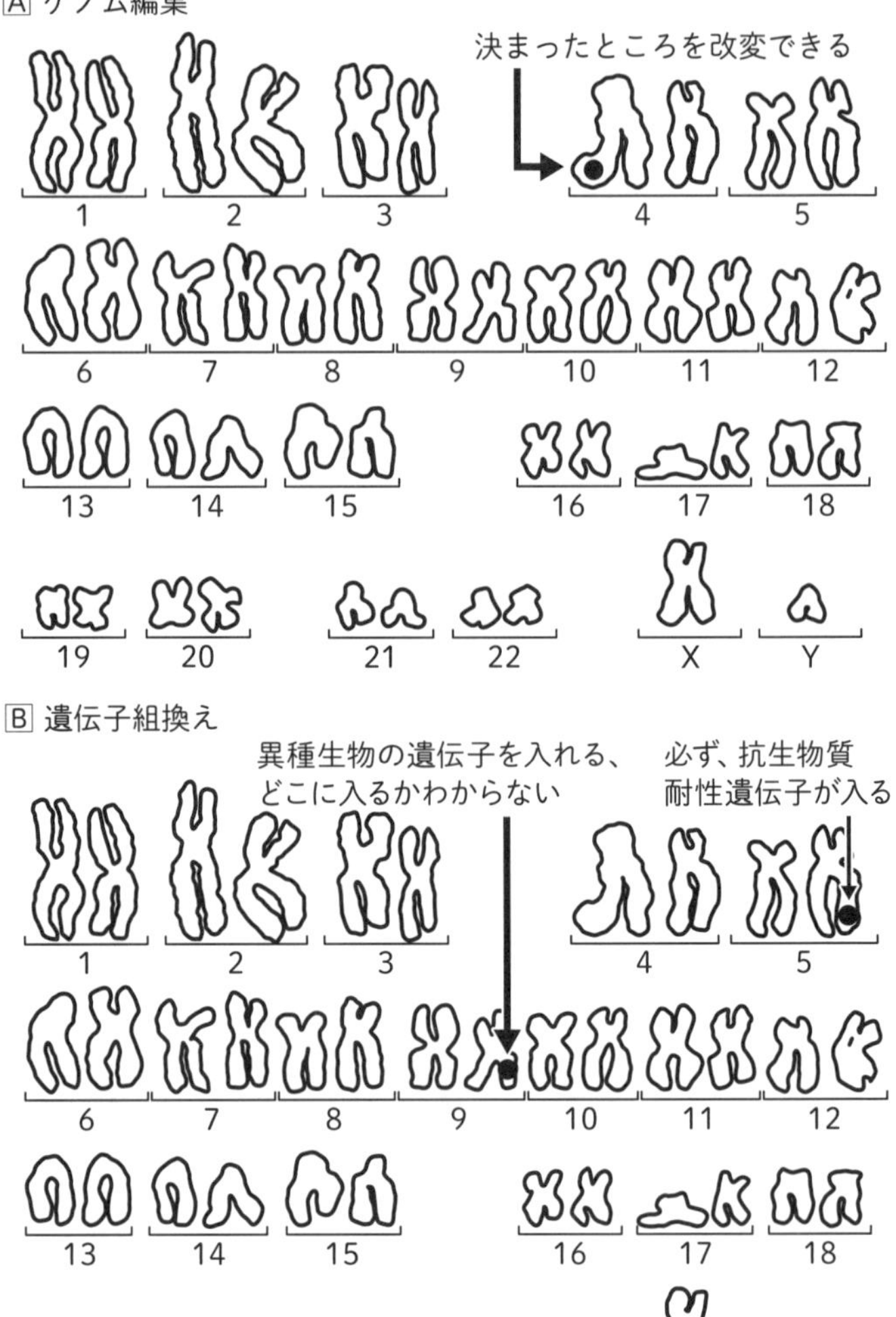

図2　ゲノム編集と遺伝子組換え

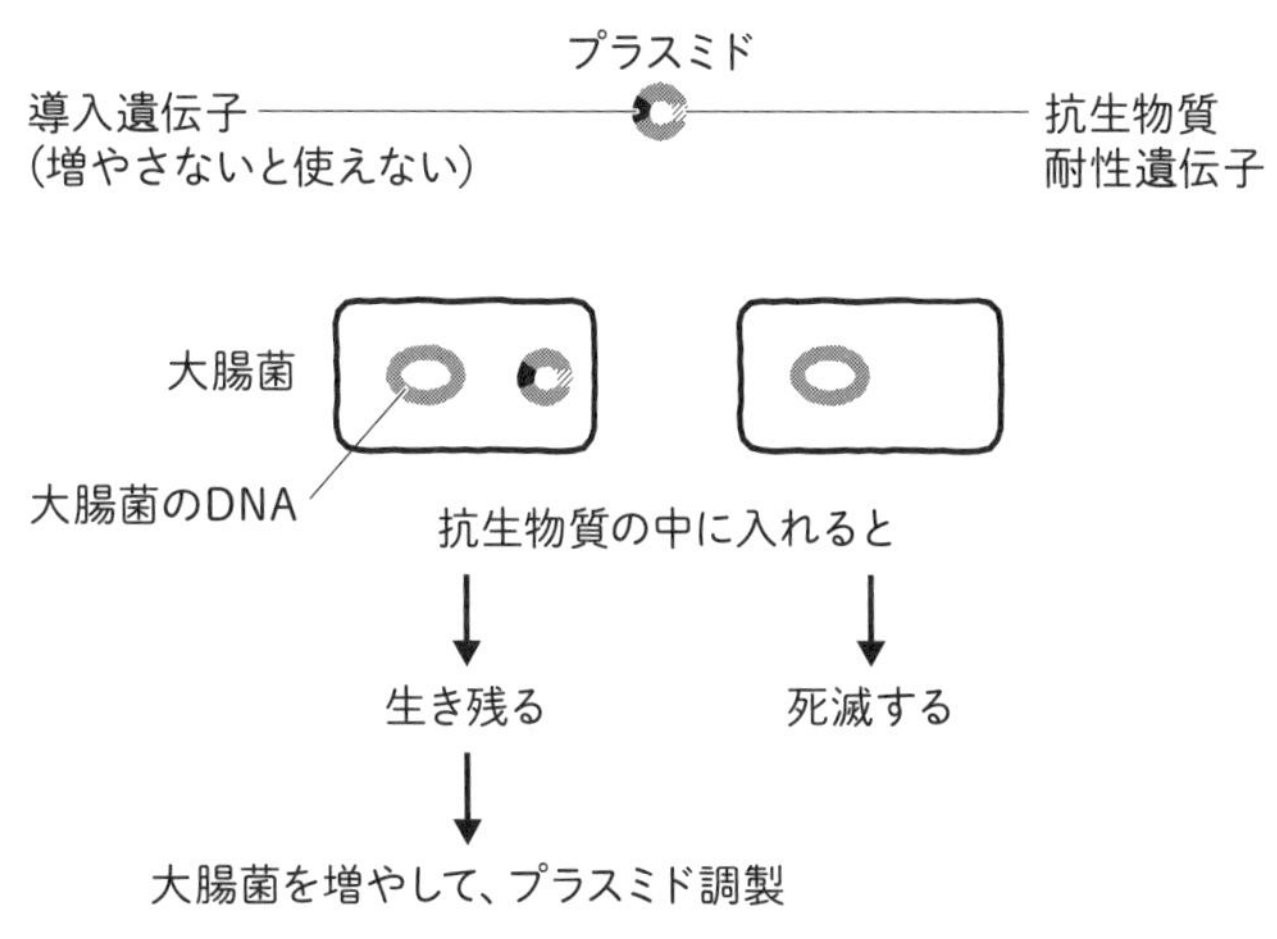

図３　遺伝子組換えの原理

えには怖いことがあるという問題が残ります。

遺伝子組換えのとき、これも覚えておいてくださいね。もう一つ別の遺伝子が入るんです。その別の遺伝子のことを抗生物質耐性遺伝子といいます。何でこんなちがう遺伝子が入るかというと、遺伝子組換えのやり方に問題があるんです。それをご紹介しましょう。

導入する遺伝子は増やさないと使えないので、**図３**のように大腸菌を用います。大腸菌のＤＮＡはまるい遺伝子で、そこに、ある遺伝子を入れたいわけです。ある遺伝子を入れるときにはプラスミドという、まるい遺伝子で入れるんですけれども、プラスミドには必ず抗生物質耐性遺伝子を一緒につなぐ必要があるんです。なぜかというと、たくさんいる大腸菌に入れると、プラスミドが入った大腸菌と入らなかった大腸菌ができるんです。プラスミドは全部にきれいに入るわけじゃないんですね。だから、これを分けないといけません。どうやって分けるかというと、プラスミドが入った大腸菌と入らなかった大腸菌が混ざっている液に抗生物質を入れるんです。抗生物質は細菌を殺すんですね。抗生物質を中に入れると、普通の大腸菌は全部死んでなくなって、プラスミドが導入された大腸菌だけが生き残ります。この生き残ったものを増やせばいいですね。そうしたら、導入遺伝子をもった大腸菌だけが増えていくわけです。これが遺伝子組換えの原理で、**遺伝子組換えには必ず抗生物質耐性遺伝子が入っています**。

抗生物質耐性遺伝子が入っていると何が起こりますか？

抗生物質耐性遺伝子は抗生物質が効かなくなる遺伝子です。そんなものがもし人間に入ったらどうなりますか？　病気になったときに抗生物質を飲んでも効かなくなります。それが怖いから遺伝子組換えは怖いという人が結構多いんです。そんなものはヒトの遺伝子には入らないんですけどね。

ゲノム編集と遺伝子組換えと育種

　農作物の話をしましょう。ゲノム編集で実際に怖いのは農作物なんですね。ゲノム編集、遺伝子組換え、育種のちがいを表に示しました。ぱっと見ていただけばいいんですけれども、遺伝子組換えとゲノム編集の何がちがうでしょうか？　ほとんど同じなんですけれども、外来遺伝子の取込があるかないかがちがうことがわかります。ゲノム編集では外から入ってくる遺伝子がないんです。切るだけですからね。遺伝子組換えは外来遺伝子が入ってきます。もう一つは、遺伝子組換えの導入遺伝子はどこに入るかわからないんです。ところがゲノム編集は切る場所が決まっていますから、大事な遺伝子を切断することはありません。そういう面でゲノム編集は非常にいいやり方なんですね。

　なんでゲノム編集をするかというと、二一世紀半ばには地球の人口が九十億人になって、食物をどう工面するか大問題になるんですよ。農作物をつくればいいかというと、農業生産が低下傾向にあるので、すでに人口爆発に応じた遺伝子組換え作物がアメリカ大陸でつくられていて、もう精一杯なんですよ。いくら品種改良やっても、もう最大値まで行ってるんですね。七十八億人で最大値ですから、九十億人に増えたらたいへんなことになるんです。な

表　ゲノム編集と遺伝子組換えと育種の比較

	ゲノム編集	遺伝子組換え	育種
外来遺伝子の取込	**なし**	あり	**なし**
薬物・放射線の使用	**なし**	**なし**	あり
遺伝子の大幅な変化	**なし**	**なし**	あり
遺伝子変化の場所	特定部位	ランダム	ランダム

ので、どうしたらいいか今問題になっているんですね。ゲノム編集作物は、開発に費用が要らない、育種時の非特異的な変異の導入がなく、短期間で新種が完成するので、大手がやらなくても簡単に実験室でできるんです。

だから、ゲノム編集は大事ですよと言っているんですけれども、反対派の人ってそんなはずないと言うんです。遺伝子組換え作物を作らなくても、里山で自給自足すれば大丈夫、と言うんです。遺伝子組換え食品は毒性もないし、安く食べれるんだったら食べればいいじゃないかと私は思うんですね。アフリカの人たちに役に立つからね。だけど、そんなことしなくていい、里山でつくればいいと言うんですけれど、実はこう言っている方が戯言なんです。日本はこれから人口が少なくなると里山がほとんど無人になってイノシシが出てくるようになります。人がいなくなるとインフラが全部だめになって、汽車すらなくなります。一日にバス一本という場所が多くなって、橋が落ちたら誰も直さなくなります。だから里山で暮らすことすらできなくなります。そういう時代が来るんです。皆さんが私くらいの年代になると、都会でしか暮らせないような時代が十分考えられるわけです。食べものがなくなったら何が起こるかというと、食物危機から必ず戦争・暴動・騒乱・難民の増加が起こって穀物の価格が上昇するんですよ。だから、絶対に食物を増産しておかないといけないんですね。遺伝子組換えがだめだったら、もうゲノム編集しかないというのが現状です。

そこで、農作物の収穫量を上げるにはどうしたらいいかというと、世界の人口が九十億人になったときに、穀物の収穫高を先進国では一・五倍に、途上国では二倍くらいにしないともう間に合わなくなってきています。ところがよく考えてみてくださいね。土地は狭くなっていて、使える水も少なくなっています。フードロス（廃棄量）は同じと仮定すると、こんな時代に穀物の収穫高を上げることは普通では難しいんですよ。もともと植物は進化によって適正化されてきたので、いくらこれ以上育種をやって改変しても、たくさん実らせることはもう今となっては難しいんです。何か新しい方法をとらないと無理なんですね。それにはゲノム編集をやるしかないわけです。

農作物の収穫高が急激に減るグローバルリスクは何かというと、第5章で紹介した気候変動なんですね。気候変動とか大規模災害に強い植物をつくらないといけないわけです。

でも、ゲノム編集食品はＥＵの最高裁判所が遺伝子組換え食品と同じに扱っています。ＥＵではゲノム編集はだめ、アメリカではＯＫということになったんですね。ＥＵが反対しているからと言って、遺伝子組換え食品に反対する人が出てくることは第4章でもご紹介したと思います。EUとアメリカの大きなちがいは、EUは遺伝子を人工的に変えたからだめ、アメリカはできたものが安全だったらOKというふうに、プロセスベースとプロダクトベースとのちがいで審査のちがいがあることは知っておいて欲しいと思います。

昆虫食

肉の代わりに昆虫を食べればいいんじゃないか、と言う人がいます。現在二十億人が昆虫を食べているんですが、昆虫ちょっとな、と思いますよね。でも、昆虫といっても例えばクモやバッタをそのまま食べるんじゃないですよ。コオロギやバッタを全部粉にしてパンにして食べるんです。

例えば、一キログラムの牛肉を育てるのに、植物十キログラム必要ですけれども、一キログラムのバッタを育てるのに一・七キログラムの植物で十分なんですね。つまり、牛を育てるよりもバッタを育てた方が効率がいいわけです。しかも二酸化炭素の排出量は、同じ重さの牛の百分の一くらいです。だから、昆虫を食べようという考えが出てくるんですね。

ノーベル賞のCRISPR/Cas9

そこで実際のゲノム編集のやり方をちょっとご紹介しますと、ゲノム編集はCRISPR/Cas9っていう方法で行います。Cas9という酵素がＤＮＡの決まったところをちょきんとちょん切ります。先ほど説明したように、これ非常にいいことです。ランダムにちょん切るんじゃなくてＤＮＡのある一カ所だけを切ります。これがゲノム編集のやり方で、切った後は自然と戻ってくれます。これなんで決まったところを切れるかというと、ある決まった配列と相補的なガイドＲＮＡを入れておくと、ガイドＲＮＡがある決まったＤＮＡ配列のところ（ＰＡＭ）にCas9を連れて行ってくれます（**図４**）。Cas9ははさみをもっていますから、ＤＮＡをちょきんとちょん切ります。

だけどいいことあるんですよ。小麦のうどん粉病って病気があるんですけれども、ゲノム編集してうどん粉病にならないような小麦をつくることができたり、病気を治すこともできます。後でご紹介しますね。

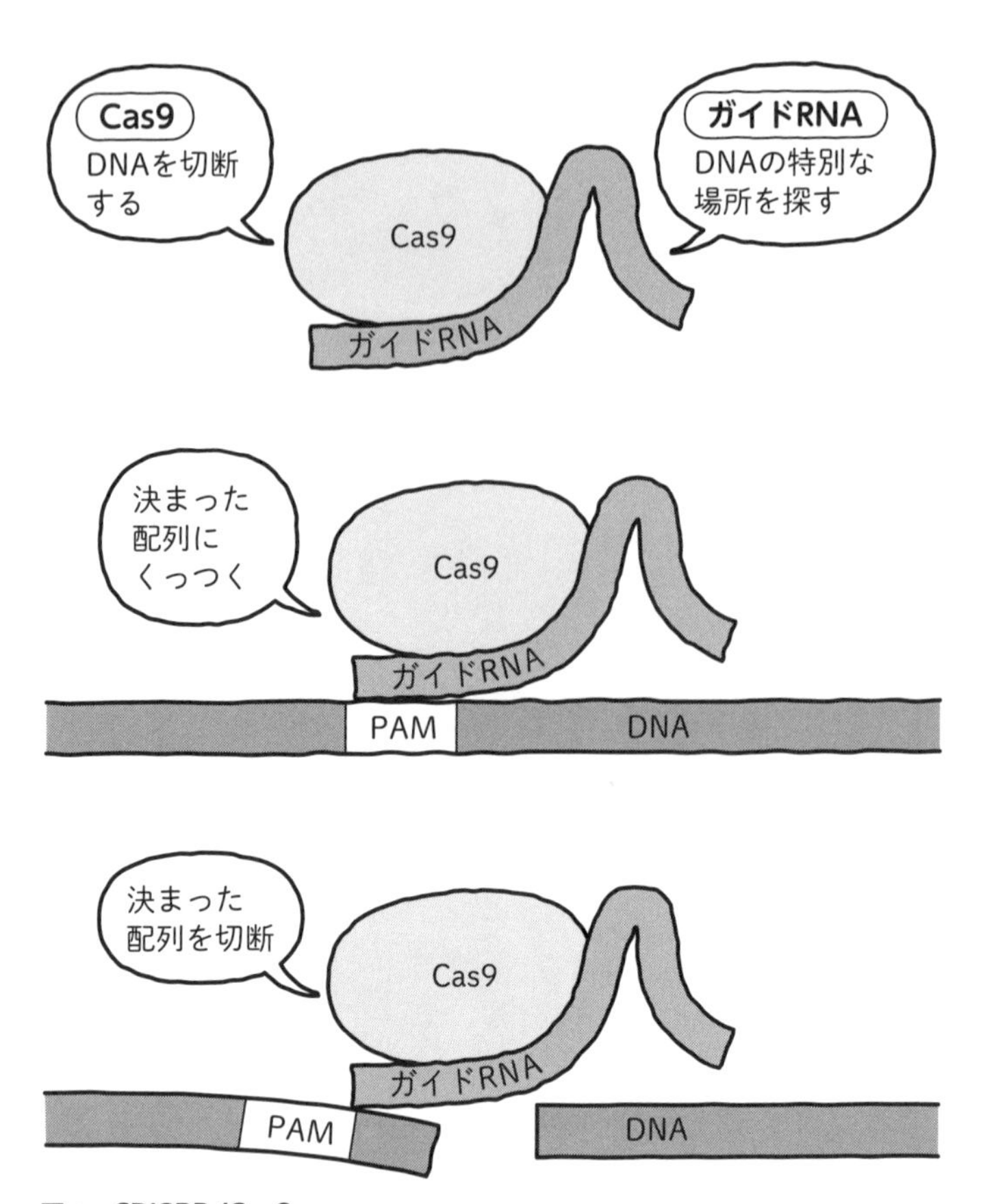

図4　CRISPR/Cas9

ヒトの受精卵をゲノム編集

さあそこで、筋肉モリモリの牛をつくろうということになりました。こんな牛を人工的につくって大丈夫でしょうか？　実際ゲノム編集でできるんですけれども、人工的につくらなくても、もともとこんな牛がいたんですよ。調べてみたら遺伝子が潰れていたんです。もともといたんだったら筋肉モリモリの牛と暑さに強い牛を掛け合わせれば、暑いところでも育つ良質の肉を生産する牛ができますよね。だから自然発生的にゲノム編集されているような牛がいるんだったら人工的に行ってもいいんじゃないかというのが科学者の考え方ですね。

何が問題かというと、ある中国の先生がヒトでこれをやったと発表したからみんなびっくりしたんですね。ヒトの受精卵をゲノム編集してしまったんです。何をやったかというと、夫がＨＩＶに感染している夫婦の受精卵の遺伝子を変えてしまったんです。ゲノム編集してＨＩＶに感染しないようにしましょうというわけです。そうすれば生まれた子どもは絶対大丈夫ですよというつもりで本人はつくったんですけど、ヒトの受精卵をゲノム編集なんてとんでもない話ですよね。だけど黙ってやっちゃったんです。結果的にはＨＩＶに感染しづらい子どもができたんじゃないかと言っていますが、わかりませんよ。この受精卵から生まれた子どもは双子でルルとナナと名付けられました。実は、ルルはゲノム編集が成功していたんですけれども、ナナは成功していなかったんですよ。ゲノム編集がうまくできていなくて、遺伝子に少し欠失がありました。遺伝子が思った以上に削れていたんですね。そうすると、ルルはＨＩＶに感染しないかもしれないけど、ナナはどうなるかわからないわけです。

その後わかったことがあって、*CCR5*っていう遺伝子をゲノム編集したんですけれども、これをゲノム編集すると、ＨＩＶにはかかりにくいんだけれども、逆にインフルエンザにはかかりやすいことがわかったんです。ルルはインフルエンザにかかりやすいかもしれないわけです。わざとそんなふうにつくったら大問題ですよね。でもできちゃったわけです。困りますね。

筋ジストロフィーが治る？

皆さんに覚えておいて欲しいのは、受精卵のゲノム編集をすると今まで絶対治らなかった難病も治ることもわかってきたことです。ちょっと筋ジストロフィーを例にご紹介しましょうね。筋ジストロフィーは第２章でもご紹介した通り、大きな長い遺伝子のある一部分が欠

損しているんです。一部が欠損していると何が起こるかというと、タンパク質がちゃんとできないので病気になります。この遺伝子は子孫に伝わっていく可能性があるわけです。

筋ジストロフィーでは**図5**の遺伝子44が欠損していると仮定してくださいね。そうするとそこからできるｍＲＮＡは、44が抜けて43から45にとんだものになります（**A**）。ここからタンパク質をつくろうとすると、ちゃんとできなくてタンパク質合成が途中で止まってしまいます。だからきちんとしたタンパク質ができなくて病気になるんです。この44がもともと抜けているんだからしょうがないですね。どうすればいいかというと、ゲノム編集で45をうまく削って43と45がぴったりつながるようにします（**B**）。ぴったりつながると、機能があるタンパク質ができるんです。大きいタンパク質の44と45の一部が抜けているんですけれども、機能があるタンパク質ができるから、筋ジストロフィーにならない可能性が高いわけです。こういうふうにゲノム編集をしてしまえば、子孫に筋ジストロフィーの遺伝子は伝わらないので、遺伝病の家系がなくなります。

もう一つやり方があるのわかりますか？

これは、44をそっくり入れてやればいいんです。44をそっくり入れてやると、遺伝子組換えと同じなんですけれども欠損のない遺伝子ができますよね（**C**）。これがゲノム編集のい

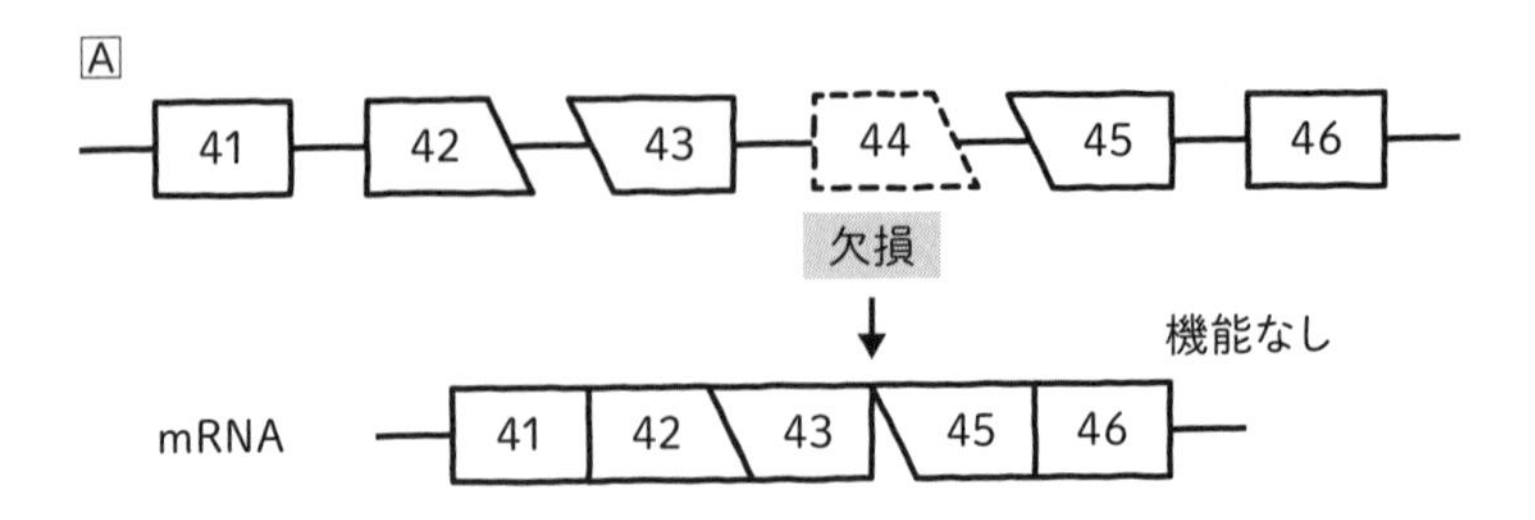

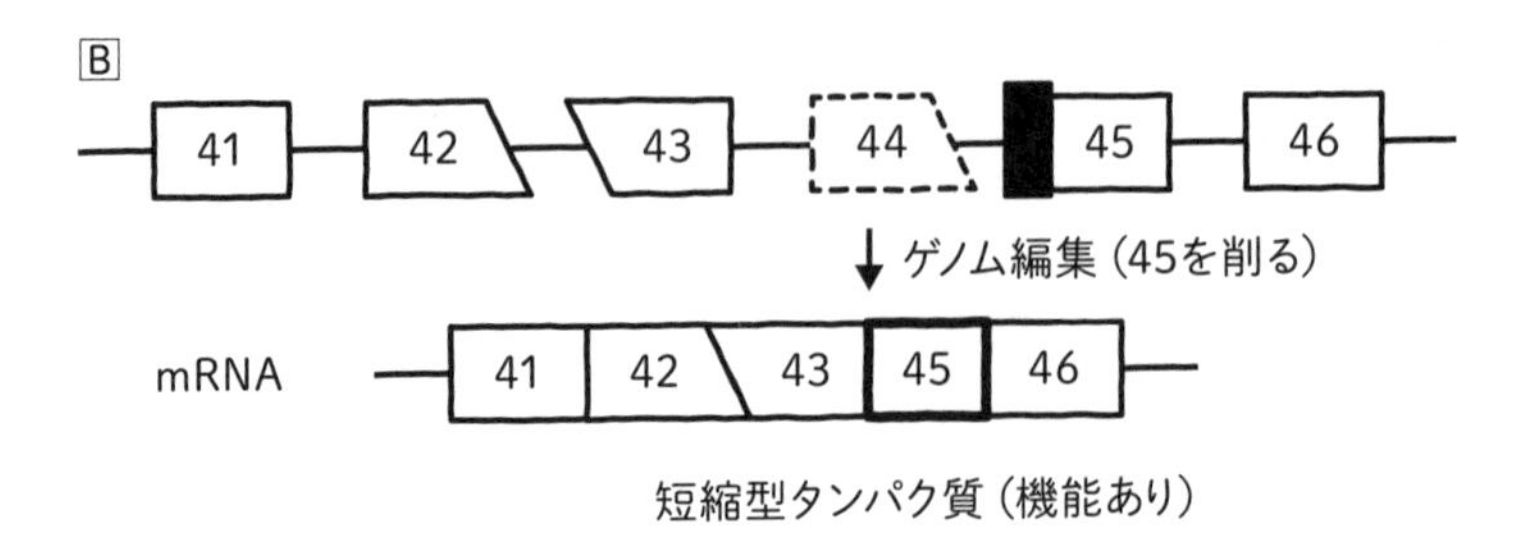

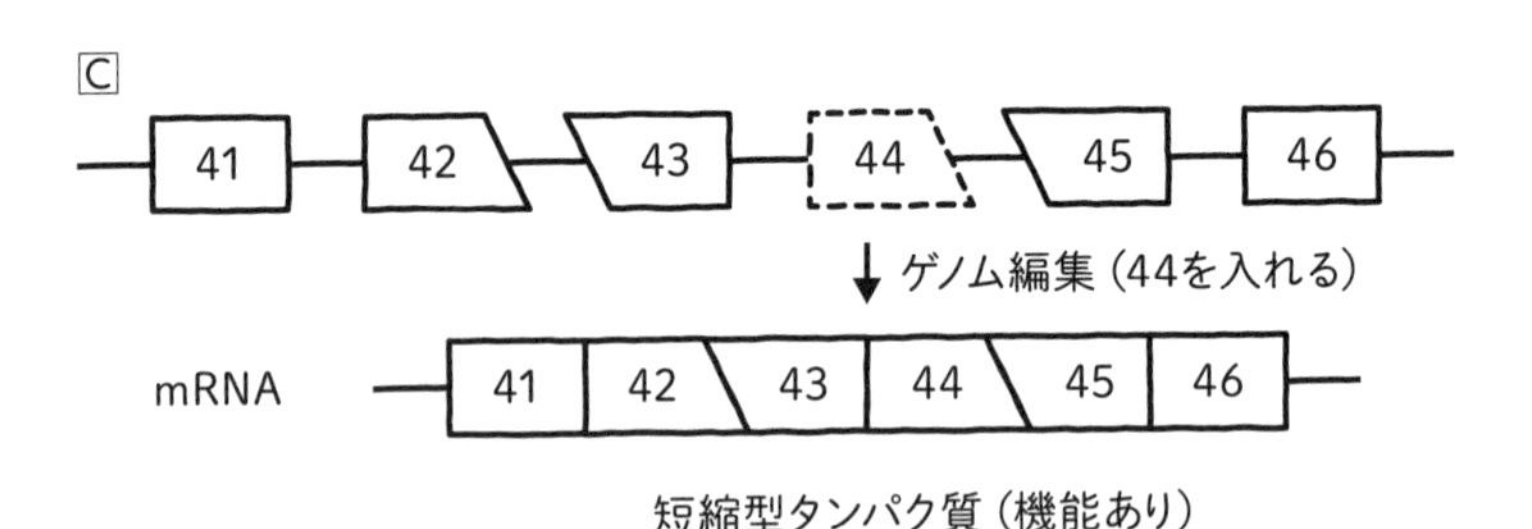

図5　ゲノム編集による遺伝性疾患の治療

いところです。だからゲノム編集は今までの遺伝子がどこに入るかわからない遺伝子組換えとちがって、こういう病気を治すことも可能になる一つの例になります。理論的には筋ジストロフィーが治るわけです。普通ね、直せばいいと思うでしょう？　でも、それでも文句を言う人がいるんですよ。赤ちゃんをデザインするのはだめだけれども、遺伝性疾患を治すのはいいと思いますよね。だけどよく考えてみてください。

どこまでが病気でしょうか？

筋ジストロフィーは病気ですよね。だけど、性格が悪いの病気ですか？　背が低いのは病気ですか？　病気とは言えませんよね。とすると、病気とそうじゃないものを分けないといけないわけです。だけど見方を変えれば、病気もヒトの多様性の一つです。だから、病気もその人の個性なんだからゲノム編集で治す必要がないと言う人も世の中にはいるんです。お医者さんだったら病気は全部直した方がよいというのは当然の考え方なんですけれども、病気は治すべきではないという人もいるんです。そういうことも知っていてくださいね。

遺伝病は治すべきではない、病気があっても暮らせる社会が必要であると、ある意味当然の話なんですけれども、でも治った方がいいに決まってますよね。当人たちはというと、治す方を選ぶに決まってるんです。当事者ではない人たちが結構えらそうなことを言うことが多くて、それも困るんですね。

受精卵と体細胞のゲノム編集のちがい

受精卵にゲノム編集すると、身体全体の遺伝子が変わりますから家系から遺伝子がなくなります。ところが体細胞にゲノム編集すると、その入れたところだけ変わるわけです。だから受精卵へのゲノム編集を遺伝病の家系の人は望んでいるはずなんですね。

ゲノム編集が抱える問題

ゲノム編集の規制

ヒトの受精卵のゲノム編集はだめですよ。中国でやられたようなことはだめなんですけど、だめでもやろうって人が出てきました。現在、受精卵へのゲノム編集について、公的な研究費で行うことは禁止されています。一方で、個人の資金で行うことは規制されていません。

また、体細胞へのゲノム編集についてはアメリカのように、キットを市販しているような国もあり、規制がないのも同然です。だけど、これは悪いことと言う人も世の中にいるわけです。先ほど中国の人がこれをやっちゃったためにクビになったという話をしました。世界では公的な研究費ではできないけれども、これを支援する個人がいるんですよ。アメリカの金持ちなどは、こういう研究はやっぱりやるべきだ、私がお金を出すからやってくださいと言う人がいるんですが、誰も文句を言えないんですよ。

実際に個人の研究費でゲノム編集が行われた例をご紹介します。拡張性心筋症という怖い病気があります。この病気は心筋梗塞を起こす、ある遺伝子の異常であることがわかっています。妻との間に子どもをつくりたい男性がこの病気でした。そういうときにどうしたらいいかというと、受精卵にゲノム編集するのはよくないんですけれども、男性の遺伝子に異常があるから精子をゲノム編集すればいいんですね。実際にゲノム編集が可能になったんです。結局子どもは産んでないけれども、そういうことをやればできることまでわかりました。これは国から研究費が出なくて個人の研究費で行われました。あとは国が進めるかどうか、病気の人だけやるのか、どんな病気の人をやるのか…ということは国が法律を決めることなんですけれども、できることはわかりました。でも勝手にやっちゃいけませんということになっています。

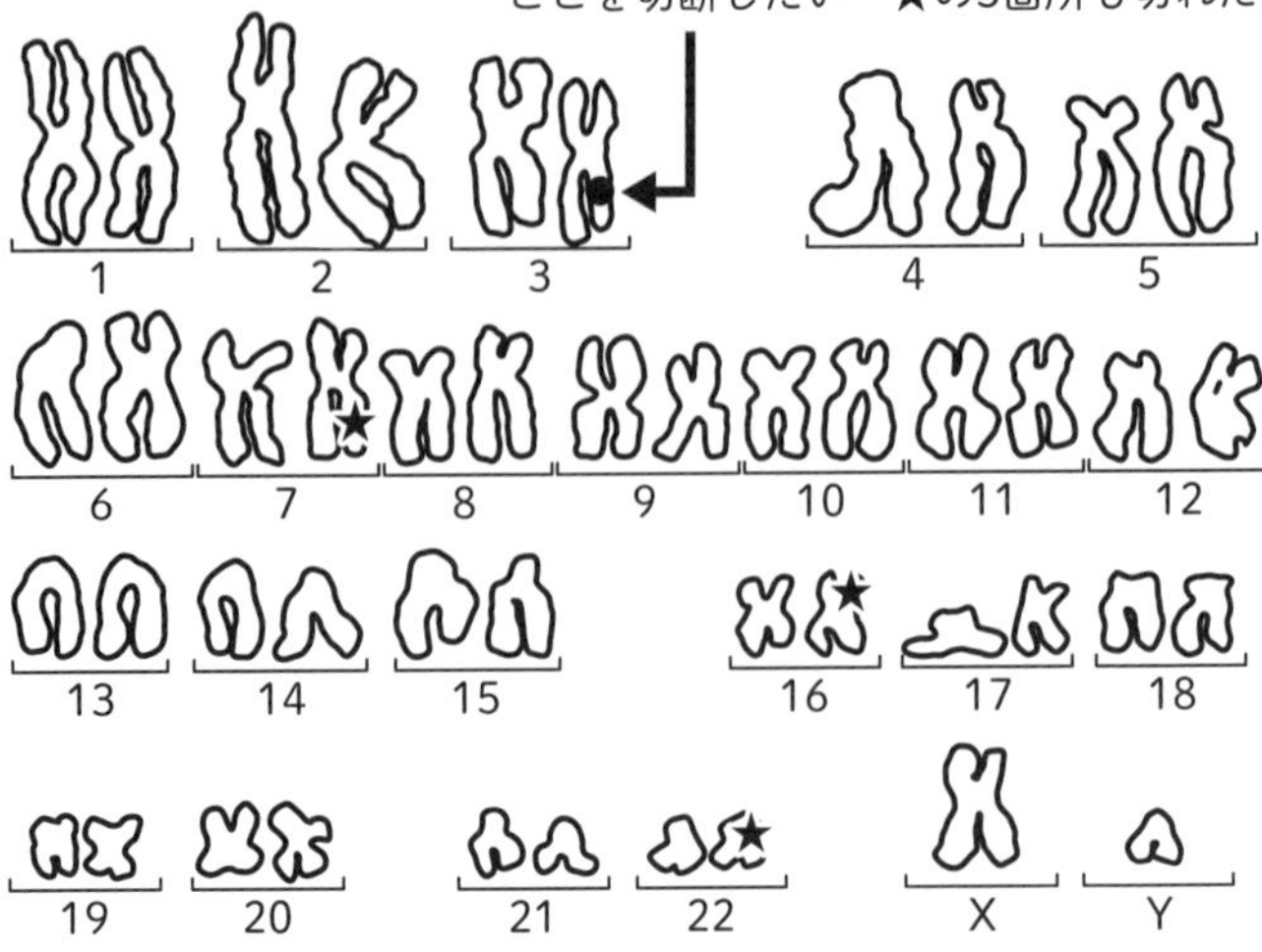

図6　オフターゲット効果

オフターゲット効果

ゲノム編集にはもう一つ問題点があります。ゲノム編集ってちょん切るわけでしょう？　ちょん切るときに何万回に一回かは間違えて別のところをちょん切る可能性があるわけです。こうなると困るんですね。例えば**図6**で言いますと、ヒトの三番の遺伝子をゲノム編集で削ったんですけれども、ここだけ削るつもりがここを切断したときに別の三カ所もちょん切られたということが起こって、別の遺伝子に異常が起こる可能性があるわけです。これを**オフターゲット効果**といいます。ゲノム編集に反対する人は必ずオフターゲットがあるから危ないと反対します。その通りなんですね。でも、これを調べるには途方もない手間とお金がかかるんです。また、調べても、見つかったものがＳＮＰ（一塩基多型、個人差）と区別ができませんし、転座や逆位が起こると普通のシークエンスでは見つけることができません。また、病気の治療ではなく診断になるので、保険がききません。患者の負担も大きくなります。だから調べるのは難しいんです。

ゲノム編集食品の安全性

じゃあ、ゲノム編集食品にはリスクはないのかというと、リスクがあるかもしれないですよ？　ソラニンという毒ができないジャガイモ（芽に毒がないジャガイモ）をつくりました。ジャガイモって一般に日光に当たると緑色になって毒性物質をつくるんですが、もしオフターゲットでこの緑色になる遺伝子が切断されると、毒性物質をつくっても緑色にならないジャガイモができるかもしれないでしょう？　これは危ないわけです。切るだけのときは審査をしないけど、本当はこういうこともしっかり調べなければいけません。

ゲノム編集ってね、安全性審査は必要ないとさっきからしつこく言っているけれども、なぜ安全性審査が必要ないかというと、ＤＮＡをちょん切るのはゲノム編集だけじゃなくてγ線照射による突然変異もそうなんですよ。γ線を当てて突然変異を起こすとどこかの遺伝子が切れます。どこかはわかりません。どこかの遺伝子が切れて、それでゴールド二〇世紀という新しい梨ができたんです。これテラベクレルというとんでもないγ線を当てて突然変異を起こしたんです。それでも食べられる梨ができて、梨でも大丈夫だったら審査不要じゃないかという論理になります。

ゲノム編集は調べられない？

悪い人がゲノム編集したかどうかわからないリンゴをもってきたとき、そのリンゴをゲノム編集したのかどうか調べることができないんです。ゲノム編集は単に切って戻るだけですから、最初からそうだったんですと言われたら誰も本当かどうかわからないんですよ。ゲノム編集した食品は科学的に区別できません。**審査を義務化してもその実効性が担保できない**わけです。だから、調べる手だてがないので、審査は必要ないということになるわけです。表示義務のないアメリカではゲノム編集した食品にNon-GMO（遺伝子組換えではありません）、High Oleic（オレイン酸がたくさん入っています）と書いて売っています。

でもそれがいやだという人は、法律をつくって流通過程をしっかり表示することができればゲノム編集食品が区別できるんですよ。消費者が選択できるようにこれはどこで誰がつくったということをきちっと表示させれば、ゲノム編集したかどうかはだいたいわかるんですね。

アメリカでの表示義務

アメリカでは一般的に表示義務はないんですが、アメリカっておもしろい国ですね、植物と動物ではちょっとちがうんですよ。植物の場合はゲノム編集した農作物は全部認可することになっています。ところが動物は、遺伝子を変化させた動物はすべて審査対象になります。ゲノム編集した動物は必ず届け出て審査しないといけないことになってるんですね。

ゲノム編集をどう考えるか

私は、ゲノム編集について、最初はリスクが大きいなと思っていたんですね。ゲノム編集という強力な技術は、テロリズムを起こすこともできるわけです。つまり国家安全保障の範

疇に入る、ミサイルと同じくらい重要な案件だと私は思ったんです。下手なものをつくると健康問題にも関係するし、特許とかもあるし、既にゲノム編集した蚊がマラリア撲滅のために放たれている現状があって怖いです。下手にゲノム編集すると、人類の遺伝子が変わってしまう恐れもあります。だから、ゲノム編集は非常に危ない技術だな、国が全部管理しなきゃと最初は思っていたけど、食糧問題のことを考えるとやっぱりちょっとメリットがあるかなと思います。遺伝病を治療できるという面でもメリットがあります。ノーベル賞をとったダウドナさんは、五~十年後には可能になるだろう、と言っています。だけど、リスクは目に見えない微生物などを用いて、例えば誰か悪い人がゲノム編集して、MERSみたいな感染力が非常に強い、死亡率が高いコロナウイルスをつくることもやろうとすればできるわけです。そういうことが起こり得る非常に高いリスクがあります。だからこのバランスをとって、何が大事かをよく考えていろんなことを決めていかなきゃいけないと今考えが変わっています。皆さんは、ゲノム編集というのはこういうものだということをぜひ頭のなかに入れて、考えていただきたいと思います。

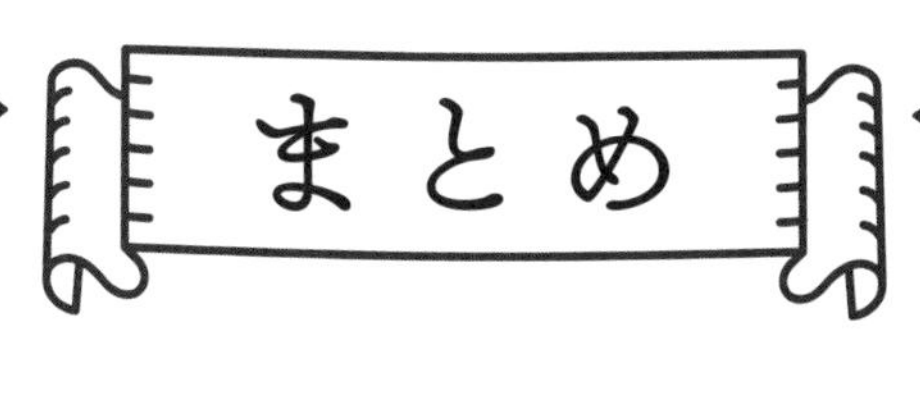

まとめ

- ゲノム編集食品と遺伝子組み換え食品の大きなちがいは、他種の遺伝子導入があるかどうかです。
- 遺伝子をピンポイントで決まったところを改変することができるゲノム編集は、遺伝病の治療に役立てることができます。
- メリットとデメリットを知ったうえで、ゲノム編集にまつわる食糧問題や倫理問題を考えてみてください。

おわりに

多分、お読みになった何人かの方々は、石浦の頭の中は昔と変わっていないな、とお思いになったことだと思います。一般的な生物学の講義をイメージしていた方は驚いたかもしれません。私も、全部読み通したあとに、「はじめに」に書いたように、新しいことにチャレンジできただろうかという思いがこみ上げてきました。できれば、今までにない形式の大学新入生向けの生命科学講義を立ち上げたいと思っていましたが、どうだったでしょうか？今回は、大学上級生向けの病気の発症メカニズムや治療などの話は入れることはできませんでしたが、この内容で広く生命科学に興味をもっていただいて勉強のきっかけになったのではないかと思います。

新型コロナウイルスのパンデミックでわかったことはいろいろあります。新しいｍＲＮＡワクチンも二〇〇五年にアメリカが科学研究費を増額したときの応募課題だったこと、アメリカはこの国難にもかかわらずここ二〇年科学研究費の増額を続けていること、それに比べてワクチンで遅れをとっている日本の貧しい科学の現状は二一世紀に入ってからの研究費の持続的削減から来ていることなどです。科学を国策にする以上、先を見通すことのできる科学者や政治家が必要であることは言うまでもありません。

本書には、科学の発展に伴ういろいろな問題（放射線の影響、ゲノム編集と遺伝子組換え、生命倫理についての考えの相違、など）が避けて通れないことを伝えたいという目的もありました。本書を題材にして、普段、生命科学を意識していない方たちの議論が進むことも期待しています。

羊土社の編集部も若返り、生命科学講義という定義に関しても、私と若い方々の意見の相違がありましたが、専門用語の説明はできるだけ避け、関係のある興味深い話を極力入れるという私の主張を通していただきました。これには羊土社編集部の今城葉月さんにご尽力いただき、いろいろお世話になりました。鳥山拓朗さんには素敵な装幀デザインをしていただきました。厚く御礼申し上げます。

二〇二一年六月

リモート授業で毎日が日曜日、体力の衰えを感じている自宅にて

石浦章一

石浦 章一（いしうら しょういち）

1950年、石川県生まれ。東京大学教養学部基礎科学科卒業。同理学系大学院博士課程修了後、国立精神・神経センター、東京大学分子細胞生物学研究所助教授、東京大学大学院総合文化研究科教授、同志社大学特別客員教授を経て、現在、新潟医療福祉大学特任教授、京都先端科学大学客員教授、東京大学名誉教授。理学博士。本書のような生命科学の講義が好きなのに、どこからもオファーがなく、現在は、糖質、脂質、タンパク質などを順に教える生化学、サイエンスライティング添削、科学概論を教えている。「遺伝子が明かす脳と心のからくり（羊土社）」、「王家の遺伝子（講談社ブルーバックス）」他、著書多数。

小説みたいに楽しく読める生命科学講義

2021年7月20日　第1刷発行
2023年4月20日　第3刷発行

著　　者　石浦章一

発 行 人　一戸敦子

発 行 所　株式会社 羊土社

〒101-0052　東京都千代田区神田小川町2-5-1
www.yodosha.co.jp/
TEL 03（5282）1211／FAX 03（5282）1212

印刷所　日経印刷株式会社
装幀　羊土社編集部デザイン室

ISBN 978-4-7581-2114-9